Tb 8
31

COURS D'ÉTUDES

A L'USAGE

DE L'ENSEIGNEMENT SECONDAIRE

DES JEUNES FILLES

10730. — PARIS, IMPRIMERIE A. LAHURE
9, rue de Fleurus, 9

PRÉCIS

DE

PHYSIOLOGIE ANIMALE

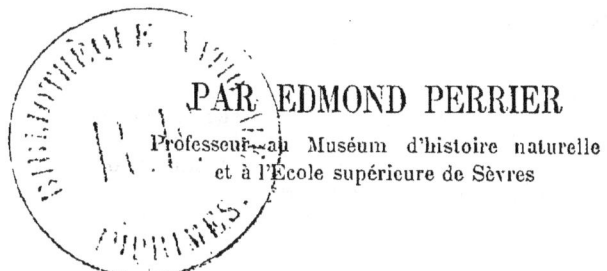

PAR EDMOND PERRIER

Professeur au Muséum d'histoire naturelle
et à l'École supérieure de Sèvres

TROISIÈME & QUATRIÈME ANNÉES

CONFORME AUX PROGRAMMES DE 1882

Pour l'enseignement secondaire
des jeunes filles

PARIS

LIBRAIRIE HACHETTE ET Cie

79, BOULEVARD SAINT-GERMAIN, 79

—

1885

Droits de propriété et de traduction réservés

EXTRAIT
DES PROGRAMMES OFFICIELS
DE
L'ENSEIGNEMENT SECONDAIRE DES JEUNES FILLES
(28 juillet 1882)

Notions de Physiologie
TROISIÈME ANNÉE
(Une heure par semaine pendant un trimestre)

Notions sur la nutrition.
Absorption. Apport des aliments digérés dans la circulation.
La circulation. La respiration.
La sensibilité. Le système nerveux périphérique. Le système nerveux central. Transmission des impressions sensitives de la périphérie au centre. Transmission des incitations motrices du centre à la périphérie.
Le mouvement. Les leviers passifs du mouvement ou les os. Les agents actifs du mouvement ou les muscles.
Les organes des sens. La voix.

Physiologie animale
QUATRIÈME ANNÉE
(Une heure par semaine pendant le premier semestre)

LES FONCTIONS DE NUTRITION.
La digestion. — Bouche, dents, mastication, salive, suc gastrique, suc pancréatique, suc entérique. Action des sucs digestifs sur les matières albuminoïdes, féculentes, sucrées et grasses de l'alimentation.
Les fonctions du foie.
La circulation. — Le sang et les globules. Coagulation du sang hors des vaisseaux. Le cœur, les artères, les capillaires, les veines. Grande et petite circulation. Les vaisseaux lymphatiques, leur circulation.
La respiration. — Les poumons, la poitrine, l'inspiration, l'expiration. L'absorption d'oxygène, l'exhalation d'acide carbonique, le sang artériel, le sang veineux, l'asphyxie.
Les combustions organiques. La chaleur animale. L'élimination par le foie, les reins, la peau.
LES FONCTIONS DE RELATION. — Les rapports de l'être vivant avec le monde extérieur.
Le mouvement. — Le squelette, les os, les articulations, les muscles. Relation des muscles avec le système nerveux central et périphérique. La station. La locomotion.
La voix. — L'instrument de la voix ou le larynx. La voix, le chant, la parole.
Les organes des sens. — Les nerfs spéciaux de ces organes. Rôle du système nerveux central dans la sensation.
Le toucher, la peau; diverses sensations tactiles. L'odorat, le goût, l'ouïe. La vue, le globe de l'œil, les muscles qui le meuvent, les organes qui le protègent. La rétine et le cristallin; accommodation de l'œil pour la vision aux diverses distances. Myopie, presbytie.

PHYSIOLOGIE ANIMALE

CHAPITRE PREMIER

A QUOI ON RECONNAIT UN ÊTRE VIVANT

La vie chez un végétal. — Une graine de pomme tombant sur un sol humide germe, produit d'abord un frêle brin d'herbe, qui grandit peu à peu, devient un arbrisseau, puis un arbre semblable à celui d'où s'était détachée la pomme contenant notre graine. Chaque année l'arbre se couvre de fleurs vers le milieu du printemps; des feuilles se montrent aussi, et parmi elles mûrissent les fruits qui ont succédé aux fleurs.

Pendant que tous ces phénomènes s'accomplissent, le pommier ne cesse d'emprunter au sol de l'eau, des sels divers d'ammoniaque, de potasse, de chaux, qu'il fixe dans ses tissus ou qu'il emmagasine dans ses fruits, tandis qu'il enlève à l'air tout à la fois de l'oxygène et de l'acide carbonique, qu'il garde en partie et qu'il emploie, comme les sels empruntés au sol, à son *accroissement* et à sa *fructification*.

Comparaison d'un végétal mort et d'un végétal vivant. — Que vers la fin de l'hiver il y ait de très fortes gelées, les bourgeons qui devaient donner des fleurs et des feuilles ne se réveilleront pas au printemps; l'arbre demeurera désormais à peu près tel qu'il était au moment où les gelées l'ont saisi; il aura cessé pour toujours de fleurir, de verdir, de fructifier, de croître; il n'extraira plus aucune substance ni du sol, ni de l'air, qui n'éprouveront plus de sa part de modification de quelque importance; il se comportera comme

1

les pierres du champ dans lequel il a poussé, comme les rochers qui se dressent dans son voisinage ; il sera pour toujours inerte comme eux, il sera *mort*.

Nous disions auparavant qu'il était *vivant*, et il nous paraissait devoir vivre d'autant plus longtemps que ses fleurs étaient plus brillantes, son feuillage plus luxuriant, ses pousses annuelles plus vigoureuses, ses fruits plus nombreux et plus volumineux. C'était donc par la succession des changements, en apparence spontanés, que nous observions d'abord dans le pommier, par les modifications qu'il faisait subir à l'air et au sol, en un mot, au *milieu* dans lequel il se développait, que l'arbre vivant se distinguait des corps inanimés.

Définition de la vie. — La faculté possédée par certains êtres de se modifier spontanément et de modifier incessamment le milieu dans lequel ils se trouvent, est ce que nous appelons la *vie*.

Ressemblances entre les animaux et les végétaux. — Un poulet présente, de sa naissance à sa mort, des phénomènes de même nature que ceux que nous venons de rappeler. Il sort de son œuf, comme le pommier de sa graine. Il grandit, des plumes lui poussent qui tombent périodiquement pour reparaître, après chaque *mue*, plus nombreuses et plus brillantes, en même temps que sa voix d'abord frêle, timide, réduite à un simple piaulement, prend un timbre plus assuré et des inflexions plus variées. Le poussin devenu poule pond à son tour des œufs, semblables à celui d'où il était sorti ; tout comme le pommier porte des pommes. Comme le pommier, pendant que tous ces phénomènes s'accomplissent, le poulet a pris sur le sol des matériaux divers, qu'il s'est incorporés, il a absorbé une certaine quantité d'eau, il a enlevé à l'air de l'oxygène qu'il n'a restitué qu'après l'avoir uni à du charbon pour faire de l'acide carbonique.

Le poulet se modifie donc spontanément et modifie le milieu dans lequel il se trouve, absolument comme le faisait le pommier ; il convient de les distinguer l'un et l'autre, ainsi que tous les êtres qui possèdent la même faculté, des êtres qui sont inertes. Aussi dit-on que ce sont des *êtres vivants* ou, encore, des *êtres animés*.

Définition de la physiologie. — Une science importante étudie les modifications qui s'accomplissent dans les divers êtres vivants, au cours de leur existence, détermine la façon dont ces modifications s'accomplissent, recherche quels changements les êtres vivants introduisent dans le milieu où ils sont placés : cette science porte le nom de *physiologie*.

Phénomènes essentiels de la vie. — Les êtres vivants, durant toute la période de leur activité, ne cessent, avons-nous dit, d'emprunter au monde qui les entoure des matériaux dont ils fixent une partie dans leur propre substance et dont ils rejettent tôt ou tard l'autre partie : c'est là ce qu'on appelle *se nourrir*.

Dans un temps donné, la différence entre la quantité des matériaux qui entrent dans un être vivant et la quantité des matériaux qui en sortent peut être *positive, nulle* ou *négative*. Dans le premier cas, l'être vivant augmente de poids, et, ordinairement, de volume ; il *s'accroît*, et l'on dit que chez lui l'*assimilation* est supérieure à la *désassimilation;* dans le second cas, le poids demeure stationnaire ; l'être vivant *s'entretient* simplement, l'assimilation et la désassimilation étant égales ; dans le troisième cas, c'est la désassimilation qui l'emporte : l'être vivant *dépérit*.

La plupart des êtres vivants traversent ces trois périodes d'accroissement, d'entretien et de dépérissement qui correspondent à la *jeunesse*, à l'*âge mûr* et à la *vieillesse*. Celle-ci est toujours terminée par la mort.

Il est à remarquer que, même pendant l'accroissement, *les êtres vivants ne cessent de rendre au monde extérieur des matériaux résultant de la décomposition de leur propre substance*, de sorte que *la désassimilation est aussi essentielle à la vie que l'assimilation*, que sans cesse l'être vivant se défait et se refait simultanément, pour ainsi dire, et que les éléments divers qui le composent sont presque toujours, au bout d'un certain temps, entièrement renouvelés.

Différences que présentent les animaux et les végétaux au point de vue du mode d'alimentation. — Le pommier et le poulet que nous considérions tout à l'heure jouissent également des deux facultés d'assimilation et de désassimilation. L'un et l'autre *naissent, s'accroissent, demeurent un certain temps stationnaires, produisent des êtres semblables à eux, dépérissent et meurent.* Mais, à côté de ces propriétés qui leur sont communes, et qui sont les *propriétés caractéristiques de tout être vivant*, apparaissent entre eux d'importantes différences.

Les matériaux que le pommier emprunte au sol ou à l'atmosphère, et qu'on appelle ses *aliments*, appartiennent surtout à la catégorie de ces composés chimiques simples que les chimistes nomment des *composés minéraux* : ce sont des sels comme l'azotate et le phosphate de chaux ou l'azotate d'ammoniaque, des chlorures comme le sel marin, des oxydes comme l'eau ou l'acide carbonique, ou même des corps simples comme l'oxygène. On n'aperçoit aucun orifice par lequel ces aliments puissent pénétrer dans le corps de l'arbre, aucune cavité propre à les recevoir à l'état solide. Le pommier ne prend donc que des *aliments liquides* ou *gazeux*, et c'est à l'état de dissolution, au travers de ses membranes, par *endosmose*, que les sels entrent dans sa substance et cheminent de proche en proche dans ses tissus.

Le poulet, au contraire, se nourrit de graines, d'herbe, de petits animaux, qu'il *mange*, c'est-à-dire qu'il introduit par un orifice particulier, sa *bouche*, dans des cavités où ces aliments subissent des modifications que nous aurons à étudier plus tard : le poulet absorbe donc des *aliments solides* et la majeure partie de ces aliments est formée soit d'êtres vivants ou ayant vécu, soit de produits complexes, de *composés organiques* formés dans des êtres vivants; en outre, le poulet *boit* de l'eau et d'autres liquides qui sont encore des aliments ; il *respire* de l'air ; toutes ces substances solides, liquides ou gazeuses pénètrent dans son corps par des orifices connus de tout le monde et séjournent plus ou moins longtemps dans des cavités particulières du corps avant de se mélanger ou de se combiner à sa substance.

Les deux Règnes. — La plupart des êtres vivants se nourrissent soit comme le pommier, soit comme le poulet. On divise donc tout ce qui vit en deux grandes catégories, ou règnes : 1° les *plantes* ou les *végétaux*, constituant le *règne végétal* ; 2° les *animaux*, contituant le *règne animal*.

Différences entre les animaux et les végétaux au point de vue de la locomotion. — Les liquides et les gaz voyagent en quelque sorte d'eux-mêmes. Faites plonger dans l'eau la partie inférieure d'un pot de fleurs poreux, rempli de terre sèche : l'eau aura bientôt fait de s'infiltrer dans toute la masse de la terre et d'arriver à sa surface. Quant aux gaz, chacun sait qu'ils ne cessent de se distendre jusqu'à ce qu'ils aient occupé la totalité de l'espace qui leur est offert, que la moindre variation de température ou de pression dans une région très limitée de leur étendue suffit pour mettre leur masse entière en mouvement. Par cela seul qu'il absorbe des matières liquides ou gazeuses, un végétal détermine donc vers lui un afflux de ces matières ; ses aliments, se mouvant d'eux-mêmes, vont en quelque sorte au-devant de lui ; il peut demeurer en place, fixé au sol, sans être exposé à manquer de subsistance, sans être exposé à mourir. Effectivement, la plupart des végétaux semblent, au premier abord, dépourvus toute leur vie de la faculté de se mouvoir. Les mouvements d'ensemble des végétaux supérieurs sont, d'ailleurs, exécutés presque toujours avec une extrême lenteur, et il est ordinairement facile de les rapporter à une cause extérieure, de nature physique ou mécanique, comme l'action de la lumière ou le contact d'un corps étranger. Dans les semences des cryptogames seulement on observe des mouvements rapides et qui peuvent sembler spontanés.

Au contraire des liquides et des gaz, les corps solides, que les animaux utilisent pour leur nourriture, sont complètement immobiles ou ne se meuvent que pour les fuir. Les animaux doivent aller à eux ou les poursuivre ; ils ne pourraient vivre s'ils ne pouvaient se déplacer, s'ils n'étaient doués de la *faculté de locomotion*.

Différence entre les animaux et les végétaux au point de vue de la sensibilité. — La faculté de se mouvoir ne pourrait produire tout son effet, si elle s'exerçait au hasard. Tout ce qui est solide n'est pas aliment ; parmi les corps solides au contact desquels il arrive, l'animal doit pouvoir choisir ceux qui sont assimilables, afin de ne pas introduire inutilement les autres dans ses cavités internes. Il est presque nécessaire que cette distinction se fasse au contact. L'animal réussit, en effet, par le *toucher* et le *goût* à reconnaître ses aliments; mais il est avantageux, ne fût-ce que pour rendre plus sûre et plus fructueuse la recherche de la nourriture, que la reconnaissance des objets puisse également avoir lieu à distance, ce que permettent l'*odorat*, la *vue* et même l'*ouïe*. Par le toucher, le goût, l'odorat, la vue, l'ouïe, qui sont ce qu'on appelle *les cinq sens*, l'animal est affecté par le monde extérieur de façons diverses; il éprouve des *sensations*; il possède donc une faculté de *sensibilité*, qui manque à la plante.

Divergence croissante des deux règnes à mesure que l'on considère des formes animales ou végétales plus élevées. — Les sensations qu'éprouve l'animal sont diverses; il sait les reconnaître quand il les a déjà éprouvées; il en garde la *mémoire*; les unes lui sont agréables, les autres désagréables; cela suffit pour le déterminer à agir, pour mettre en jeu sa *volonté*, qui lui permet de prolonger la sensation agréable ou de fuir la sensation désagréable; mais bientôt les sensations sont combinées entre elles, et utilisées pour donner à l'animal, en même temps que la *conscience* de son existence, la notion plus ou moins exacte du monde extérieur; l'*intelligence* entre alors en scène, et lui permet non seulement de combiner ses actions en vue de se procurer le plus rapidement et le plus facilement possible tout ce qui est nécessaire à son alimentation, mais encore de pourvoir à sa sécurité, à celle de sa progéniture, d'arriver à certaines notions de bien-être et de réunir toutes les conditions propres à réaliser ce bien-être.

Enfin, l'intelligence à son tour se dégage de ces préoccupations matérielles. Elle en arrive à considérer les choses en elles-mêmes, en dehors de toute utilité immédiate; à scruter, sans pouvoir se soustraire à cette obsession, le lien qui les unit; elle s'efforce d'établir une chaîne ascendante entre les effets et les causes, et s'essaye à remonter, par un effort supérieur, jusqu'à une cause dernière et suffisante de tout ce qui est, cause dont elle ne cesse de perfectionner l'image. Ce n'est plus alors seulement l'intelligence, c'est la *raison* que l'on est en droit de considérer comme le privilège exclusif de l'homme.

Ainsi, à mesure que l'on s'élève dans le règne animal, apparaît toute une série de facultés de plus en plus compliquées, dont les rudiments, présents chez les végétaux les plus simples, s'effacent au contraire rapidement quand on s'élève dans le règne végétal. Il en résulte un contraste des plus marqués entre les formes supérieures des deux règnes, contraste qui a longtemps fait oublier ce qu'elles ont de commun.

La locomotion, la sensibilité, la volonté, l'intelligence, dont nous venons de montrer les liens intimes, ont paru dès lors des fonctions éminemment propres aux animaux. Comme elles permettent à ces derniers de connaître et de modifier leurs rapports avec le monde extérieur, on les a nommées *fonctions de relation*, et on les a considérées comme caractérisant une vie nouvelle, la *vie animale*, qui, chez les animaux, viendrait s'ajouter à cette vie plus simple qu'on leur supposait commune avec les végétaux, et qu'on appelait la *vie végétative*. Ces distinctions, sur lesquelles certains auteurs aiment encore à s'arrêter, ont aujourd'hui perdu toute valeur. Nous verrons, au contraire, à mesure que nous avancerons dans ces études, que la vie se présente chez les végétaux et chez les animaux avec le même ensemble de facultés, mais que ces facultés se développent en des sens différents dans les deux règnes. Ces deux règnes, d'abord confondus, entre lesquels flottent un grand nombre de formes indécises, n'arrivent que graduellement à présenter le contraste absolu que nous avons esquissé, au début de ce chapitre, entre l'arbre et l'oiseau.

CHAPITRE II

LES PLUS SIMPLES DES ÊTRES VIVANTS ET LEURS FACULTÉS

La gelée vivante. — Réduite à ce qu'elle a d'essentiel, *une assimilation et une désassimilation constantes,* la vie ne

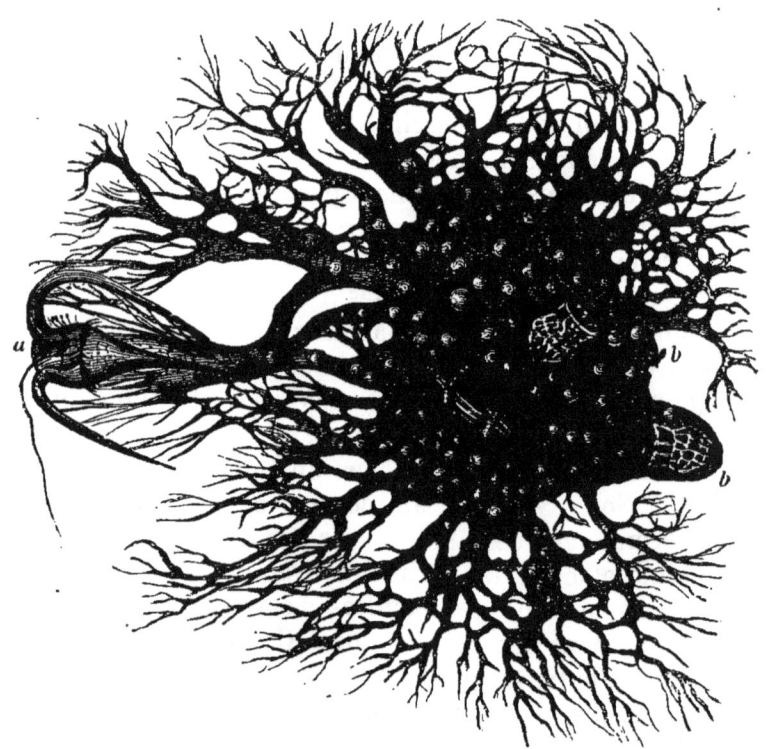

Fig. 1. — *Protomyxa aurantiaca,* ayant capturé divers organismes parmi lesquels deux Infusoires, dont on voit en *b* les carapaces siliceuses, une Diatomée *c* et un Infusoire flagellifère du genre *Ceratium, a.* (Gr. micros.).

nécessite pas un assemblage compliqué d'organes variés, comme on pourrait le croire, si l'on considérait seulement les animaux et les végétaux supérieurs.

On connaît un grand nombre d'êtres vivants qui sont exclusivement formés d'une petite masse de gelée. Chez quelques-uns, désignés parfois sous le nom de *Monères* [1], cette gelée peut être aussi limpide, aussi transparente que l'eau la plus pure, ou présenter une teinte uniforme comme chez les *Protomyxa* et se creuser de vacuoles contenant des liquides divers. Le plus souvent, elle tient en suspension des corpuscules de dimensions et de formes diverses, dont nous apprendrons tout à l'heure à connaître la nature, entre lesquels il n'existe d'ailleurs aucun lien, et qui peuvent se déplacer dans sa masse comme se déplaceraient des grains de poussière suspendus dans du blanc d'œuf.

En quoi la gelée vivante diffère d'un simple composé chimique. — Rien ne peut donner une idée plus exacte de cette gelée que le blanc d'œuf. L'aspect, les propriétés physiques, la composition chimique sont presque identiques dans l'une et l'autre substance. Mais la gelée est vivante, le blanc d'œuf est inerte. On ne voit jamais, en effet, du blanc d'œuf se déplacer spontanément; abandonné à lui-même, il se dessèche, mais il ne modifie en rien la composition de l'air qui l'entoure; il laisse inaltérées les substances avec lesquelles on le met en contact; il ne se nourrit pas, n'augmente pas de volume, ne se multiplie pas, ne se décompose pas. Le blanc d'œuf se comporte, en tout cela, comme un composé chimique quelconque.

Tout autres sont les propriétés de la gelée qui constitue les Monères: on peut les observer, en grand, dans une singulière production, commune à la surface des copeaux de chêne dont on se sert pour tanner le cuir, et qui est vulgairement désignée sous le nom de *fleur du tan*.

La fleur du tan. — La fleur du tan (*Fuligo septica*, fig. 2) est de couleur jaune. Elle forme parfois à la surface du tan des masses gélatineuses, larges de deux à trois décimètres, épaisses de deux à trois centimètres, contenant de nombreux granules de carbonate de chaux. Ces masses ont des contours essentiellement mobiles; on les voit se découper lente-

---

1. Qui signifie *seul, simple*.

ment sur leurs bords en lobes plus ou moins nombreux, allonger ces lobes, les déformer, les retirer, et, grâce à ces mouvements hésitants et obscurs, marcher avec une vitesse appréciable, dans une direction déterminée, s'élever, par exemple, sur un support vertical, à plusieurs mètres de hauteur. Vient-on à mouiller une masse de cette gelée étalée à la surface du tan, elle se retire aussitôt parmi les copeaux; elle fuit plus vite encore si l'on dirige sur elle les rayons

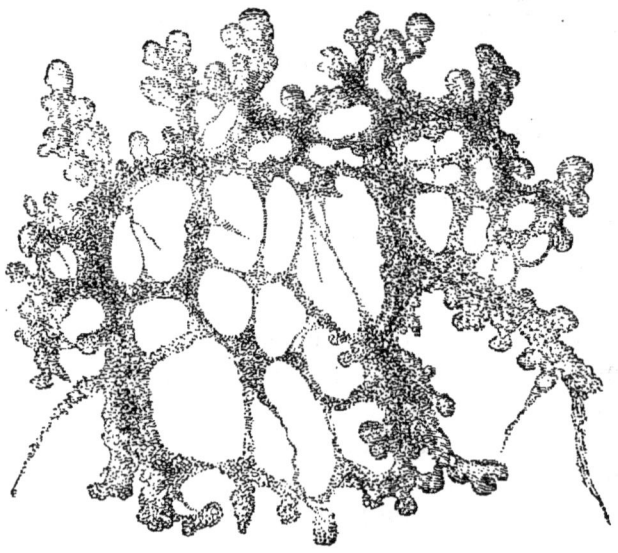

Fig. 2. — La fleur du tan (*Fuligo septica*), champignon réduit à un réseau de protoplasma capable de se déformer et de se déplacer.

du soleil; en l'absence de ces stimulants elle se déplace, toujours en grimpant, au lieu de céder à l'action de la pesanteur; placée sur un disque tournant, elle chemine vers le centre du disque, luttant ainsi contre la force qui transporterait un corps inerte vers le bord du disque, comme elle lutte contre la pesanteur. On peut donc dire que la fleur du tan est sensible à la pression, puisqu'elle réagit contre elle, sensible à la lumière, sensible à l'humidité.

Rencontre-t-elle en se déplaçant des particules solides, cette curieuse substance les englobe dans sa masse, et, suivant leur nature, les rejette ou s'en nourrit; elle augmente ainsi peu à peu de volume ; de plus elle ne cesse d'absorber de l'oxygène et de rejeter dans l'air de l'acide carbonique.

A tous ces points de vue, la *fleur de tan* se comporte non seulement comme un être vivant, mais comme un ani-

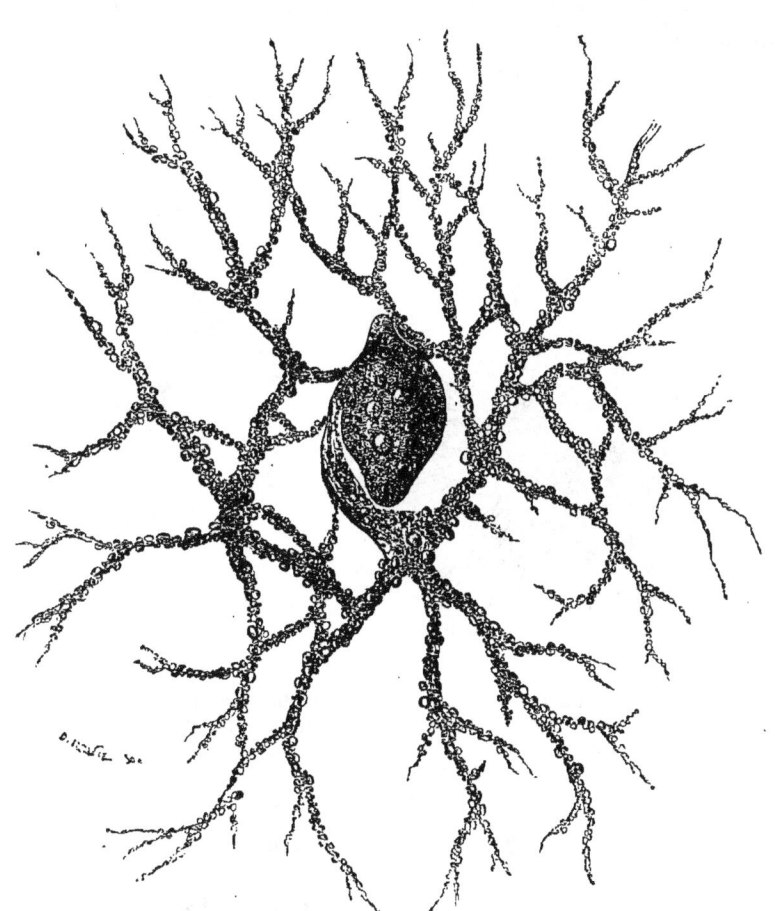

Fig. 3. — Un Rhizopode très grossi (*Lieberkühnia Wagneri*).

mal. Que les conditions deviennent mauvaises, elle s'enveloppe d'une couche protectrice et attend de meilleurs jours pour recommencer son existence ; à l'automne, elle fructifie et, dans cette dernière circonstance seulement, elle trahit sa nature végétale, sa qualité de *champignon*.

PHYSIOLOGIE ANIMALE.

Myxomycètes et Rhizopodes. — Les Protoplasmes. —
Voilà donc une plante, un champignon qui, pendant toute la partie active de sa vie, est dépourvue d'organes, réduite à une masse gélatineuse presque homogène, comparable par son aspect à un composé chimique, mais différant essentiellement des substances de cette catégorie par son activité, et manifestant tous les caractères d'un être doué de vie.

On appelle *Myxomycètes*, c'est-à-dire *champignons muqueux*,

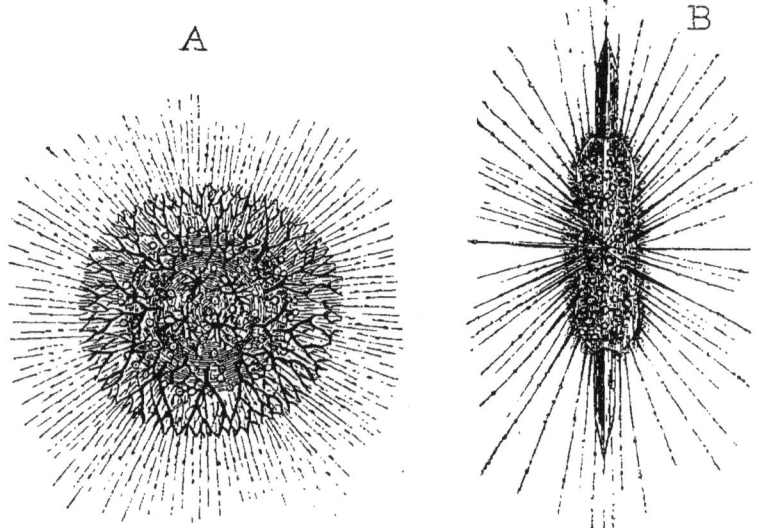

Fig. 4. — Deux Radiolaires avec leurs filaments protoplasmiques étalés. — A, *Cladococcus cervicorne* à squelette formé d'épines ramifiées. — B, *Amphilonche heteracantha*, à squelette formé d'épines de silice, dont l'une a la forme d'un double glaive. (Grandeur microscopique).

les nombreux végétaux qui se comportent comme la fleur du tan.

A ces myxomycètes correspondent, dans le règne animal, les *Rhizopodes* (fig. 5), dont le protoplasme peut se franger, sur les bords, de longs filaments mobiles capables de s'allonger, de se rétrécir, de se souder entre eux pour former des réseaux compliqués, ou de disparaître en rentrant dans la masse commune.

Parmi ces Rhizopodes, il en est qui produisent des squelettes siliceux (fig. 4), d'autres des carapaces calcaires de la plus grande élégance (fig. 5). On nomme les premiers des *Radiolaires*, les seconds des *Foraminifères*.

Chaque Rhizopode d'espèce particulière, bien que paraissant formé d'une substance identique à celle de ses congénères, n'en a pas moins des propriétés qui le distinguent des Rhizopodes des autres espèces, et représente, par conséquent, une sorte particulière de substance vivante.

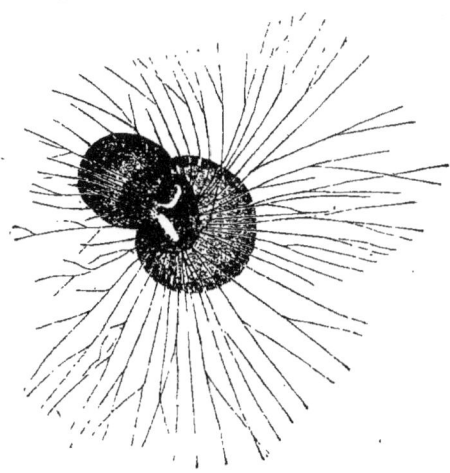

Fig. 5. — Foraminifère avec ses filaments protoplasmiques étalés (Globigérine).

Ces diverses sortes de substances vivantes, si simples et cependant si actives, méritent un nom : on les appelle des *substances protoplasmiques*, ou simplement des *protoplasmes*.

Composition chimique des protoplasmes. — L'analyse chimique de la fleur de tan et des autres substances protoplasmiques dont la composition a pu être déterminée montre qu'elles sont formées d'oxygène, d'hydrogène, d'azote et de carbone, unis entre eux dans les mêmes proportions que dans le blanc d'œuf, type des composés dits *albuminoïdes*.

Autres formes simples vivantes : microbes. — Les protoplasmes ne sont pas nécessairement mous et mobiles. Chez beaucoup de végétaux inférieurs, la substance vivante se présente sous la forme de granules extrêmement petits, ayant à peine quelques millièmes de millimètre de diamètre, souvent entièrement immobiles, mais doués d'une puissance nutritive considérable, se multipliant avec une extrême rapidité et provoquant des réactions chimiques particulières dans les substances au sein desquelles elles se développent.

Tels sont les champignons microscopiques bien connus sous le nom de *levures* (fig. 6), qui provoquent les *fermenta-*

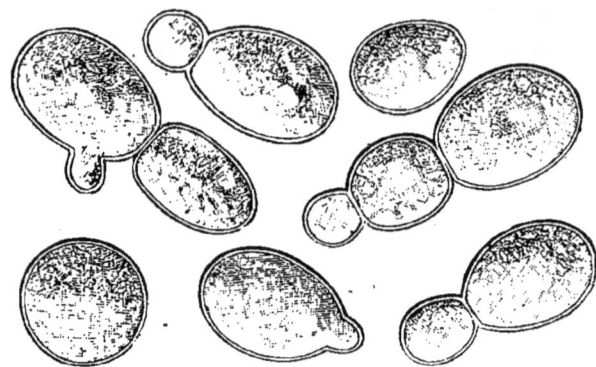

Fig. 6. — Globules de levure de bière (*Saccharomyces cerevisiæ*) dont plusieurs ont produit des bourgeons.

tions auxquelles nous devons le vin, la bière, le cidre, le vinaigre, etc., ou ces algues plus petites encore, ces *microbes*

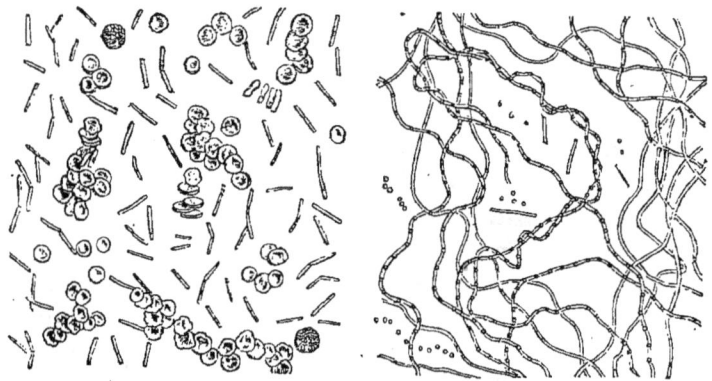

Fig. 7. — Le microbe du charbon (*Bacillus Anthracis*). — En A, le microbe en forme de bâtonnets mélangés aux globules du sang. — En B, le même microbe cultivé dans du bouillon et en forme de filaments.

(fig. 7), comme on les appelle, qui envahissent parfois notre organisme et y développent de redoutables maladies contagieuses, souvent épidémiques : le charbon, la variole, la phtisie, le croup, la fièvre récurrente, la fièvre typhoïde, la fièvre scarlatine, la rougeole, etc.

Fouets et cils vibratiles des infusoires. — D'autres fois la mobilité ne se manifeste que dans un long filament, sans cesse vibrant, dans un *fouet vibratile* dont les mouvements suffisent à entraîner la petite masse protoplasmique à travers le liquide. C'est le cas pour tous les *Infusoires flagellifères* (fig. 8), pour une foule de semences d'algues, de champignons (fig. 9, A et B). Quelquefois les fouets locomoteurs sont courts, très-nombreux et très fins; on les désigne alors sous le nom de *cils vibratiles* (fig. 9, C). Nous retrouverons des cils de ce genre même chez les animaux les plus élevés, même chez l'homme; il faut donc retenir leur nom.

Fig. 8. — Infusoire flagellifère (Euglène).

Apparition dans le protoplasme des noyaux et des nucléoles. — Les êtres vivants dont le corps ne consiste qu'en une masse continue de protoplasme n'ont, sauf de rares exceptions, qu'une très petite taille; presque tous sont microscopiques. Mais la substance vivante qui les com-

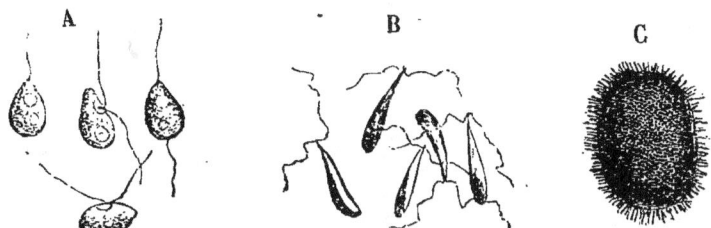

Fig. 9. — Zoospores, semences pourvues de filaments locomoteurs d'algues et de champignons. — A, Zoospores à fouets vibratiles d'un champignon (*Phytophtora* de la pomme de terre). — B, Zoospores à fouets vibratiles d'une algue cloisonnée (*Sphæroplea*). — C, Zoospore ciliée d'une algue non cloisonnée (*Vaucheria*).

pose peut présenter en eux de très remarquables et très

16 PHYSIOLOGIE ANIMALE.

importantes modifications. Sauf chez les Monères, à l'intérieur de la masse principale du protoplasme, on observe une ou plusieurs masses plus petites, plus homogènes, qui

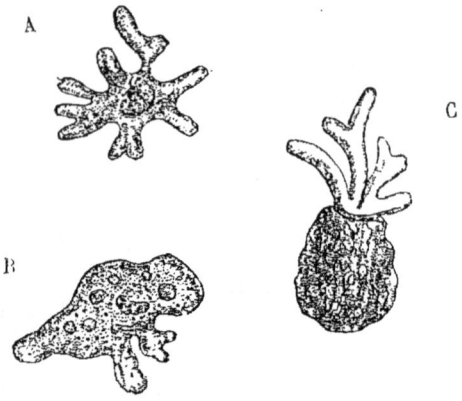

Fig. 10. — A, Amibe avec son noyau *n* et son nucléole *p*. — B, le même sous un autre aspect. — C, Gromie dont le corps est incomplètement couvert d'une membrane, *m*, et laisse sortir des prolongements, *s*, du protoplasme.

ont des réactions chimiques particulières, des mouvements propres et prennent une part très active à tous les phénomènes vitaux ; ce sont les *noyaux* (fig. 10), qui présentent d'ordinaire une ou plusieurs taches claires, les *nucléoles*.

Membranes d'enveloppe, leur importance. — La couche externe du protoplasme est souvent plus résistante et s'en-

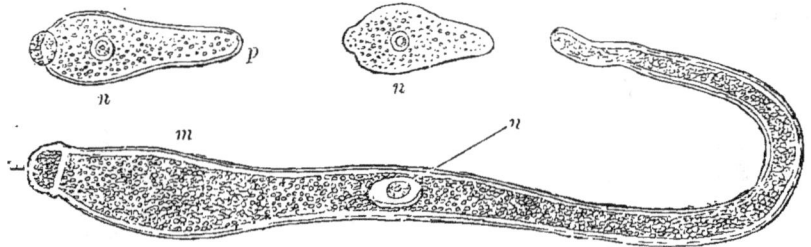

Fig. 11. — Une Grégarine à différents âges. — *n*, noyau et nucléole ; *m*, membrane d'enveloppe.

toure d'une *membrane d'enveloppe* qui la protège contre les agents extérieurs. Cette membrane peut être incomplète comme chez les Gromies (fig. 10, C), voisines des

Amibes, ou complète comme chez les Grégarines (fig. 11), parasites microscopiques qu'on trouve en grand nombre dans l'intestin de divers Insectes.

Une fois que le protoplasme s'est ainsi enfermé dans une membrane, il ne peut plus se lober et se franger sur ses bords, comme il le fait chez les *Myxomycètes* et les *Rhizopodes*. Sa forme est désormais arrêtée et ses mouvements ne peuvent plus s'exécuter qu'à l'aide de *cils vibratiles*. Quoiqu'ils puissent revêtir la membrane d'enveloppe d'une sorte de toison plus ou moins continue (fig. 16 et 17), les cils vibratiles ne sont d'ailleurs que de fins prolongements du protoplasme, qui traversent cette membrane, et ne diffèrent des lobes les plus déliés du protoplasme des Rhizopodes que parce que leurs mouvements sont très rapides et qu'ils conservent une forme et une position constantes.

La membrane qui enferme le protoplasme, tout en demeurant perméable aux liquides et aux gaz, peut devenir rigide, s'opposer à la pénétration des corps solides à son intérieur et ne livrer passage à aucun cil vibratile. Dès lors le protoplasme est définitivement fixé ; il est incapable de se déplacer par rapport au monde extérieur ; il a pris toutes les apparences de l'immobilité ; mais il n'en continue pas moins à manifester des mouvements très sensibles au dedans de son en-

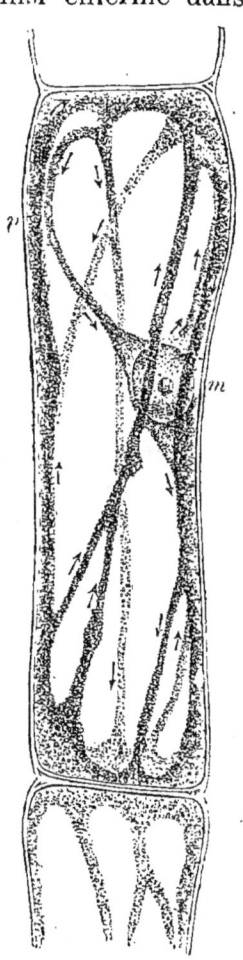

Fig. 12. — Une cellule d'une algue cloisonnée (Conferve), dont le protoplasme p est disposé en réseau autour du noyau n et se meut dans la direction des flèches ; m, membrane de cellulose.

veloppe ; il est, par exemple, agité par des courants dont les flèches de la figure 12 indiquent le sens. On est naturellement amené à ranger parmi les végétaux les êtres protoplasmiques qui sont, pour cette cause, dépourvus en apparence de la faculté de se mouvoir. Leur membrane d'enveloppe est ordinairement encroûtée d'une substance qui joue dans le Règne Végétal un rôle de la plus haute importance, la *cellulose*. Tels sont la *levure de bière* (fig. 6), qui est un champignon, ou les *Protococcus* (fig. 13), ces algues microscopiques qui couvrent le tronc des arbres d'une couche uniforme, d'un beau vert.

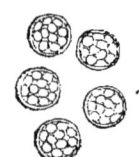

Fig. 13. — Algue unicellulaire (*Protococcus*).

Cellules : êtres unicellulaires. — Certaines algues, les Siphonées par exemple (fig. 14), certains Infusoires, sont constitués par une masse de protoplasme continu, entouré d'une membrane plus ou moins résistante parfois de forme très compliquée, et présentant un très grand nombre de noyaux ; mais ordinairement le protoplasme semble se condenser autour des noyaux, comme autour de centres d'attraction spéciaux ; chaque petite masse pourvue de son noyau s'isole des masses semblables en s'entourant d'une membrane, on a alors ce que les anatomistes appellent une *cellule*. Le noyau est déjà bien apparent chez les *Amibes*, rhizopodes inférieurs dont le corps, réduit à une goutte de protoplasme, change incessamment d'aspect (fig. 10, A et B), s'étale, se resserre, s'arrondit ou se découpe en lobes irréguliers ; les continuelles modifications de forme de ces lobes permettent au petit être de se mouvoir ; ici seulement la membrane fait défaut, la cellule est imparfaite.

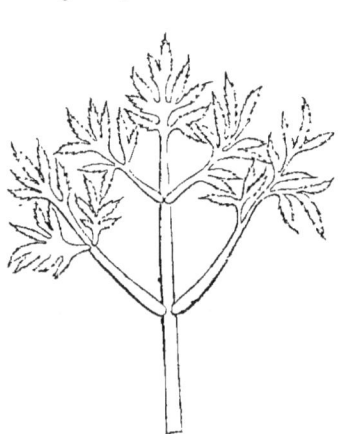

Fig. 14. — Siphonée non cloisonnée, mais à plusieurs noyaux (*Valonia*).

Il existe une multitude d'êtres dont toute l'organisation se réduit à ce qu'il faut pour former une cellule. Quand ces *êtres unicellulaires* sont immobiles pendant toutes les phases de leur existence, on peut les ranger sans hésitation parmi les végétaux, surtout s'ils produisent de la cellulose et s'ils contiennent de cette matière verte qui colore les feuilles et qu'on nomme *chlorophylle*. Mais beaucoup d'entre eux présentent des phases alternatives de mobilité et d'immobilité, se meuvent soit en déformant leur contour comme les Myxomycètes, soit en laissant vibrer leurs fouets ou leurs cils vibratiles; alors, c'est seulement par une comparaison approfondie de toutes les particularités de leur existence avec les particularités présentées par des êtres non ambigus, que l'on est conduit à les ranger dans l'un ou l'autre des deux Règnes.

Degré de complexité que peuvent atteindre les êtres unicellulaires; Infusoires ciliés. — Les animaux microscopiques de l'ordre des Infusoires ciliés donnent une idée nette du degré de complexité que peut atteindre un être réduit à une cellule. Leurs formes, nettement définies pour chaque espèce, sont des plus variées; les uns, tels que les Vorticelles (fig. 15), sont fixés aux corps submergés, pendant la plus grande partie de leur vie, par un pédoncule souvent capable de se contracter en s'enroulant en spirale; ils attirent à eux les matières alimentaires à l'aide des mouvements rapides des cils vibratiles qui surmontent leur corps hémisphérique; d'autres, tels que les *Stentors* (fig. 16), en forme de trompette, peuvent se fixer momentanément, à la manière des Vorticelles, par l'extrémité amincie de leur corps, se détacher l'instant d'après et nager librement dans l'eau; quelques-uns (fig. 16, B) produisent même une sorte de tube gélatineux dans lequel ils s'abritent; mais la plupart sont, comme les *Stylonychies* (fig. 17), d'une forme ovale, et toujours en mouvement.

Les Vorticelles, les Stentors et les Paramécies sont communs dans toutes les eaux stagnantes, et rien n'est facile comme de les observer au microscope[1]. On reconnaît aisé-

---

[1]. On arrive facilement à les étudier en plaçant une goutte de l'eau qui les contient dans un verre de montre; on peut les tuer sans les déformer et les

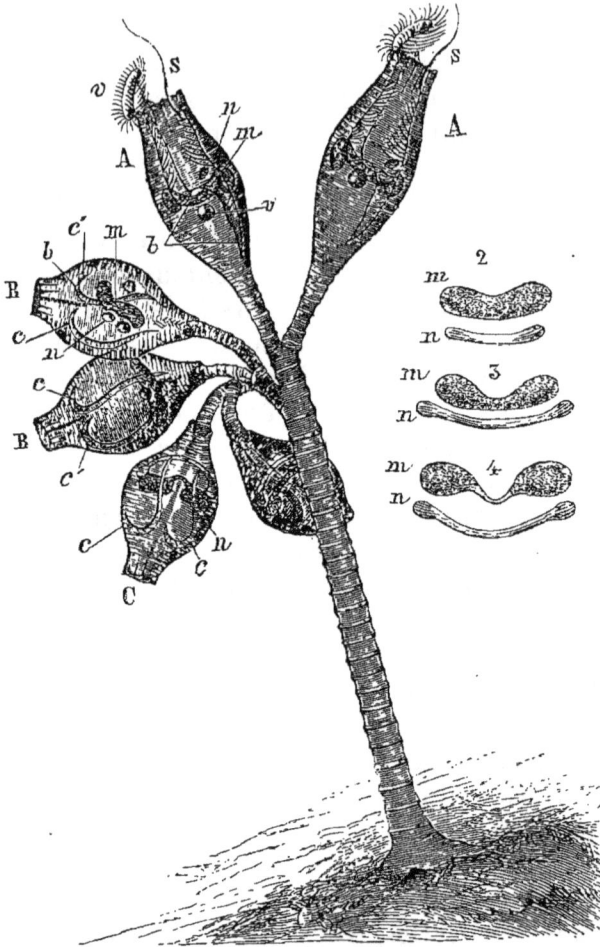

Fig. 15. — Une jeune colonie d'Infusoires ciliés (*Epistylis*). — A, deux individus adultes, épanouis comme ils le sont lorsqu'ils mangent; — B, C, individus contractés et en train de se diviser longitudinalement en deux autres. — 2, 3, 4, phases diverses de la division du noyau et du nucléole. — Dans toutes les figures; *b*, bouche: *c*, *c'*, fentes vibratiles caractérisant les individus résultant de la division d'un individu unique; *m*, noyau; *n*, nucléole; *v*, disque vibratile pouvant se rabattre sur la fente buccale; *s*, soie vibratile implantée dans la fente buccale.

ment leur *noyau*, leur *membrane d'enveloppe* et leurs *cils*

conserver quelque temps en exposant l'eau où ils vivent à des vapeurs d'acide osmique; on peut ensuite colorer leur noyau et le rendre parfaitement distinct en les plaçant quelques instants dans une dissolution d'éosine, de vert de méthyle ou de brun Bismarck.

LES PLUS SIMPLES DES ÊTRES VIVANTS ET LEURS FACULTÉS. 21

vibratiles. Le noyau des Vorticelles est en forme de ruban

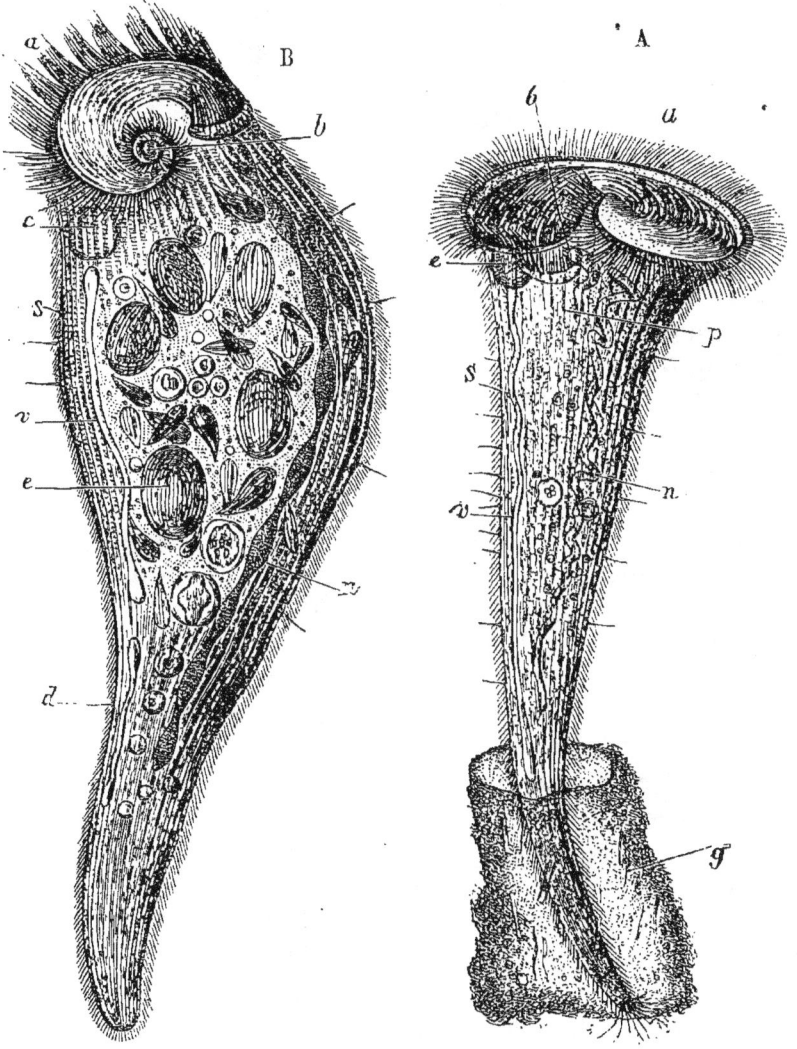

Fig. 16. — A. *Stentor cœruleus* en train de nager. — B. *Stentor Rœselii* fixé et ayant produit à sa base un étui gélatineux, *g*. — *a*, ligne spéciale de grands cils vibratiles amenant les aliments dans la bouche, *b*; *c*, vésicule contractile; *e* masses d'aliments avalés par l'animal; *n*, noyau; *d*, *p*, bandes de fins cils vibratiles du corps; *s*, soies mélangées aux cils; *v*, canaux.

diversement contourné; celui des Stentors présente souvent l'aspect d'un chapelet et celui des Paramécies a l'aparence d'un ruban pelotonné sur lui-même. Ces noyaux sont accompagnés d'un noyau secondaire plus petit qu'on appelle *nucléole*, bien qu'il ne soit pas contenu, comme les nucléoles ordinaires dans le noyau principal. En suivant quelque temps ces petits êtres, on voit à leur intérieur une vésicule claire, de forme étoilée chez les Paramécies, accompagnée chez les Stentors de canaux temporaires creusés dans le protoplasme (fig. 16, A et B, *v*). Cette vésicule, d'abord petite, grossit quelque temps, puis se contracte en expulsant au dehors son contenu : c'est la *vésicule contractile*, dont les pulsations, quoique lentes, sont aussi régulières que celles d'un cœur. La membrane d'enveloppe présente deux orifices, l'un pour l'entrée des matières alimentaires, l'autre pour la sortie des résidus de la digestion; elle est revêtue de cils dont la forme et les fonctions peuvent être différentes; il est des infusoires, les Stylonychies B (fig. 17), par exemple, qui se servent de certains de leurs cils comme de pattes.

Ainsi une petite masse de protoplasme est capable de se modifier suffisamment en ses différents points pour pourvoir à des fonctions aussi nombreuses et aussi complexes que celles qui caractérisent le mieux les animaux.

Nutrition des êtres unicellulaires; fermentations. — On n'a pas suivi complètement les phénomènes de la nutrition chez les Infusoires; mais ils ont été, chez un assez grand nombre d'êtres unicellulaires immobiles, l'objet d'études d'autant plus attentives que ces êtres ont pour nous une importance considérable, puisque c'est à certains d'entre eux que nous devons le vin, la bière, le cidre, le vinaigre et la transformation en pain des pâtes de farine, tandis que d'autres, devenus célèbres sous le nom de *microbes*, font rancir le beurre, aigrir le lait, tuent nos vers à soie, déciment nos étables, ou s'attaquent même à notre santé.

Tous ces êtres se laissent pénétrer par les substances dissoutes avec lesquelles ils sont en contact, les décomposent pour en faire de nouveau protoplasma et accroître ainsi leur propre masse, fixent sur ces substances une partie de l'oxygène qu'ils empruntent à l'air, ou, s'ils sont obligés de vivre hors du contact de l'air, les décomposent activement pour leur prendre l'oxygène dont ils ont besoin, et déterminent ainsi ce qu'on nomme une *fermentation*. Divers végétaux unicellulaires peuvent même enlever à d'autres organismes l'oxygène dont ces derniers se sont déjà emparés. Quelques-uns, comme l'*Amylobacter*, qui fait rancir le beurre, ne peuvent supporter le contact de l'oxygène libre; ils sont tués par ce gaz, cependant nécessaire à leur vie et doivent l'emprunter dès lors aux composés oxygénés qui les entourent. Tous ont du reste une spécialité et, dans les mêmes circonstances, se comportent différemment : la levure qui produit le vin n'est pas la même que celle qui produit la bière ou le vinaigre; il en est qui se développent dans les liqueurs sucrées, d'autres dans les liqueurs alcooliques, d'autres dans l'huile, d'autres encore sur les êtres vivants, comme le *Saccharomyces albicans*, qui produit, dans la bouche des enfants et des malades épuisés, l'affection connue sous le nom de *muguet*.

Variabilité des êtres unicellulaires. — Si des êtres unicellulaires d'origine différente, placés dans les mêmes conditions, se comportent différemment, des êtres unicellulaires nés les uns des autres et qui sembleraient, par conséquent, devoir être identiques entre eux, présentent souvent des propriétés et des caractères extérieurs différents lorsqu'ils sont obligés de vivre dans des milieux divers. C'est ainsi que par des procédés spéciaux de culture, M. Pasteur a réussi à transformer les microbes du choléra des poules et du charbon en vaccins propres à préserver les animaux de ces redoutables maladies; que l'une des plus vulgaires moisissures, le *Mucor mucedo*, quand elle pousse à l'air libre, se présente sous la forme d'une cellule extraordinairement rameuse, tandis que, cultivée à l'abri de l'air, elle se décompose en globules rappelant ceux de la levure de bière, et que, dans ces conditions, le *Mucor circinelloïdes* peut non-seulement revêtir un aspect voisin de celui de cette levure, mais encore provoquer dans les matières sucrées une fermentation alcoolique donnant exactement les mêmes produits.

Bien que les formes différentes que peut offrir un même être soient ordinairement en nombre déterminé, il n'en reste pas moins établi que les êtres unicellulaires nés les uns des autres sont doués d'une certaine variabilité, et que les condi-

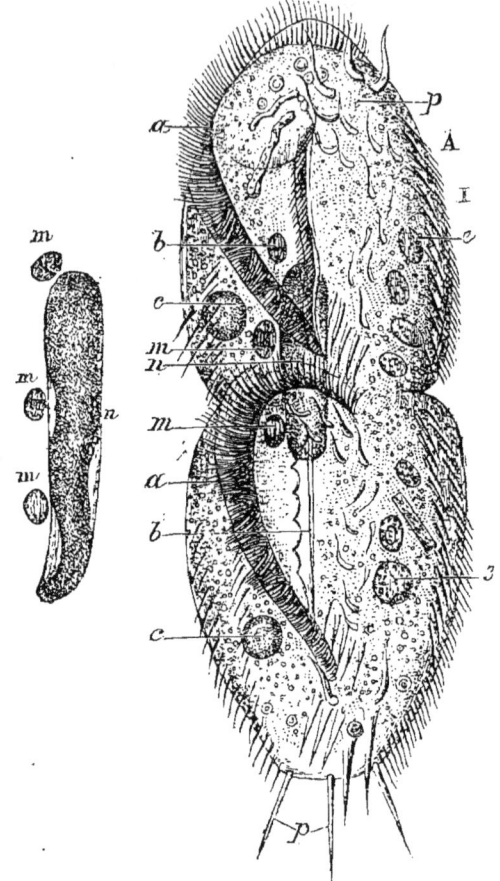

Fig. 17. — A, Infusoire cilié (*Stylonychia mytilus*), en train de se diviser en deux autres, I et II. *a*, fente garnie de grands cils vibratiles, au fond de laquelle se trouve la bouche, *b*; *c*, vésicule contractile; *e*, petites masses d'aliments avalés et nageant dans le protoplasme; *m*, nucléoles déjà répartis entre les deux individus; *n*, noyau; *p*, soies mobiles servant de pieds à l'animal. — B, noyau et nucléoles plus grossis, représentés pendant la division.

tions diverses dans lesquelles ils sont placés peuvent faire apparaître telle ou telle de leurs formes.

Multiplication des êtres unicellulaires. — Les êtres unicellulaires ne dépassent pas, en général, une taille limitée à quelques millièmes ou à quelques centièmes de millimètre. Cette taille une fois atteinte, la plupart se divisent en deux ou plusieurs êtres qui ne tardent pas à devenir semblables à leur parent.

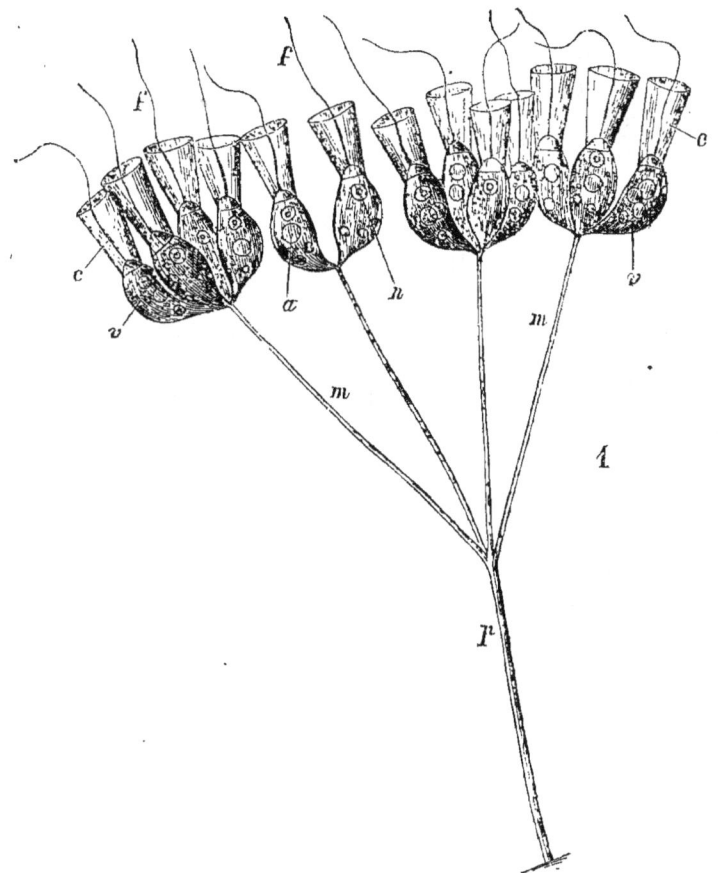

Fig. 18. — Colonie d'Infusoires flagellifères (*Codosiga*) grossis 500 fois environ. — *p*, pédoncule commun ; — *m*, pédoncule de chaque individu ; — *v*, corps de l'Infusoire : — *a*, vésicule contractile ; — *n*, noyau ; — *f*, fouet vibratile ; — *c*, collerette qui en entoure la base.

La division peut avoir lieu de plusieurs façons. Chaque globule de levure de bière produit, par exemple, un bourgeon d'abord très petit, mais qui grandit peu à peu, jusqu'à atteindre la taille du globule primitif (fig. 6). Les Amibes, les

Infusoires (fig. 17), au contraire, se partagent en deux moitiés équivalentes. Les Myxomycètes, les Rhizopodes se divisent même, d'un seul coup, en une multitude de parties équivalentes qui ont d'abord une forme toute différente de celle de l'être dont elles ne sont que des fragments, mais qui ne tardent pas à revenir à la forme primitive.

Le noyau et le nucléole, lorsqu'ils existent, prennent toujours part à la division, et semblent même la provoquer en se divisant avant le protoplasma qui les entoure.

Associations ou colonies d'êtres unicellulaires. — Le plus souvent, lorsqu'un être unicellulaire se divise, ses parties se séparent les unes des autres pour vivre isolément; mais il n'en est pas toujours ainsi. Chez certaines algues, les *Nostocs*, les *Volvox* par exemple, les divers membres d'une même famille demeurent unis entre eux par une substance gélatineuse qu'ils sécrètent. Il est d'autre part assez fréquent, chez les Infusoires fixés, que le pédoncule qui supportait l'Infusoire se divise en même temps que l'Infusoire primitif et se ramifie. Ce pédoncule forme alors une sorte de buisson, de petit arbre, dont chaque rameau est terminé par un animalcule, qui peut être soit un Infusoire flagellifère, comme chez les *Anthophysa* ou les *Codosiga* (fig. 18), soit un Infusoire cilié, une Vorticelle, comme chez les *Epistylis* (fig. 15) ou les *Carchesium*.

On donne souvent à ces associations le nom de *colonies*.

Les membres d'une même colonie peuvent revêtir des formes diverses, comme on le voit déjà chez les *Epistylis*, et l'aspect de ces colonies est quelquefois tel qu'on a souvent considéré l'ensemble des animaux constituant une colonie comme un seul et même animal.

Quelque étrange que cela paraisse au premier abord, l'histoire des êtres unicellulaires, dont nous venons d'esquisser quelques traits, va nous permettre d'expliquer les phénomènes vitaux les plus délicats que présentent les animaux et les végétaux supérieurs.

CHAPITRE III

STRUCTURE DES ORGANISMES SUPÉRIEURS

Les êtres vivants supérieurs sont des associations de cellules. — Nous venons d'apprendre à connaître le protoplasme et les cellules qui résultent de ses modifications.

Nous avons étudié un certain nombre de formes inférieures du règne animal ou du règne végétal dont le corps est réduit à une cellule ou à une masse continue de protoplasme à plusieurs noyaux ; nous avons vu que les cellules de même origine peuvent changer de forme et de propriétés, suivant les circonstances, et, dans certains cas, s'unir pour constituer des associations plus ou moins nombreuses. L'examen, à l'aide du microscope, de toutes les parties du corps des animaux ou des plantes démontre que ces êtres, quel que soit leur degré de perfection, ne sont autre chose que des sociétés de cellules, semblables au fond aux sociétés simples que constituent les êtres unicellulaires, mais composées d'un nombre d'individus extrêmement considérable pouvant se rattacher, dans chaque cas, à un nombre assez grand, mais déterminé, de formes différentes, auxquelles correspondent autant de produits et de facultés spéciales.

D'ordinaire, toutes ces cellules proviennent, comme les cellules libres nées d'un être unicellulaire, du bourgeonnement ou de la division, par des procédés divers, d'une cellule primitive unique, que les zoologistes appellent l'*œuf*, les botanistes l'*oosphère*.

Tout être vivant quelque peu compliqué n'est donc, en définitive, qu'une famille très nombreuse et parfaitement disciplinée d'êtres unicellulaires.

Aux modes divers d'agencement des cellules qui les composent, les végétaux et les animaux doivent cette structure particulière qui les fait dire *organisés*, et qui leur a valu la qualification d'*organismes*.

Différences de structure des animaux et des végétaux. — Cause de l'immobilité des plantes. — Chez les végétaux supérieurs toutes les cellules s'enveloppent de bonne heure d'une couche résistante de *cellulose*, qui n'est autre que la substance même du bois et du papier. Chaque végétal est ainsi une sorte de prison populeuse composée de cellules étroitement closes, dans lesquelles le protoplasme conserve toute son activité, mais desquelles il ne peut sortir. Quelle que soit l'agitation des prisonniers, si la prison est suffisamment bien fermée, rien n'en transpire au dehors ; ainsi le végétal, quelle que soit sa vitalité, paraît immobile et inerte.

Au contraire, la plupart des cellules animales ne présentent, quand elles en ont, que des membranes d'enveloppe faciles à déformer, elles peuvent dès lors manifester au dehors toute la mobilité de leur protoplasme dont les changements microscopiques de dimension, s'ajoutant de cellule à cellule, peuvent finir, en raison du nombre des cellules, par produire des mouvements de grande étendue.

Ainsi l'une des différences les plus apparentes des animaux et des plantes peut être considérée comme le résultat d'une propriété toute chimique du protoplasme de leurs cellules composantes, la propriété de produire de la cellulose.

Éléments anatomiques ; leur genre de vie. — On peut comparer les cellules qui composent presque à elles seules la plupart des animaux et des plantes aux pierres qui entrent dans la constitution d'un édifice. De même que les pierres sont les éléments de l'édifice, de même les cellules sont les *éléments anatomiques* de l'animal ou de la plante.

Les éléments anatomiques associés pour constituer l'organisme d'un animal, d'une plante, continuent à vivre côte à côte à la façon des êtres unicellulaires, et manifestent, à cet égard, une grande indépendance. Chacun d'eux vit à sa guise, grandit, se multiplie et meurt sans souci de ses voisins, et parfois même à leur détriment ; chacun peut avoir ses caractères extérieurs spéciaux, son mode de nutrition, ses propriétés particulières ; dans la société dont tous font partie, chacun peut avoir un rôle qui lui soit propre. De même, dans les sociétés humaines, chacun vit d'une manière indépendante, chacun se nourrit, s'habille, se loge comme il l'entend ; de même chaque homme exerce le métier qui convient à ses aptitudes naturelles ou qui est en rapport avec ses connaissances acquises. Cependant, en raison des échanges qui s'accomplissent, le travail indépendant de chacun profite à tous.

Importance de la division du travail dans les sociétés humaines. — Chez les peuplades sauvages, chaque famille construit elle-même sa hutte, fabrique ses vêtements, ses armes et ses outils, et ce travail multiple suffit à peine à assurer sa subsistance ; quand la peuplade se police, quand le nombre de ses membres s'accroît, quand elle se transforme en une nation civilisée, les individus qui la composent cessent de fabriquer ou de rechercher eux-mêmes tout ce qui est nécessaire à leur subsistance. Il faut pour tous une quantité déterminée d'aliments, de vêtements, d'habitations, d'armes, d'outils : les uns se chargent de rassembler les aliments, d'autres de construire les habitations, d'autres encore de fabriquer les vêtements, les armes et les outils ; quelques-uns enfin se donnent la mission de présider aux échanges grâce auxquels chacun peut, en cédant une partie de ses produits, se procurer ce qui lui manque. Ainsi s'accomplit, entre les divers citoyens de la nation, sous des formes d'ailleurs variées, un mode particulier de *division du travail*. Désormais, chaque travailleur, exécutant toujours les mêmes actes, travaille mieux et plus vite que dans les conditions primitives. Les produits de consommation mis à la disposition de chacun sont de meilleure qualité ; ils sont aussi plus abondants ; bientôt la somme des résultats obtenus à l'aide de la même quantité de travail est telle qu'il devient possible de se procurer non seulement le nécessaire, mais encore l'utile ou même simplement l'agréable. Le bien-être va ainsi grandissant.

Mais une telle organisation entraîne comme conséquence l'impossibilité pour chacun de se suffire à lui-même ; les divers individus associés, ne produisant respectivement qu'une des choses nécessaires à la vie, en arrivent à être réciproquement indispensables les uns aux autres ; ils deviennent *solidaires*, et cette solidarité fait de la nation un tout indivisible, un *individu*. D'ailleurs, à mesure que les produits sont plus abondants et plus variés, les échanges sont aussi plus compliqués, les rapports entre les individus plus nombreux : peu à peu une organisation savante devient nécessaire pour assurer le bon fonctionnement de toutes les parties du corps social.

Division du travail physiologique entre les éléments anatomiques. — Les choses ne se passent pas autrement chez les êtres vivants. Dans les plus simples, tous les éléments anatomiques sont à peu près semblables entre eux, vivent de la même façon, et chacun se suffit si bien que les individus dont ils font partie peuvent être coupés en morceaux, dont chacun, loin de mourir, reconstitue un individu nouveau. C'est ce que montrent les éponges, les polypes, un certain nombre de vers et presque tous les végétaux. Mais, dès que les organismes s'élèvent, les éléments anatomiques qui les composent prennent une variété croissante, en même temps que leur nombre devient incalculable. Leur variété n'est cependant pas telle qu'on ne puisse les répartir en un petit nombre de catégories, qui sont à peu près constantes dans le règne animal, parce qu'elles correspondent sensiblement aux grandes fonctions nécessaires à l'entretien de la vie de l'animal.

Tissus : leur division en quatre groupes. — En général, on rencontre groupés ensemble les éléments de même catégorie ; ces éléments réunis constituent ce qu'on nomme un *tissu*. Les tissus en se combinant entre eux forment les *organes*, ceux-ci les *appareils* ; il suit de là que les propriétés d'un organe ou d'un appareil ne sont autre chose que celles des tissus qui le composent. On peut grouper tous les tissus des animaux supérieurs sous quatre catégories :

1° Le tissu *épithélial*, qui revêt d'une couche continue toutes les surfaces libres internes ou externes du corps ;

2° Le *tissu conjonctif* qui unit entre eux, soutient et surtout protège contre les frottements ou les chocs les divers organes ;

3° Le *tissu musculaire*, essentiellement contractile, qui est chargé de produire tous les mouvements ;

STRUCTURE DES ORGANISMES SUPÉRIEURS. 51

4° Le *tissu nerveux*, qui préside à tous les phénomènes de sensibilité, élabore les sensations de manière qu'elles puissent servir de base à nos jugements, et déterminer notre volonté dont il transmet les ordres aux divers organes, établissant ainsi une harmonieuse unité entre toutes les parties de notre être.

Tissu épithélial. Diverses sortes d'épithélium. — Le *tissu épithélial* est presque uniquement composé de cellules qui tapissent toutes les surfaces libres du corps, tant extérieures qu'intérieures, de couches de revêtement continues auxquelles on donne le nom d'*épithélium* (fig. 19).

Les cellules composant les épithéliums peuvent présen-

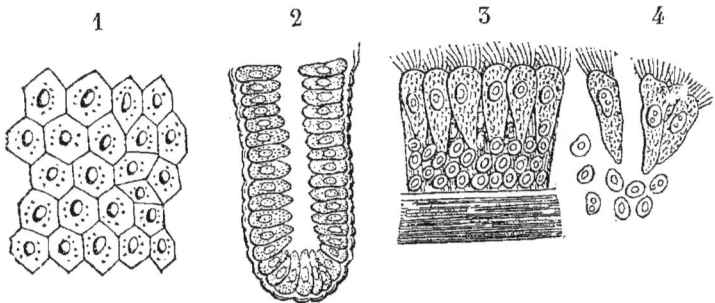

Fig. 19. — Éléments anatomiques. — 1. Épithélium pavimenteux. — 2. Épithélium cylindrique d'un acinus glandulaire. — 3. Épithélium vibratile stratifié. — 4. Cellules isolées de cet épithélium.

ter les formes les plus diverses. Elles sont souvent aplaties, polygonales et ajustées comme les pièces d'une mosaïque ou les cailloux d'un pavé; on dit alors que l'épithélium est *pavimenteux* (fig. 19, n° 1); d'autres fois, les cellules sont allongées perpendiculairement à la surface qu'elles recouvrent, à peu près cylindriques ou coniques, nettement terminées à leur extrémité libre, plus ou moins irrégulièrement ramifiées à leur extrémité profonde (fig. 20); elles forment ce qu'on appelle un *épithélium cylindrique* (fig. 19, n° 2).

Si les cellules ne sont disposées qu'en une seule couche, l'épithélium est *simple*; il est *stratifié* dans le cas contraire.

Très souvent, la surface libre des cellules est couverte de *cils vibratiles* (fig. 21). Dans ce cas, on dit de l'épithélium lui-même qu'il est vibratile. Les épithéliums vibratiles (fig. 19, n° 3) ont une importance considérable. Dans beaucoup d'animaux inférieurs, c'est à l'aide des cils vibratiles qui revêtent le corps que la locomotion s'accomplit presque exclusivement dans le jeune âge, et chez les animaux supérieurs, même chez l'homme, plusieurs liquides de l'économie sont mis en mouvement par des cils vibratiles. Les cils vibratiles manquent chez les insectes et les autres arthropodes.

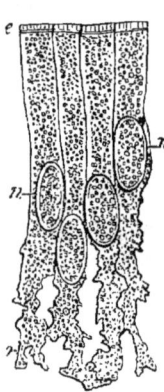

Fig. 20. — Quatre cellules de l'épithélium cylindrique de l'intestin de la grenouille, grossies 560 fois. — *e*, plateau strié qui termine les cellules et forme comme une sorte de vernis sur l'épithélium. — *n*, noyau. — *o*, extrémité irrégulièrement ramifiée des cellules (d'après Ranvier.)

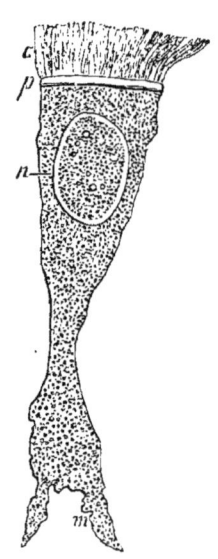

Fig. 21. — Cellule d'épithélium vibratile de l'œsophage de la grenouille. — *c*, cils vibratiles. — *p*, plateau qui les supporte. — *n*, noyau. — *m*, extrémité déchiquetée de la cellule. (Grossie 1100 fois.)

Produits des cellules épithéliales; cuticule glandes. — Comme toutes les cellules, les cellules épithéliales exsudent des produits divers qui se répandent à la surface de l'épithélium et sont quelquefois tout simplement rejetés, mais qui d'autres fois se consolident et forment une couche protectrice continue que l'on nomme une *cuticule*. C'est une production de ce genre qui forme la carapace des animaux articulés. Il n'existe rien de semblable chez la plupart des vertébrés, dont l'épiderme, qui n'est autre chose que l'épithélium de la surface extérieure du corps, se renouvelle incessamment.

Quand l'épithélium tapisse une cavité (fig. 19, n° 2), les produits exsudés par lui se rassemblent dans cette cavité, sont rejetés au dehors par une ouverture ou un conduit spécial, et peuvent être alors diversement utilisés. Les *glandes* ne sont autre chose que de semblables cavités : la cavité de la glande est désignée sous le nom d'*acinus* ou de *cul-de-sac sécréteur;* le conduit qui porte au dehors le liquide sécrété en est le *canal excréteur.*

Tissu conjonctif; ses diverses formes. — Le tissu conjonctif peut prendre les aspects les plus divers (fig. 22); comme il n'occupe généralement pas les surfaces libres du corps ou des cavités de l'organisme, les produits exsudés par les cellules qui le composent, sont forcés de se répandre entre les cellules, les séparent les unes des autres, et forment ainsi des *substances interstitielles*, au sein desquelles se trouvent disséminées les cellules. Celles-ci conservent alors la forme arrondie et se remplissent de graisse comme dans le *tissu adipeux* (fig. 23), ou prennent une forme étoilée (fig. 22 C).

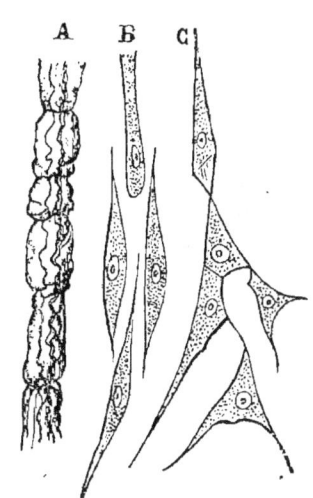

Fig. 22. — Tissu conjonctif. — A, faisceau de fibres conjonctives, les unes longitudinales, les autres annulaires. — B, éléments du tissu conjonctif de la peau d'un agneau. — C, cellules conjonctives étoilées.

Quand le tissu conjonctif se dispose en minces lames ou membranes s'entre-croisant de diverses façons pour limiter des alvéoles irrégulières, il est quelquefois désigné sous le nom impropre de *tissu cellulaire;* c'est dans ce tissu que les bouchers insufflent de l'air pour « parer la viande ».

Assez souvent la substance interstitielle qui sépare les cellules se décompose en filaments (fig. 22, A et fig. 23, *f*); le tissu conjonctif est dit alors *fibreux*. Dans certains cas, les fibres présentent une résistance particulière aux agents chimiques; elles sont jaunâtres et très élastiques; le tissu conjonctif devient ainsi du *tissu élastique*. Ce tissu joue un rôle important en ramenant mécaniquement à leur état primitif les organes qui ont été déplacés ou déformés par la contraction des muscles. Le tissu élastique entre pour une part importante dans la constitution des *tendons* auxquels on donne par erreur, dans le langage vulgaire, la qualification de « nerfs », et qui font dire de la viande de qualité inférieure qu'elle est « nerveuse ».

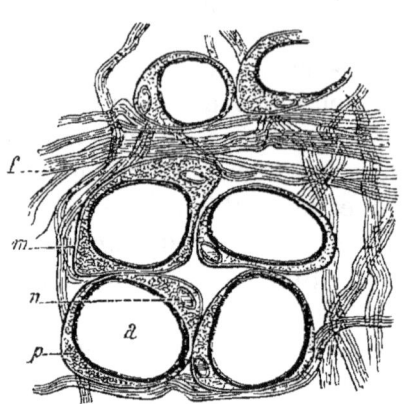

Fig. 23. — Tissu adipeux. — *a*, cellule conjonctive adipeuse contenant une goutte de graisse claire à contour foncé. — *p*, protoplasme de la cellule. — *m*, sa membrane. — *n*, son noyau. — *f*, faisceaux de fibres conjonctives. (Grossissement 150 fois.)

Cartilages. — L'intervalle des cellules peut être rempli par une substance homogène, ayant à peu près la consistance de la colle à bouche; c'est là ce qui caractérise les *cartilages* dont les cellules sont arrondies, enfermées chacune dans une capsule spéciale et disséminées dans la substance interstitielle qu'on appelle la *substance fondamentale* du cartilage (fig. 24).

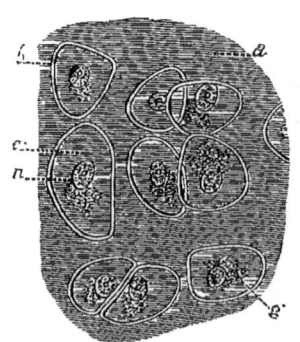

Fig. 24. — Coupe dans un cartilage. — *a*, substance fondamentale. — *b*, capsules des cellules de cartilage. — *c*, protoplasme devenant, en *g*, granuleux autour des noyaux. — *n*, noyau. (Grossissement 210 diamètres).

Os. — La substance interstitielle des cartilages est infiltrée de substance calcaire dans les *cartilages ossifiés* comme dans les *os*; mais

STRUCTURE DES ORGANISMES SUPÉRIEURS. 55

les véritables *os* diffèrent des cartilages ossifiés par des caractères importants : leurs cellules qui portent, le nom de *corpuscules osseux* (fig. 25) sont allongées et pourvues de nombreux prolongements ramifiés. Sur une mince lame osseuse comme on en prépare pour l'observation au microscope, la substance interstitielle imprégnée de carbonate et de phosphate de chaux, se montre disposée en couches circulaires, concentriques, les *lamelles osseuses* (fig. 26); le centre de chaque système de lamelles est occupé par un canal contenant des vaisseaux et des nerfs ; ces canaux portent le nom de *canaux de Havers*. Les corpuscules osseux occupent le pourtour des

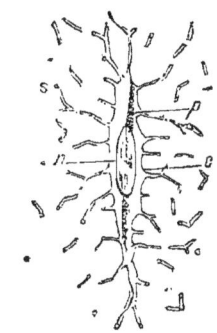

Fig. 25. — Un corpuscule osseux isolé grossi 1500 fois. — *n*, noyau. — *p*, protoplasme. — *c*, origine des canalicules osseux.

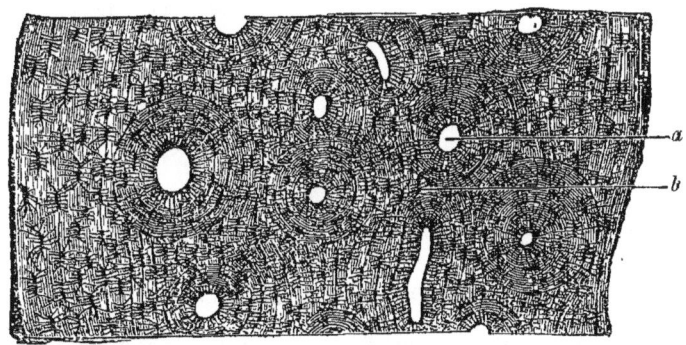

Fig. 26. — Tissu osseux. — *a*, canaux de Havers. — *b*, système des lamelles circulaires séparées par les corpuscules figurés en noir. (Grossissement 100 fois.)

lamelles. Une couche de tissu conjonctif, le *périoste*, enveloppe les os et prend une part importante à leur formation.

Tissu musculaire. —— Le tissu musculaire existe, dans le règne animal, sous les aspects les plus divers. Chez les animaux inférieurs il peut être représenté par des cellules étoilées dont les prolongements nombreux, rayonnants, parfois ramifiés, sont tous contractiles. Mais en général les *cellules musculaires* ne présentent que deux prolongements opposés; elles ont alors la forme d'un fuseau plus ou moins allongé et ne possèdent qu'un seul noyau; ce sont des *fibres*

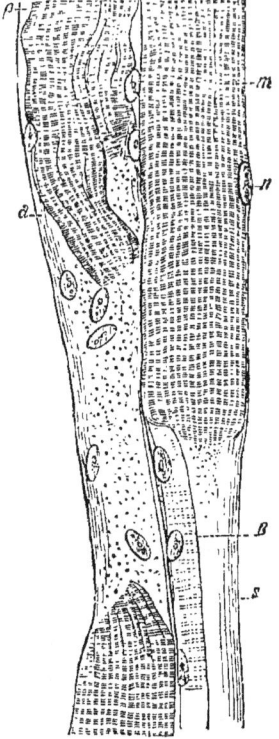

Fig. 27. — Deux fibres musculaires striées, grossies 270 fois. — *s*, sarcolemme; *m*, substance musculaire quadrillée; *n*, noyaux; *a*, région où l'une des fibres est rompue; B, substance musculaire demeurée adhérente au sarcolemme.

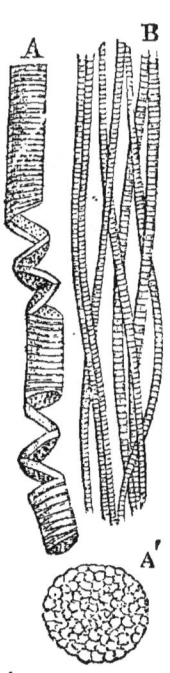

Fig. 28. — Tissu musculaire. — A, fibre musculaire striée décomposée en disques; B, fibrilles musculaires isolées; A', disque musculaire plus grossi montrant la coupe des fibrilles.

lisses; la contraction de ces fibres ne se produit jamais qu'avec une certaine lenteur. Les vers, les mollusques ne possèdent guère que des fibres musculaires lisses dont la longueur varie de 20 à 225 millièmes de millimètre et la largeur de 4 à 7 millièmes de millimètre.

STRUCTURE DES ORGANISMES SUPÉRIEURS. 37

Aux fibres lisses viennent s'ajouter en grand nombre, chez les arthropodes et les vertébrés, des *fibres striées* (fig. 27). Le diamètre des fibres striées ne dépasse pas 80 millièmes de millimètre, mais leur longueur peut atteindre plusieurs décimètres. De telles fibres peuvent être comparées à ces cellules végétales complexes, munies de nombreux noyaux, dont une seule suffit pour constituer le corps de beaucoup d'algues et de champignons. Elles sont enveloppées d'une mince mem-

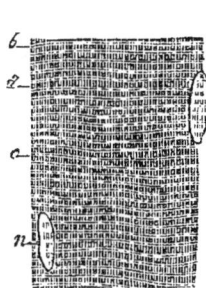

Fig. 29. — Fibre musculaire ne montrant que ses stries transversales *a*, disques obscurs traversés par une strie *n* ; *c*, noyaux.

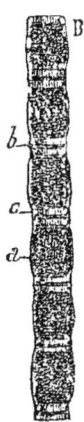

Fig. 30. — Fibrille musculaire très grossie; mêmes lettres.

brane, le *sarcolemme*, sur la paroi interne de laquelle on observe les noyaux (fig. 28, A) ; leur protoplasme se décompose en disques superposés qui paraissent au microscope alternativement clairs et obscurs, et qui sont eux-mêmes décomposables en petites masses (fig. 28, A′) se correspondant d'un disque à l'autre de manière à former des *fibrilles* dont la longueur est celle de la fibre musculaire elle-même. Ces fibrilles dessinent sur la fibre des stries longitudinales beaucoup moins apparentes que les stries transversales, avec lesquelles elles forment une sorte de quadrillage d'une grande régularité (fig. 27). La contraction des fibres musculaires striées est, en général, brusque et rapide; elle résulte du raccourcissement subit et simultané d'un certain nombre des disques qui composent les fibres.

Chez les vertébrés, les fibres musculaires lisses sont diversement réparties dans l'épaisseur des organes et se contractent selon les besoins de l'organisme, sans que la volonté ait à intervenir; les fibres musculaires striées, unies en faisceaux par du tissu conjonctif, forment, au contraire, à elles seules, de volumineux organes, les *muscles*, qui pour la plupart ne sont mis en action que sur un ordre exprès de la volonté. Aussi a-t-on quelquefois désigné les premières sous le nom de fibres musculaires de la vie organique, les secondes sous celui de fibres musculaires de la vie de relation, distinction qui est beaucoup trop absolue.

Tissu nerveux. — Le *tissu nerveux* comprend à la fois

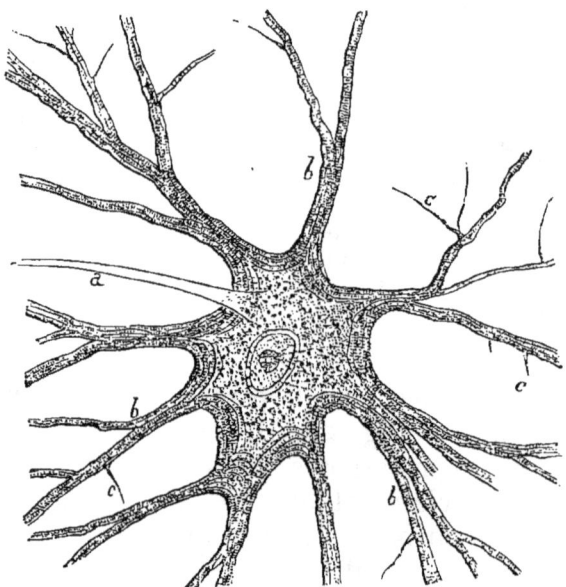

Fig. 31. — Une cellule de la moelle épinière du veau, grossie 200 fois. — *a*, prolongement continu avec le cylindre-axe d'une fibre nerveuse; *b*, *c*, prolongements ramifiés.

des fibres et des cellules. Les cellules nerveuses (fig. 31) sont en général volumineuses, pourvues d'un gros noyau, et donnent toujours naissance à des prolongements en nombre variable (fig. 31). Parfois chaque cellule ne présente qu'un seul prolongement, elle est alors *unipolaire*; les cellules qui portent deux prolongements sont dites *bipolaires*; on désigne indistinctement sous le nom de *cellules multipolaires*, celles qui ont plus de deux prolongements. La plupart de ces prolongements servent à unir entre elles les cellules voisines; ils sont souvent ramifiés, et chaque ramification aboutit à une cellule nerveuse; mais, outre ces prolongements, il en existe d'ordinaire un qui ne se ramifie pas et se continue directement avec une fibre nerveuse.

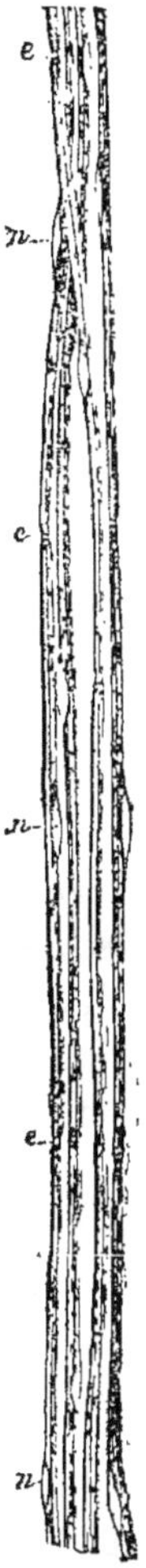

Bien plus fines cependant que les fibres musculaires striées, les *fibres nerveuses* atteignent une longueur plus grande encore et qui peut dépasser celle de l'un de nos membres; leur partie essentielle est un filament d'apparence homogène, le *cylindre-axe*, dont la longueur égale celle de la fibre; d'ordinaire, aux deux extrémités de la fibre ce filament la constitue à lui seul; il est enveloppé sur le reste de son parcours, d'une suite de longues cellules en forme de manchon, contenant une substance grasse, la *myéline*, et présentant chacune un noyau aplati. L'ensemble de ces cellules forme un tube dont le cylindre-axe occupe toute la cavité (fig. 32).

Fig. 32. — Quatre fibres nerveuses du lapin grossies 45 fois. — *n*, noyaux des cellules en forme de manchon; *c*, cloisons qui séparent les cellules les unes des autres.

Toute fibre nerveuse part d'une cellule nerveuse et aboutit soit à une autre cellule nerveuse, soit à une cellule périphérique faisant partie d'un organe des sens, soit à une cellule glandulaire, soit à une fibre musculaire sur le protoplasme de laquelle son cylindre-axe se ramifie. Par le cylindre-axe des fibres nerveuses, la plupart des éléments actifs de l'organisme sont donc mis en rapport avec des cellules nerveuses ; beaucoup de celles-ci sont à leur tour reliées entre elles et peuvent dès lors intervenir pour maintenir entre toutes les parties du corps une étroite solidarité.

Les fibres nerveuses s'associent ordinairement en cordons blanchâtres, d'un aspect nacré, qu'on appelle les *nerfs*. Les cellules se rassemblent de même en masses plus ou moins volumineuses auxquelles les nerfs aboutissent ; elles forment ainsi des *ganglions* disséminés dans diverses parties du corps et dont la disposition présente, dans chacun des embranchements du règne animal, une certaine fixité. Les plus importants de ces ganglions sont confondus, chez les animaux vertébrés, en énormes masses nerveuses d'une importance hors ligne, qui sont la *moelle épinière* et l'*encéphale*.

Solidarité et indépendance des éléments anatomiques. — Greffe animale. — Protégé par ses divers épithéliums, doué, grâce à l'activité des produits exsudés par les tissus glandulaires, du pouvoir de modifier les substances étrangères pour se les assimiler, capable de se débarrasser, par les mêmes exsudations, des substances inutiles qui pénètrent accidentellement en lui et des déchets de la nutrition, soutenu dans toutes ses parties par le tissu conjonctif, apte à se déplacer en raison de la contractilité du tissu musculaire, l'organisme, dont le tissu nerveux coordonne et harmonise les diverses facultés, constitue un tout merveilleusement outillé, et formé d'éléments travaillant de concert à maintenir son existence. Mais ces éléments n'en ont pas moins une existence à eux, indépendante de celle de l'être dont ils font partie ; ils sont, en réalité, indifférents à la personnalité de ce dernier et peuvent être transportés, sans en souffrir, d'un individu à un autre, pourvu qu'ils soient placés, chez ces deux individus, dans les mêmes conditions d'existence. Quand une perte abondante de sang a épuisé l'organisme au point de rendre la mort imminente, on peut, en infusant au malade du sang pris sur une autre personne, le ramener à la santé, parce que les éléments du sang infusé continuent à vivre chez leur nouveau possesseur comme chez le premier. De l'épiderme d'une personne ou même d'un animal, transporté sur une plaie vive d'un homme, se nourrit, grandit et ne tarde pas à couvrir la plaie tout entière, qui guérit ainsi beaucoup plus vite ; des fragments d'os continuent à grandir de la même façon au contact d'un autre os, et cette propriété a permis, dans les hôpitaux militaires, de préparer la reconstitution d'un os en partie enlevé à un blessé, à l'aide de fragments d'os empruntés à un autre blessé.

Les tissus des animaux se prêtent donc à une véritable *greffe*, toute pareille à celle qui est devenue dans la culture des végétaux une pratique courante.

On peut de même transplanter certains fragments de tissu d'une partie du corps dans une autre. Un éperon de coq greffé dans la crête de l'oiseau peut se développer en une sorte de corne ; la pointe de la queue d'un rat, introduite par M. Paul Bert sous la peau du dos de l'animal, après avoir été débarrassée de son épiderme, s'y est enracinée, et on a pu la détacher de sa base sans que l'organe perdit de sa vitalité. On peut de même, quand le nez a été enlevé par un accident ou une maladie, rabattre la peau du front sur la place qu'il occupait, et s'en servir pour façonner un nez nouveau.

Les animaux inférieurs présentent des faits bien plus remarquables encore ; il en est dont les parties détachées, non seulement continuent à vivre, mais sont aptes à reconstituer l'animal entier. Les bras de certaines étoiles de mer repoussent quand on les a mutilés, mais, de plus, chaque bras coupé refait à son tour une étoile ; les hydres d'eau douce, nous l'avons vu, peuvent être coupées de même en plusieurs morceaux dont chacun redevient une hydre complète.

Inversement, dans l'organisme, tout un ensemble d'éléments ou de tissus de même nature peuvent être malades à l'exclusion des autres : c'est ce qui arrive dans le rhumatisme, qui frappe parfois toutes les articulations d'un même coup. Certains poisons n'agissent que sur une catégorie déterminée d'éléments anatomiques ; ainsi le curare, si bien étudié par Claude

Bernard, supprime l'action des nerfs sur les muscles et abolit ainsi le mouvement en laissant intactes toutes les autres fonctions.

Il y a donc, à la fois, dans l'organisme, solidarité et indépendance des éléments anatomiques, et cette indépendance, loin de nuire à la durée de l'organisme, a reçu, nous venons de le voir, de nombreuses et importantes applications chirurgicales.

Nous avons maintenant à étudier comment les éléments indépendants, après avoir formé les *tissus* que nous venons de décrire, se groupent en *organes* qui semblent, eux aussi, autant d'êtres indépendants ayant chacun un rôle particulier à jouer, et comment tous les organes, groupés en *appareils*, contribuent à l'accomplissement des grandes fonctions nécessaires à la vie. Celle des fonctions qu'il importe d'abord de connaître est la digestion, grâce à laquelle les matières alimentaires sont rendues aptes à pénétrer dans l'organisme et à le nourrir.

CHAPITRE IV

LA DIGESTION

Les aliments et les divers régimes alimentaires. — Les aliments dont se nourrissent les animaux peuvent avoir trois origines différentes : les uns sont purement minéraux ; d'autres sont empruntés au règne végétal ; d'autres enfin au règne animal.

Les aliments minéraux directement introduits dans l'organisme sont peu nombreux, et l'on ne peut guère citer dans cette catégorie que l'eau et le sel marin ; encore l'homme est-il à peu près seul à ajouter du sel marin à celui que contiennent naturellement les aliments dont il fait usage. Ces deux substances n'en sont pas moins également indispensables à tous les animaux, qui diffèrent surtout, au point de vue de leur mode d'alimentation, par l'origine des aliments de nature organique qu'ils ingèrent.

Les uns sont, en effet, exclusivement *herbivores*, les autres exclusivement *carnivores* ; d'autres enfin associent ces deux *régimes alimentaires* et méritent ainsi plus ou moins complètement la qualification d'*omnivores*.

Identité fondamentale des divers régimes alimentaires. — On pourrait d'après cela supposer que les phénomènes de la digestion sont tout autres, par exemple, chez le mouton qui se nourrit d'herbes, chez le lion qui ne vit que de chair et chez l'homme qui entremêle dans ses repas les aliments les plus variés. Il n'en est rien, qu'il s'agisse d'un herbivore, d'un carnivore ou d'un omnivore, l'appareil digestif est à peu de chose près composé des mêmes organes, qui fonctionnent sensiblement de la même façon et qu'on retrouve, à peine modifiés, aussi bien chez les reptiles et les oiseaux que chez les mammifères. C'est qu'en effet, malgré leur apparente variété, les végétaux et les animaux sont essentiellement composés des mêmes substances fondamentales et ces substances peuvent se ranger sous quatre catégories principales. Ce sont : 1° un certain nombre de *composés* minéraux; 2° les *substances amylacées;* 3° les *substances grasses ;* 4° les *substances albuminoïdes.*

Outre les substances de ces quatre catégories, on trouve, surtout chez les végétaux, des carbures d'hydrogène, des essences oxygénées, des acides, des bases, des sels organiques; mais de ces divers composés, les uns ne sont pas des aliments proprement dits, bien qu'ils puissent avoir une action particulière sur l'organisme; d'autres, comme l'alcool, sont des dérivés de ces substances et se rattachent ainsi à l'une ou à l'autre des catégories que nous avons énoncées. D'ailleurs ces composés si variés sont pour la plupart des produits de désassimilation et ne se classent pas, en conséquence, au nombre des substances alimentaires.

A part les sels minéraux, les substances alimentaires, qu'elles soient amylacées, grasses ou albuminoïdes, ne contiennent elles-mêmes qu'un très petit nombre de corps simples. On n'en trouve que trois, le carbone, l'hydrogène et l'oxygène, dans les substances amylacées et les substances grasses, qu'on désigne souvent par cette raison sous le nom de *composés ternaires*. A ces trois corps s'ajoute l'azote dans les substances albuminoïdes, qui sont dès lors des *composés quaternaires*.

Les substances amylacées comprennent les diverses sortes d'*amidons*, de *fécules*, de *sucres*, de *gommes*. Le carbone, l'oxygène et l'hydrogène y sont associés de telle sorte qu'on peut les considérer comme formées d'eau et de carbone.

Dans les substances grasses, il y a, outre le carbone, plus d'hydrogène qu'il n'en faut pour constituer de l'eau avec l'oxygène. Ces substances sont les *cires*, les *suifs*, les *graisses*, les *beurres* et les *huiles*. Les cires fondent vers 65°, les suifs vers 40°, les beurres et les graisses vers 30°; les huiles sont liquides à la température ordinaire.

Enfin on peut considérer comme types des substances albuminoïdes, le blanc d'œuf ou *albumine*, la substance du fromage ou *caséine* et la partie spontanément coagulable du sang ou *fibrine*. Il y a diverses albumines, caséines et fibrines végétales. La chair des animaux est presque entièrement formée de substances albuminoïdes.

Les aliments de chaque catégorie, ayant à très peu près les mêmes propriétés chimiques, sont modifiés de la même façon dans les diverses parties du tube digestif. L'étude de la fonction de digestion revient donc à rechercher où et comment sont respectivement rendues aptes à s'incorporer dans l'organisme les substances amylacées, grasses et albuminoïdes.

Cette grande fonction peut se décomposer en huit fonctions secondaires, auxquelles on donne quelquefois le nom d'*actes*.

Les aliments sont d'abord saisis au moyen de divers organes qui les portent jusque dans la cavité buccale. Cela constitue la *préhension des aliments*. Dans la bouche, les aliments sont broyés, triturés et réduits en une sorte de pâte, propre à être imprégnée des sucs digestifs et à subir leur action. C'est là la *mastication*, qui est exercée par des organes spéciaux, les *dents*, supportées par des *mâchoires*, mues elles-mêmes par des muscles d'une certaine puissance.

Pendant que la mastication s'opère, les aliments sont mélangés avec un suc particulier, la *salive*, qui commence leur digestion. Puis ils quittent la cavité buccale pour pénétrer dans l'*œsophage*. Ces deux actes, qui portent les noms d'*insalivation* et de *déglutition*, sont bientôt suivis de la *digestion stomacale* ou *chymification*, puis de la *digestion intestinale* ou *chylification*. Après la digestion stomacale, les aliments sont transformés en une sorte de bouillie, le *chyme*. La masse du chyme se divise dans l'intestin en deux parties dont le sort est bien différent : l'une d'elles est rejetée au dehors; l'autre, le *chyle*, ne tarde pas à passer dans le sang.

La bouche et les organes de mastication. — La bouche, dans laquelle les aliments sont d'abord introduits, est, chez les Mammifères, une cavité limitée en haut par le *palais*, en bas par la *langue*, latéralement par les *joues*, en avant par les *lèvres*, et fermée incomplètement, en arrière par une sorte de rideau musculaire, qui tombe à peu près verticalement de la voûte palatine et qu'on appelle le *voile du palais*. Les lèvres et les joues recouvrent, sans adhérer avec elles, les deux *mâchoires*. Celles-ci portent les *dents;* elles arrivent au contact l'une de l'autre lorsque l'orifice buccal est clos, mais peuvent, à la volonté de l'animal, s'écarter, ou se rapprocher et se serrer énergiquement l'une contre l'autre. Les substances qui se trouvent entre elles sont alors, suivant la forme des dents, hachées, écrasées ou broyées : c'est en cela que consiste la *mastication*.

Si les mâchoires et les dents sont les instruments essentiels de la mastication, les lèvres, les joues et la langue leur prêtent une assistance efficace, en ramenant sans cesse entre elles les aliments qu'elles doivent triturer et en maintenant ces aliments dans la cavité buccale. Les lèvres, les joues et la langue sont des organes essentiellement musculaires, et le nombre des muscles qui les composent est même fort considérable. Ces muscles contribuent pour une large part à donner à la physionomie humaine sa mobilité.

Extérieurement les lèvres et les joues sont tapissées par la peau ; celle-ci devient graduellement plus mince et plus transparente à mesure qu'on la considère plus près de l'orifice buccal, et prend enfin une couleur rosée, celle de la *muqueuse*, constamment mouillée par des liquides spéciaux, qui tapisse toute la face intérieure des lèvres, des joues ainsi que les autres parties de la cavité buccale. De nombreuses petites glandes sont cachées dans l'épaisseur de cette muqueuse et versent sans cesse à sa surface un *mucus* qui la recouvre et lui conserve sa souplesse.

Mâchoire inférieure et muscles qui la font mouvoir. — Des deux mâchoires, l'inférieure est seule mobile (fig. 33) ; elle est formée d'une partie horizontale, ayant l'aspect d'un fer à cheval, dont chaque extrémité se redresse à peu près verticalement pour constituer la *branche ascendante* de la mâchoire. Cette branche présente en haut une échancrure profonde (fig. 33, 3*b*), qui sépare l'une de l'autre l'*apophyse coronoïde* en forme d'aile pointue, et le *condyle* de la mâchoire, sorte de tête arrondie unie à la branche montante par une partie rétrécie en forme de col. Le condyle vient s'implanter dans une cavité correspondante du crâne, avec lequel la mâchoire inférieure se trouve ainsi articulée. Le condyle, pouvant rouler sur la surface concave du crâne contre laquelle il est appliqué, permet à la mâchoire inférieure de se mouvoir de haut en bas et même d'effectuer

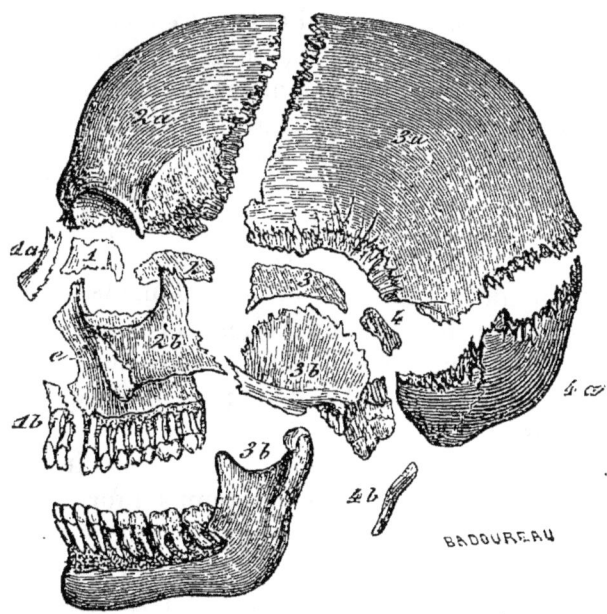

Fig. 35. — Os du crâne et de la face de l'Homme pour montrer les positions relatives des deux mâchoires.

quelques mouvements latéraux. Des muscles spéciaux président à ces mouvements.

Deux d'entre eux élèvent la mâchoire inférieure et contribuent, par conséquent, à fermer la bouche : on les nomme le *masséter* (fig. 136, n° 21) et le *crotaphite* ou *temporal* (fig. 136, n° 19).

D'autres muscles, les *ptérygoïdiens internes* et *externes*, qui s'étendent entre le crâne et la face intérieure de l'angle et de la branche ascendante de la mâchoire inférieure, contribuent également à élever celle-ci ; mais leur contraction produit surtout les mouvements latéraux que l'on observe pendant la mastication, et qui sont particulièrement frappants chez les Ruminants.

Les muscles qui abaissent la mâchoire inférieure sont situés en arrière du menton, dans la région du cou. Là se trouve un os remarquable, en forme de demi-anneau, indépendant du reste du squelette : c'est l'*os hyoïde*. Sur lui s'attachent les muscles abaisseurs de la mâchoire inférieure, qui sont au nombre de trois paires. Deux d'entre eux forment le plancher inférieur de la cavité buccale, ce sont les muscles *génio-hyoïdiens* et *mylo-hyoïdiens*, dont les seconds points de fixation sont le sommet du fer à cheval que forme la mâchoire et le bord interne des branches de ce fer à cheval. Le troisième s'insère sur le crâne, au-dessous et en arrière de l'oreille, sur une saillie qu'on appelle *apophyse mastoïde*; il se dirige d'abord vers l'os hyoïde, en s'amincissant, et s'y fixe par un tendon, puis il se relève en fournissant un second tendon, d'où partent de nouvelles fibres musculaires qui vont, en divergeant, se fixer sur le bord de l'arc antérieur de la mâchoire. Ce muscle, de forme remarquable, est le *muscle digastrique*.

Tel est l'appareil compliqué qui fait mouvoir la mâchoire inférieure, et contribue en même temps à former les parois de la cavité buccale. Mais la mâchoire inférieure n'agit pas directement sur les matières alimentaires : les *dents* qu'elle porte sont seules chargées de broyer ces matières, et doivent être étudiées en détail.

Dents. — Chez l'Homme adulte, les dents sont au nombre de trente-deux, seize à chaque mâchoire (fig. 34). Un rapide examen montre que ces dents sont loin de se ressembler. Sur le devant de chaque mâchoire, on en voit quatre dont la partie visible est aplatie transversalement en forme de lame, et se termine par un bord plus ou moins tranchant, ce sont les *incisives* (fig. 39, n°s 1', 2'); en arrière des incisives, une dent conique, pointue, s'en distingue bien nettement, c'est la *canine* (fig. 39, n° 3'); elle est suivie de chaque côté par deux dents plus larges, à surface libre, mamelonnée et taillée en biseau, qu'on désigne sous le nom de *petites mo-*

laires ou *prémolaires* (fig. 39, n°s 4', 5'). Les *molaires* (fig. 39, n°s 6'', 7'', 8'') terminent cette série ; elles sont au nombre de trois de chaque côté, larges, à contour arrondi, à surface libre, irrégulière, légèrement concave, venant s'appliquer contre la surface semblable des dents de la mâchoire op-

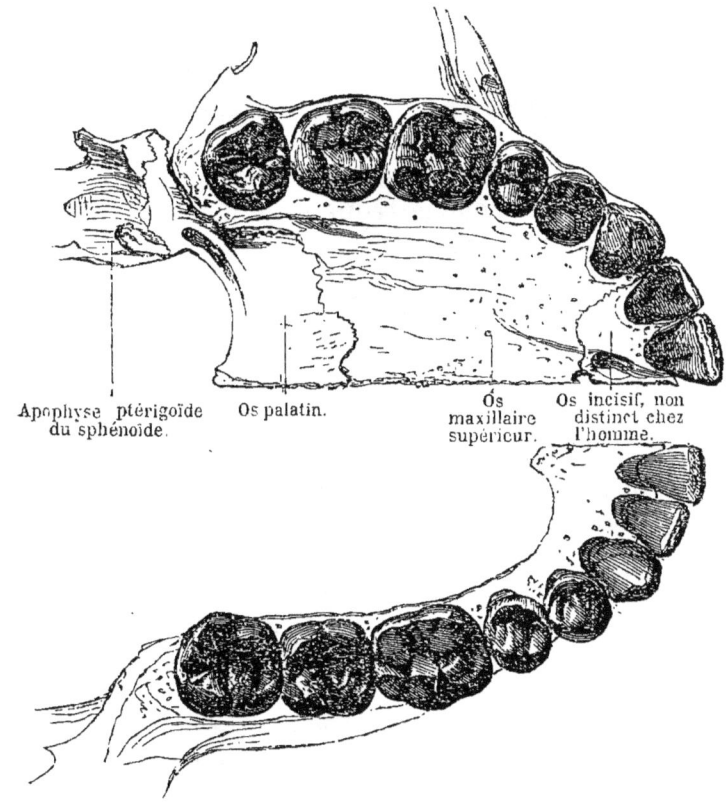

Fig. 34. — Dents de la mâchoire supérieure et de la mâchoire inférieure de l'Homme, vues par la couronne.

posée, comme les deux meules d'un moulin s'appliquent l'une contre l'autre.

La forme différente des dents indique qu'elles ne servent pas aux mêmes usages. Les incisives sont particulièrement propres à détacher de masses trop volumineuses pour être introduites dans la bouche, des parties plus petites pouvant être mâchées sans grande gêne ; les canines, longues et pointues chez un très grand nombre d'animaux (fig. 35), passant au-devant l'une de l'autre de manière à ne pas émousser leur pointe quand la bouche se ferme, peuvent faire des morsures cruelles et enlever des morceaux de chair en agissant comme des crochets ; mais ce sont surtout des organes d'attaque et de défense ; chez l'Homme, où elles ne dépassent pas les autres dents, on peut dire qu'elles viennent simplement en aide aux incisives. Les molaires sont enfin les dents mâchelières par excellence. Saisissant les aliments entre leurs surfaces terminales, elles les écrasent, les broient, les triturent et les rendent à la bouche réduites en une sorte de bouillie, apte à se mélanger intimement avec les sucs digestifs.

Sauf les Tortues et les Oiseaux actuels, la plupart des Vertébrés possèdent des dents ; mais ces dents sont loin de se ressembler. Chez les Poissons, les Batraciens et les Reptiles, il en existe sur d'autres os que les mâchoires (fig. 58), et l'on trouve même, chez quelques-uns de ces animaux, des formations analogues sur des os qui n'ont aucun rapport avec la mastication. Chez les Vertébrés inférieurs, les dents peuvent être simplement fixées sur les os qui les supportent (Caméléons, Agames, Lézards, Iguanes), ou bien s'enfoncer dans les cavités de ces os, qu'on appelle les *alvéoles*. On ne trouve que des dents de cette dernière sorte chez les Mammifères, qui ne présentent jamais d'organes semblables autre part que sur les deux mâchoires.

Le nombre et la forme des dents varient d'ailleurs chez ces animaux avec le régime alimentaire. On dit que la dentition est complète lorsqu'on y peut distinguer les trois sortes de dents que nous venons de décrire chez l'Homme. Les incisives manquent à la mâchoire supérieure des Ruminants (fig. 35), et, par une remarquable corrélation, ceux de ces animaux qui sont pourvus de cornes manquent également de canines à cette mâchoire. Les Édentés manquent presque toujours d'incisives aux deux mâchoires ; quelques-uns, comme le Fourmilier tamanoir, n'ont même aucune trace de dents ; il en est encore ainsi des Baleines et de l'Échidné. L'Ornithorynque n'a qu'une paire de dents cornées à chaque

LA DIGESTION.

mâchoire; leur position doit les faire considérer comme des molaires. Les canines manquent chez tous les Rongeurs.

Les molaires sont donc de beaucoup les dents les plus

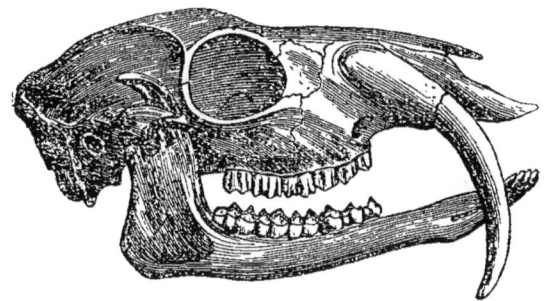

Fig. 55. — Tête d'un Ruminant pourvu de défenses (Chevrotin porte-musc).

constantes; ce sont aussi celles dont les modifications suivent le plus fidèlement les modifications du régime alimentaire

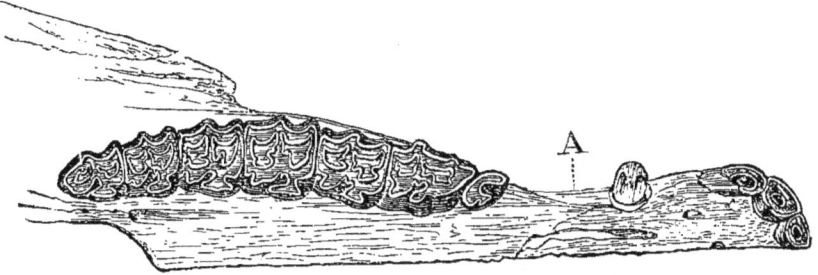

Fig. 56. — Dents à collines saillantes d'Herbivore (Cheval).

des animaux. A part quelques variations dans leurs dimensions relatives, les incisives changent peu de formes; elles sont cependant profondément déchiquetées de manière à ressembler à de petits peignes chez les Galéopithèques, et s'allongent au contraire pour constituer de longues défenses chez les Hippopotames, et surtout chez les Éléphants, où elles protègent la trompe de chaque côté et peuvent atteindre un poids de 10 kilogrammes. Les canines font aussi souvent saillie hors de la bouche chez les Ruminants sans cornes (fig. 35) et les Porcins; ces dents saillantes, incisives ou canines, prennent le nom de *défenses*, nom d'autant mieux mérité que dans plusieurs cas elles ne sauraient jouer de rôle dans la mastication. Les canines supérieures du *Babiroussa* ont tout l'aspect de cornes redressées vers le haut et recourbées en arrière.

Les molaires des Singes sont à peu près de même forme que celles de l'Homme. Chez les Herbivores (fig. 35 et 36), ces dents sont également aplaties, mais leur surface est marquée de rubans en relief qui les rendent plus propres encore à broyer les substances végétales, et qu'on nomme les *collines*. Les collines ont une forme suffisamment constante pour servir à caractériser des espèces et même des genres. Chez l'Éléphant d'Asie, ce sont des ellipses tellement allongées que leur petit axe est presque nul; ce sont des losanges chez l'Éléphant d'Afrique, des espèces de trèfles chez l'Hippopotame, des croissants plus ou moins réguliers chez les Ruminants, etc. Les Porcs, dont le régime est plutôt omnivore qu'herbivore, ont des dents mamelonnées. Chez les Rongeurs, les molaires présentent des bandes saillantes; mais ces bandes sont transversales, parallèles, rapprochées les unes des autres, arrivant toutes au même niveau, de sorte que l'ensemble des molaires a tout à fait l'aspect d'une sorte de lime. Chez les Insectivores (fig. 37), les molaires sont encore larges, mais chacune d'elles est découpée en petits cônes très pointus, s'emboîtant dans les

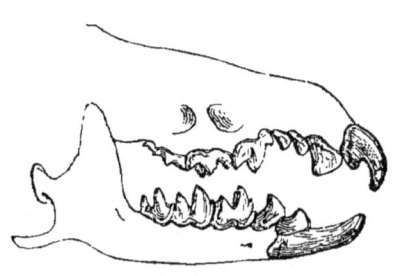

Fig. 37. — Dents d'Insectivore
(Musaraigne des sables).

intervalles de ceux de la dent opposée et admirablement propres à écraser la carapace des Insectes dont ces petits êtres font leur nourriture habituelle. Chez les Carnassiers apparaissent des molaires d'une autre sorte; elles sont terminées par une surface aplatie dans le sens de la mâchoire, tranchante, et qui vient se croiser avec le tranchant corres-

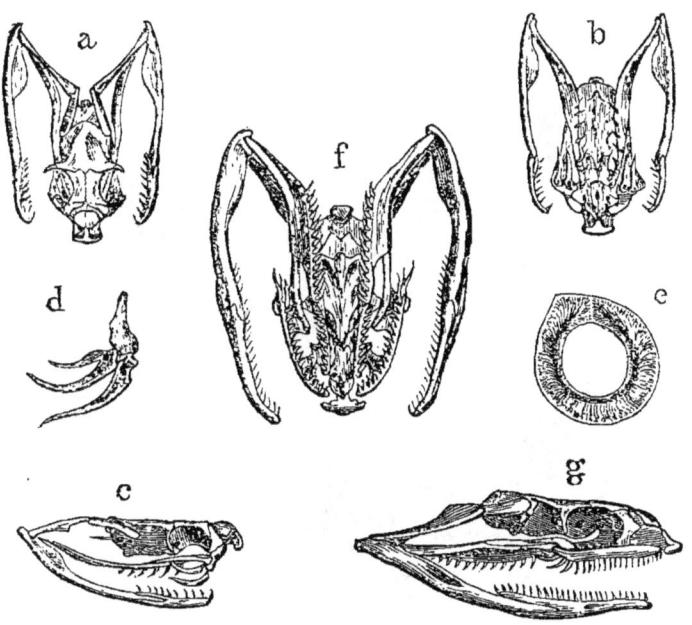

Fig. 38. — Tête de Serpents montrant des dents non seulement sur les deux mâchoires, mais encore sur les os palatins et ptérygoïdes. — *a, b, c.* crânes de Vipères vus en dessus, en dessous et de profil ; *d*, crochets venimeux ; *e*, coupe de l'un de ces crochets montrant le canal central. — *f, g*, crâne de Couleuvre à collier, vu en dessous et de profil.

pondant de la dent opposée. Ces deux dents fonctionnent alors comme les branches d'une paire de ciseaux : elles sont particulièrement aptes à hacher les chairs molles qui sont soumises à leur action et dont les fibres résisteraient à une trituration pure et simple. Ces dents tranchantes, dont le caractère est surtout développé chez les grands Carnassiers du genre Chat, sont les *carnassières;* elles sont suivies de *tuberculeuses* de forme irrégulière, présentant souvent en dedans une sorte de talon aplati, et propres surtout à broyer les os.

Remplacement des dents. — Chez un même Mammifère, le nombre des dents est susceptible de varier avec l'âge. Les dents apparaissent généralement après la naissance, et leur nombre augmente graduellement pendant un certain temps. De quatre à dix mois se développent les incisives inférieures

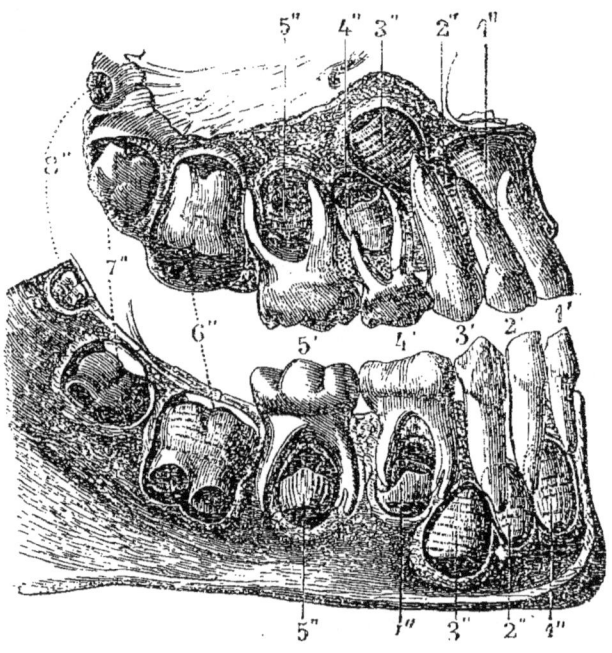

Fig. 39. — Première dentition de l'enfant, dont la racine est découverte pour montrer les germes des dents de remplacement.

moyennes du jeune enfant, ensuite les incisives moyennes supérieures et les incisives latérales ; de quinze mois à deux ans, on voit percer les premières molaires inférieures et supérieures ; souvent, vers l'âge de vingt-cinq mois, les canines ; enfin, un peu plus tard, généralement vers le trentième ou le quarantième mois, les secondes molaires complètent cette *première dentition*, composée de vingt dents (fig. 39). Les dents n'augmenteront pas de nombre jusque vers l'âge de sept ans, époque où se montrent les troisièmes molaires; mais à ce moment toutes les dents précédemment formées vont perdre leurs racines et s'ébranler; toutes tomberont spontanément dans l'ordre où elles ont apparu, et seront remplacées par des dents plus grandes, plus fortes, mais en même nombre, qui ont commencé à se constituer de très bonne heure au-dessous d'elles (fig. 39, n°s 1″ à 8″) et qui constituent la *seconde dentition*. Comme les dents caduques de la première dentition ont apparu en partie durant la période d'allaitement, on les appelle souvent les *dents de lait*. Cependant, en arrière des troisièmes molaires, qui se sont formées après les dernières molaires de la première dentition, apparaîtront successivement deux autres paires de molaires; c'est seulement de douze à quatorze ans que la quatrième paire de molaires se montre; quelquefois la cinquième n'est pas encore entièrement développée aux deux mâchoires à l'âge de trente ans; en raison de leur apparition tardive, ces dernières molaires sont communément appelées *dents de sagesse*. Elles ne manquent jamais chez les Singes, ni chez les races humaines sauvages; mais elles semblent avoir une tendance à disparaître chez les races civilisées, où leur nombre est souvent incomplet. Les dents antérieures sont renouvelées, à peu près comme chez l'Homme, chez la plupart des Mammifères.

Corrélation entre la forme des molaires et le mode d'articulation de la mâchoire inférieure. — Nous avons trouvé chez les divers Mammifères des dents molaires qui rappellent par leur forme et leur disposition des meules capables de broyer les matières végétales, des limes propres à râper les substances les plus dures, des branches de ciseaux aptes à couper. Or la façon dont nous employons ces outils est particulière à chacun d'eux; une meule que l'on manœuvrerait comme une lime ne produirait que peu d'effet utile, et l'on ne manie pas davantage une paire de ciseaux comme une lime. Il ne servirait donc guère que la forme des dents se modifiât chez un animal, si la façon dont ces dents fonctionnent ne changeait pas en même temps; leur mode d'emploi ne peut changer, à son tour, qu'à la condition d'entraîner des modifications dans les mouvements de la mâchoire inférieure. Ces modifications sont obtenues de la façon la plus simple, par quelques transformations dans la configuration du condyle de la mâchoire et de la cavité dans laquelle il vient s'articuler.

Chez les Ruminants, le condyle de la mâchoire inférieure est aplati ou même légèrement concave, et il n'existe pas, à proprement parler, de cavité articulaire sur le crâne : le condyle vient s'appliquer sur une surface plane ou un peu convexe, sur laquelle il peut glisser, permettant ainsi à la mâchoire, non seulement de s'abaisser et de s'élever, mais encore de se porter en avant, en arrière et de côté, ou même de se mouvoir circulairement et de faire glisser, de la même façon, les surfaces des molaires l'une contre l'autre. Chez les Rongeurs, le condyle a la forme d'une olive dont le grand axe serait antéro-postérieur, et il est enfermé dans une gouttière de même direction ; il en résulte que la mâchoire inférieure n'a dans le sens vertical que des mouvements peu étendus, mais qu'elle peut glisser facilement d'arrière en avant et d'avant en arrière, au-dessous de la mâchoire supérieure ; c'est précisément le mouvement que nous donnons à une lime quand nous voulons la faire mordre sur une surface. Chez les Carnassiers, le condyle est aussi en olive, mais il est perpendiculaire au plan de symétrie de la mâchoire et enfermé dans une cavité de même forme que lui ; la mâchoire inférieure peut bien tourner sur l'axe de ses condyles, mais elle ne peut se mouvoir ni en avant, ni en arrière, ni à droite, ni à gauche ; les portions tranchantes des dents viennent dès lors constamment glisser l'une contre l'autre à la façon des branches d'une paire de ciseaux, lorsque l'écrou qui les unit est très serré. L'articulation de la mâchoire avec le crâne présente donc généralement les dispositions les plus propres à assurer le meilleur fonctionnement possible des molaires ; mais il est utile d'ajouter que la corrélation entre la forme de la dent et le mode d'articulation de la mâchoire n'est parfaite que dans un petit nombre de cas, et chez les Ruminants, les Rongeurs et les Carnassiers, les dispositions que nous venons d'indiquer sont loin d'être toujours aussi nettement caractérisées que celles que nous venons de décrire, et que l'on peut observer chez le Bœuf, le Cabiai et le Tigre.

Structure des dents. — Quelles que soient la forme et la fonction des dents des Mammifères, on distingue généralement chez elles deux parties (fig. 40) : l'une, extérieure, qu'on nomme la *couronne* (a); l'autre enfoncée dans les mâchoires, recouverte au moins par le tissu mou des *gencives*, et qui est la *racine*. Chez l'Homme, ces deux parties sont nettement distinctes : la couronne (a) est recouverte par un vernis d'*émail* (b), substance dure, semi-transparente, en couche mince, d'un blanc souvent éclatant quand elle est en couche plus épaisse. Les collines saillantes des dents des Herbivores, les replis de celles des Rongeurs sont formés par des rubans d'émail. La couche qui recouvre la racine est jaunâtre, moins dure que l'émail, beaucoup plus semblable à la substance des os : c'est le *cément* (f). Le cément finit chez l'Homme où l'émail commence; la séparation est très nette entre la couronne et la racine, et la ligne suivant laquelle elle s'opère est le *collet* de la dent; mais chez beaucoup d'animaux le cément recouvre la plus grande partie de l'émail, comme on le voit chez la plupart des Herbivores; plusieurs dents sont même, chez l'Éléphant, soudées ensemble par leur cément et constituent une *dent composée*.

La racine des dents incisives et canines, ainsi que celle des prémolaires, est simple chez l'Homme; celle des molaires vraies est divisée en deux ou trois branches.

La partie centrale de la dent immédiatement au-dessous de l'émail et du cément est formée par une troisième substance, l'*ivoire* (c), moins dure que l'émail, plus dure que le cément. Au centre de l'ivoire se trouve une cavité (d), qui se prolonge jusqu'à l'extrémité de chacune des branches de la racine, où se trouve un petit orifice.

Un filament du nerf dentaire, un rameau artériel et un rameau veineux pénètrent par chacun de ces orifices à l'intérieur de la dent; ils viennent se diviser dans une petite masse de tissu conjonctif qui en occupe la cavité et qu'on appelle la *pulpe dentaire* (fig. 40, n° 2). Lorsque, par la destruction d'une partie de l'émail et de l'ivoire, cette pulpe vient à être mise à découvert, le nerf qu'elle contient est souvent irrité, et devient la cause des vives douleurs que trop de personnes connaissent.

L'*ivoire*, le *cément* et l'*émail* ont chacun une structure particulière. La partie essentielle de l'ivoire (fig. 41, *a*) est

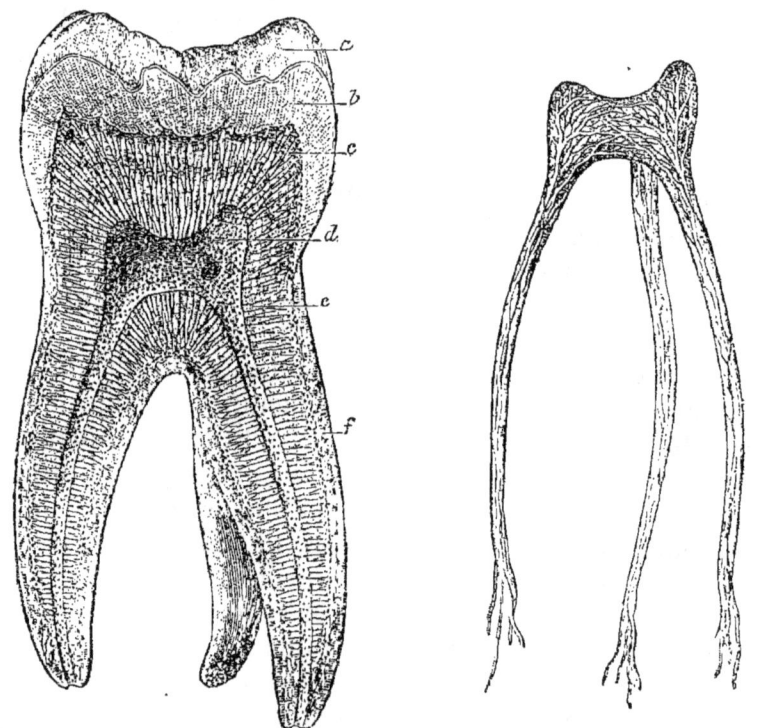

Fig. 40. — 1. Coupe à travers une molaire de l'Homme pour montrer sa structure : *a*, couronne; *b*, émail; *c*, ivoire; *d*, cavité contenant la pulpe dentaire; *e*, canalicules de l'ivoire; *f*, cément. — 2. Pulpe dentaire isolée et plus grossie, avec ses nerfs et ses vaisseaux.

une substance organique imprégnée d'une grande quantité de phosphate de chaux et contenant une proportion beaucoup moindre de carbonate, de phosphate de magnésie et de quelques autres sels. Cette substance est traversée par de fins canaux qui vont, en suivant un trajet sinueux, de la surface de l'ivoire à la cavité intérieure de la dent.

LA DIGESTION.

Le *cément* (a) se distingue à peine par sa structure de la substance osseuse ordinaire. Le cément est d'ailleurs produit par le périoste qui tapisse les alvéoles et qui appartient en propre à la dent.

L'*émail* (b) a une structure extrêmement simple; il est formé de prismes parallèles entre eux, légèrement onduleux, un peu obliques par rapport à la surface de la dent et marqués de fines stries transversales, disposées par groupes assez régulièrement espacés. C'est une couche presque exclusivement minérale. Il est protégé par une cuticule mince, imprégnée elle aussi de substances minérales et dont la résistance à toutes les actions chimiques est particulièrement remarquable. Quand la *cuticule de l'émail* vient à être mécaniquement entamée, il arrive souvent que l'émail se désagrège à son tour sur la partie endommagée, qui peut devenir le point de départ de la carie de la dent.

Cette carie a pour cause le développement, aux dépens de la substance de la dent, d'une algue spéciale du genre *Leptothrix*.

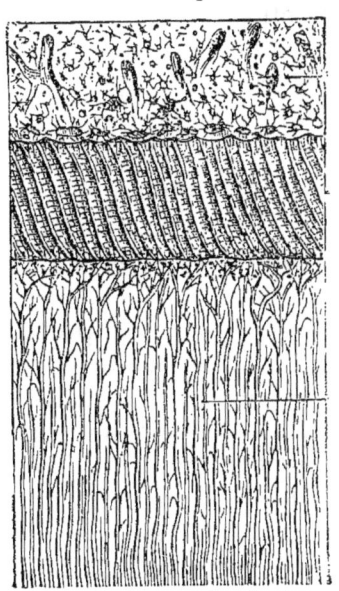

Fig. 41. — Structure des dents. — *a*, cément avec corpuscules osseux, *d*; *b*, prismes de l'émail; *e*, *f*, ivoire; *c*, ses canalicules.

L'altération de la substance dure de la dent, qui constitue la carie, se poursuit en général jusqu'à ce que la dent disparaisse d'une façon complète. La dent, presque entièrement formée de substances inertes, produites, au début de la vie, par des éléments anatomiques destinés à disparaître de bonne heure, peut bien s'altérer et s'user, mais ne saurait se réparer. Alors même qu'elles sont en pleine santé, les dents s'usent, en effet, peu à peu. Chez les Hommes d'un certain âge, on voit souvent l'ivoire apparaître sur la tranche des incisives. Chez les animaux où l'émail est disposé en rubans irréguliers, l'usure de la dent modifie graduellement les figures formées par ces rubans, et leur aspect permet de reconnaître l'âge approximatif de l'animal. C'est là un caractère auquel les maquignons se trompent rarement quand ils examinent un Cheval.

A mesure que les dents s'usent, leur couronne se raccourcit. Il y a pourtant des animaux dont quelques dents possèdent la propriété de grandir par la base à mesure qu'elles s'usent par le sommet : telles sont les incisives des Rongeurs, les défenses des Éléphants, des Hippopotames et des Sangliers, etc. Ces *dents à croissance continue* sont des dents dont la racine est demeurée ouverte au lieu de se fermer graduellement, de manière que la pulpe dentaire n'est plus en communication avec le reste des tissus que par un étroit orifice. La pulpe, plus volumineuse, abondamment nourrie, forme constamment de la substance dentaire nouvelle; la substance déjà formée, se trouvant constamment repoussée au dehors, la dent prend des dimensions énormes, et devient une défense quand elle ne rencontre pas en face d'elle une autre dent sur laquelle elle puisse s'user; elle conserve une longueur sensiblement constante lorsqu'elle s'use, comme chez les Rongeurs, sur les dents opposées. Si, par un accident quelconque, l'une de ces dents vient à être brisée chez ces animaux, celle qui lui était opposée grandit outre mesure et dévie parfois de sa direction normale; sa croissance est alors indéfinie, comme celle des défenses. De telles dents monstrueuses arrivent à devenir tellement gênantes que leur porteur, ne pouvant plus saisir sa nourriture, est condamné à mourir de faim.

Insalivation. — En même temps que les aliments sont broyés par les dents, ils sont mélangés intimement avec les liquides que contient la bouche, et qui forment, par leur ensemble, la *salive*. Les glandes qui déversent leurs produits dans la bouche sont nombreuses. Les lèvres, les joues contiennent un grand nombre de petits organes sécréteurs produisant du mucus, qui humecte leur surface; au fond de la bouche, deux masses glandulaires plus volumineuses, pourvues d'un nombre variable d'orifices, constituent les *amygdales;* mais la salive proprement dite est produite par trois paires de glandes, que l'on nomme les *glandes salivaires* (fig. 42) et qu'il est important de connaître.

Les plus volumineuses des glandes salivaires sont, chez l'Homme, les *glandes parotides*; viennent ensuite les *glandes sous-maxillaires*, et enfin les *glandes sublinguales*.

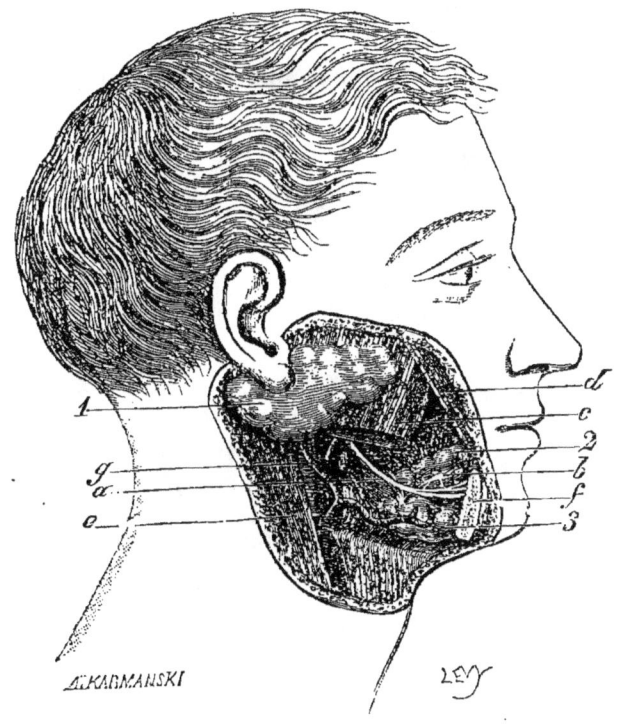

Fig. 42. — 1, glande parotide; 2, glande sublinguale; 3, glande sous-maxillaire; *a*, nerf lingual envoyant des rameaux aux deux glandes; *b*, ganglion nerveux sous-maxillaire; *c*, muscle masséter; *d*, muscle grand zygomatique; *e*, muscle sterno-cléido-mastoïdien; *f*, section de la mâchoire inférieure; *g*, artère carotide externe et rameaux qu'elle envoie aux glandes salivaires.

Les *glandes parotides* (fig. 42, n° 1) sont situées immédiatement en avant et un peu au-dessous des oreilles; elles recouvrent en partie le masséter et se prolongent, en arrière, jusqu'à l'apophyse mastoïde; chacune d'elles s'ouvre dans la bouche par un canal assez volumineux, le *canal de Sténon*, qui se termine par un orifice situé au niveau de la deuxième grosse molaire supérieure.

Les *glandes sous-maxillaires* se trouvent au-dessous et en dedans du corps de la mâchoire inférieure ; leur canal excréteur, ou *canal de Wharton*, large de 2 millimètres environ, aboutit, de chaque côté, à une petite papille voisine du frein de la langue.

Les *glandes sublinguales* sont grosses comme des amandes ; elles sont contenues dans l'épaisseur du plancher buccal,

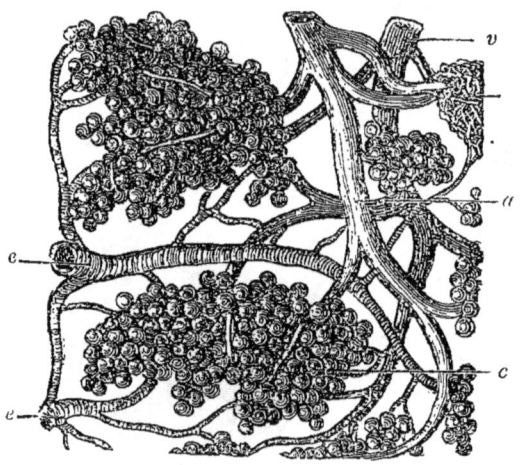

Fig. 43. — Portion de la parotide dilacérée et grossie. — *a*, artère ; *v*, veine ; *c*, groupes de lobules de la glande ; *e*, canal excréteur.

tout près du frein de la langue, et le liquide qu'elles sécrètent arrive dans la bouche par quatre conduits, dont les orifices se voient au bord supérieur et interne de ces glandes ; l'un de ces conduits, plus grand que les autres chez quelques animaux tels que le Veau et la Brebis, est quelquefois désigné sous les noms de *canal de Rivinus* et de *canal de Bartholin*.

Les trois glandes salivaires ont à très peu près la même structure. Leur canal excréteur se ramifie à l'infini, et ses ramifications aboutissent à des renflements irréguliers, formés chacun de tubes courts, sinueux, bosselés, terminés en cul-de-sac, enchevêtrés de toutes les façons possibles, et formant ainsi les *lobules* d'apparence sphérique de la glande.

Les glandes ne peuvent tirer que du sang le liquide qu'elles sécrètent; aussi des vaisseaux, l'un afférent (fig. 43, *a*), l'autre efférent (fig. 43, *v*), richement ramifiés dans chaque glande, lui apportent-ils le sang dont elle a besoin, tandis qu'un nerf (fig. 42, *a*) règle son activité, stimule la sécrétion ou la ralentit. Les nerfs, les vaisseaux, les lobules de la glande et les ramifications des canaux excréteurs sont intimement unis entre eux par du tissu conjonctif, qui fournit même souvent à la glande une enveloppe spéciale, et en fait un organe à part, généralement facile à isoler au milieu des tissus qui l'entourent. Telles sont les glandes salivaires, qui sont construites sur le type commun des *glandes en grappe* et qui ne présentent d'ailleurs aucune particularité de structure d'intérêt général.

Propriétés des trois sortes de salives. — La salive parotidienne est très fluide quand elle est recueillie depuis peu, et conserve sa fluidité en se refroidissant; la salive sous-maxillaire s'épaissit, au contraire, peu à peu, à mesure que sa température s'abaisse; la salive sublinguale se distingue par sa viscosité; elle ne se coagule pas par le refroidissement.

A ces différences d'aspect correspondent des différences physiologiques : la salive parotidienne coule surtout pendant la mastication, et son abondance est alors proportionnelle au degré de sécheresse des aliments. Aussi la parotide prend-elle un développement considérable chez les animaux qui vivent de foin, tandis qu'elle manque complètement chez beaucoup de Cétacés, qui sont des animaux essentiellement aquatiques. Chez les Herbivores, si le canal de Sténon vient à être divisé de manière que la salive parotidienne s'écoule hors de la bouche, l'animal mâche ses aliments beaucoup plus longtemps que d'habitude, avant de les avaler. De ces faits on peut conclure que la salive parotidienne est particulièrement destinée à humecter les aliments pendant la mastication, et à les transformer en une pâte pouvant facilement se mouler sur les conduits digestifs.

La salive sous-maxillaire apparaît surtout lorsqu'on dépose sur la langue des substances sapides; on la voit aussi arriver en assez grande quantité lorsqu'on montre à un animal à jeun un aliment qu'il désire; il paraît probable, en conséquence, que la salive sous-maxillaire est en rapport avec l'exercice du sens du goût; la glande sous-maxillaire manque en effet aux Oiseaux granivores, qui ne goûtent pas leurs aliments.

Quant à la salive sublinguale, elle est principalement sécrétée au moment de la déglutition et couvre d'une sorte de vernis la masse alimentaire, au moment où elle va passer dans l'œsophage.

Il se manifeste donc entre les trois sortes de salive une remarquable division du travail physiologique; mais il ne faudrait cependant pas croire que chacune d'elles s'enferme d'une façon absolue dans son rôle particulier.

Il est probable d'ailleurs que les rôles des trois salives peuvent être notablement modifiés dans la série animale, que des fonctions nouvelles peuvent même s'ajouter à celles qu'elles remplissent d'habitude.

Dans la bouche, les trois salives sont ordinairement mélangées entre elles, ne fût-ce que par les mouvements communiqués aux aliments durant la mastication; elles se mélangent aussi avec le mucus buccal et forment ainsi la *salive mixte*. Cette salive, toujours alcaline au moment des repas, agit sur les matières féculentes et les transforme peu à peu en sucre assimilable ou glucose; cette action est lente, mais elle est réelle, et la digestion des matières féculentes commence, par conséquent, dans la bouche, pour se continuer tant que ces matières sont humectées de salive. Le principe actif de la salive est une substance albuminoïde, la *ptyaline* ou *diastase salivaire*. C'est le premier exemple que nous rencontrions d'une classe curieuse de composés, les *ferments solubles*, qui jouissent de la propriété de se détruire au contact de certaines substances, mais déterminent, en même temps, des transformations plus ou moins profondes dans des masses de ces substances souvent énormes par rapport à la masse du ferment. La diastase salivaire n'a pas une action d'une aussi grande énergie : elle ne représente d'ailleurs que 2 parties sur 1000 de la salive mixte, qui contient 990 parties d'eau, 3 parties de mucus et de débris organiques et des sels divers, parmi lesquels on remarque des chlorures de sodium et de potassium, des phosphates de chaux et de soude, et, en outre, un sel tout à fait inattendu, mais dont la présence est constante, le sulfocyanure de potassium.

Déglutition. — Les aliments, après avoir été triturés dans la bouche et mélangés à la salive, passent dans l'œsophage (fig. 44, n° 9), canal qui doit les conduire dans l'estomac; mais le passage ne s'accomplit pas d'une façon passive. Les matières qui ont subi la mastication et l'insalivation, réunies en une seule masse, formant le *bol alimentaire*, sont amenées dans l'*arrière-bouche* ou *pharynx*, par des mouvements particuliers de la langue, qui se renfle en avant, leur ferme le passage du côté de l'orifice buccal, les presse contre le palais et les pousse en arrière de manière à les rejeter dans le fond de la cavité buccale et à leur faire traverser l'*isthme du gosier*. Cette traversée n'est pas sans quelque difficulté. Dans l'arrière-bouche se trouvent, en effet, trois orifices, dont deux doivent être fermés au bol alimentaire : ce sont, en haut, l'orifice des fosses nasales (fig. 44, n° 3), par lequel les aliments pénétreraient dans le nez; en bas, et en avant, l'orifice du larynx, par lequel les aliments arriveraient dans les voies respiratoires, accident qui se produit quelquefois et peut présenter une certaine gravité; enfin l'orifice de l'œsophage. Nous avons à voir comment les deux premiers de ces orifices se trouvent protégés au moment de la déglutition.

La bouche est, on le sait, limitée postérieurement par le voile du palais, constitué par un mince repli musculaire que prolonge en son milieu une languette très contractile. Le voile du palais forme la paroi antérieure du pharynx, descend de chaque côté de la base de la langue et va retrouver les bords d'une sorte d'auvent cartilagineux, l'*épiglotte* (fig. 44, n° 8), qui se trouve au-dessus de l'orifice du larynx et se dresse derrière la base de la langue en formant avec elle une gouttière transversale.

De la face postérieure du voile du palais part en outre, de chaque côté de la languette médiane, un nouveau repli éminemment musculaire, qui se dirige obliquement vers le fond du pharynx et forme avec le repli opposé une cloison incomplète : l'intervalle qui sépare ces deux replis, appelés *piliers postérieurs du voile du palais*, peut être très réduit lorsque les muscles qui les constituent se contractent ; le redressement de la languette médiane du voile du palais diminue encore cet intervalle. Il en résulte qu'au moment où tous ces mouvements se produisent, l'arrière-bouche se trouve divisée par une cloison oblique en deux étages, l'un dans lequel viennent s'ouvrir les fosses nasales, l'autre qui présente à sa partie inférieure les orifices du larynx et de l'œsophage. La cloison qui s'est ainsi constituée, bien que temporaire et incomplète, suffit pour guider le bol alimentaire, l'empêcher de remonter vers les fosses nasales et le diriger vers le bas.

Mais, en même temps que cette cloison s'est formée, des muscles spéciaux ont fait remonter le larynx : ce mouvement est facile à constater, au moment de la déglutition, en plaçant le doigt sur la saillie connue sous le nom de *pomme d'Adam*, et qui est produite au-devant du cou par une partie du larynx, le *cartilage thyroïde* (fig. 44, n° 17) : pendant que le larynx est ainsi relevé, la langue est ramenée en arrière ; ce double mouvement fait basculer l'épiglotte, qui dans cette nouvelle position forme un toit oblique au-dessus de l'orifice du larynx. Les aliments passent donc devant cet orifice sans y pénétrer, et ils sont aussitôt saisis par l'œsophage.

Tout cela se produit, pour ainsi dire, instantanément, et les mouvements nécessaires se coordonnent d'eux-mêmes, sans que la volonté ait besoin d'intervenir. Il peut cependant y avoir des surprises : un faux mouvement, un éclat de

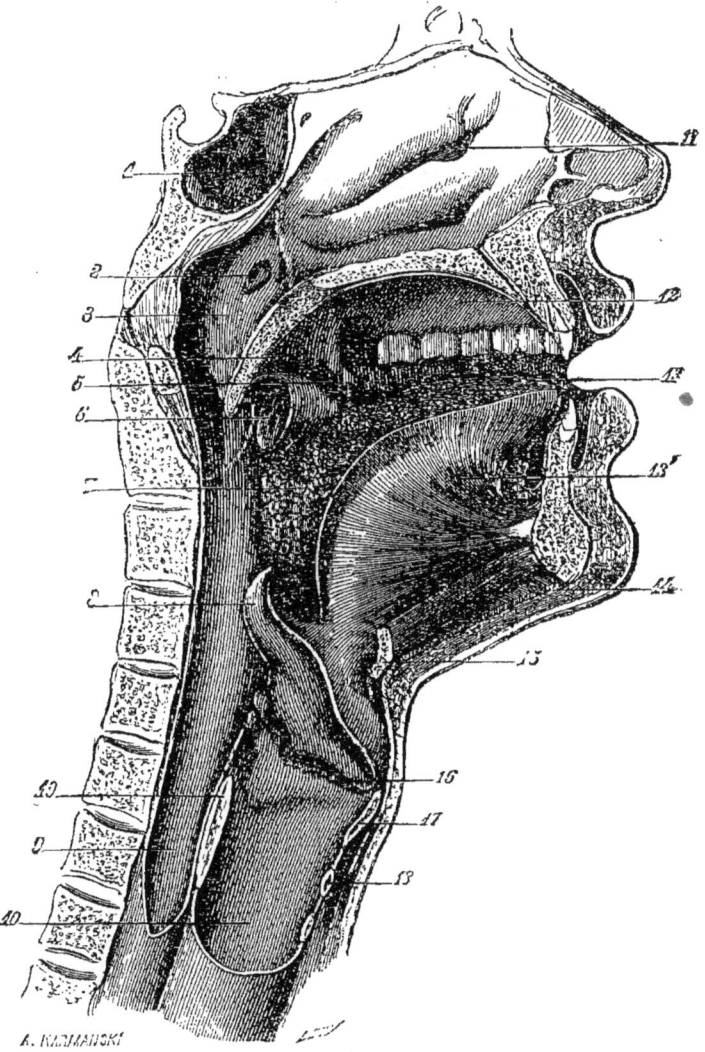

Fig. 44. — Coupe de la bouche, des fosses nasales et de l'arrière-bouche. — 1, sinus sphénoïdal; 2, orifice de la trompe d'Eustache; 3, arrière-cavité des fosses nasales; 4, voile du palais; 5, pilier antérieur du voile du palais; 6, amygdale entre le pilier postérieur; 7, partie postérieure de la langue; 8, épiglotte; 9, œsophage; 10, trachée-artère; 11, orifice du canal nasal dans le méat moyen; 12, palais; 13, langue; 13', muscle génioglosse; 14, muscle mylo-hyoïdien, et au-dessus de lui muscle génio-hyoïdien; 15, coupe de l'os hyoïde; 16, glotte; 17, cartilage thyroïde du larynx (en coupe); 18 et 19, cartilages cricoïdes.

rire intempestif suffisent souvent pour rejeter quelque parcelle d'aliment, soit dans les fosses nasales, soit dans le larynx, et pour provoquer des éternuements ou une toux opiniâtre, dont le but est d'expulser les particules solides ou liquides qui ont fait fausse route. L'entrée des corps solides dans le larynx est particulièrement dangereuse; la toux qui en est le résultat peut amener, si elle persiste, la suffocation et la mort.

L'œsophage, dans lequel se trouve maintenant engagé le bol alimentaire, est, chez l'Homme, un tube de 22 à 25 centimètres de longueur, et de 25 à 30 millimètres de diamètre; il descend vers le diaphragme en s'inclinant légèrement à gauche, traverse cette cloison en se dirigeant un peu vers la droite, et revient presque aussitôt à gauche, pour s'ouvrir dans l'estomac. Ses parois ont une épaisseur de 3 ou 4 millimètres; elles sont formées par diverses couches de tissus contenant des fibres musculaires transversales et longitudinales; elles sont tapissées intérieurement par une muqueuse dans laquelle se trouvent des lobules de graisse et de nombreuses glandes. Un épithélium cylindrique stratifié recouvre cette muqueuse qui envoie dans son épaisseur de nombreux prolongements coniques ou *papilles*.

Grâce à la présence des glandes muqueuses, la surface interne de l'œsophage est lubrifiée de façon à permettre le glissement facile du bol alimentaire; mais en outre, cet organe est le siège de mouvements énergiques, les *mouvements péristaltiques*, qui assurent la progression rapide de la pelote nutritive. Ces mouvements consistent dans une contraction du tube produite par le rétrécissement des anneaux musculaires transversaux, et qui chemine graduellement de haut en bas, repoussant constamment devant elle le bol alimentaire, tandis que la partie non contractée vient au-devant de lui par suite du raccourcissement des fibres musculaires longitudinales. Les aliments sont ainsi précipités dans l'estomac.

Dans le vomissement, l'œsophage est le siège de mouvements analogues, mais qui cheminent en sens inverse; on les appelle *mouvements antipéristaltiques*. Ces mouvements peuvent être produits à volonté par certains individus qui ont la possibilité de ramener vers leur bouche les aliments contenus dans leur estomac; on donne à cette faculté le nom de *mérycisme*. Elle est générale chez les animaux ruminants, qui avalent, sans la mâcher, l'herbe dont ils se repaissent et la ramènent plus tard vers la bouche pour lui faire subir, quand ils sont au repos, une trituration complète.

L'estomac. — C'est dans l'estomac, où les conduit l'œso-

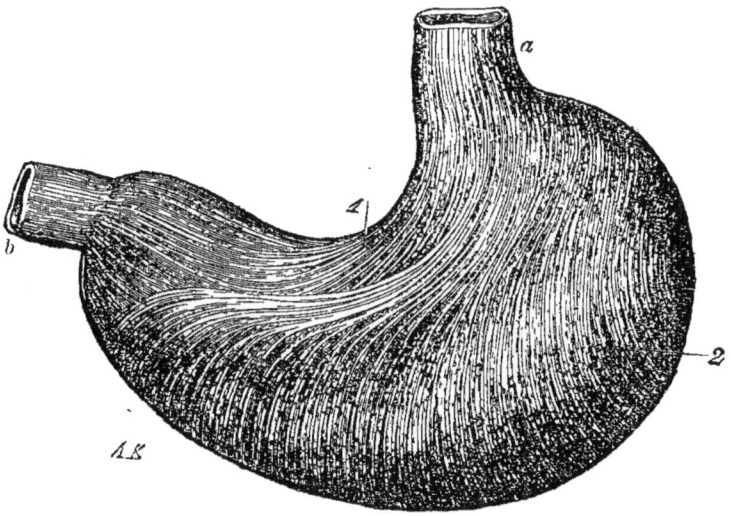

Fig. 45. — Estomac humain. — *a*, œsophage; *b*, duodénum; 1, petite courbure; 2, grande tubérosité.

phage, que les aliments subissent leur transformation la plus apparente; aussi cet organe important a-t-il toujours été considéré comme l'organe de la digestion par excellence.

L'estomac humain (fig. 45), situé immédiatement au-dessous du diaphragme, a la forme d'une cornemuse placée horizontalement, de manière que son extrémité la plus large ou *grande tubérosité* soit située à gauche, et son extrémité amincie ou *petite tubérosité* à droite. L'œsophage s'ouvre dans l'estomac un peu à droite du sommet de la grande tubérosité, et l'intestin prend naissance immédiatement au-dessus de la petite. L'orifice de l'œsophage dans l'estomac porte le nom de *cardia*; l'orifice dans l'intestin, celui de *pylore*; un repli membraneux de forme particulière, la *valvule pylorique*, ferme ce dernier orifice. Les dimensions de l'estomac de l'Homme adulte sont, en moyenne, dans le sens transversal, de 26 centimètres; dans le sens

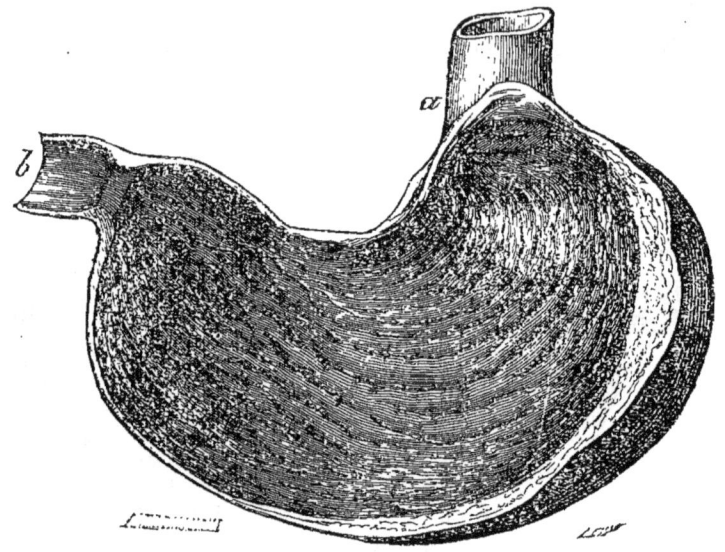

Fig. 46. — Estomac ouvert, montrant les plis longitudinaux de sa muqueuse : en *a*, le cardia; en *b*, le pylore.

antéro-postérieur, de 12 centimètres; dans le sens vertical, de 9 centimètres.

Chez le plus grand nombre des Mammifères, l'estomac a, comme chez l'Homme, la forme d'une simple poche; mais chez d'autres il se complique singulièrement. Déjà chez le Porc on y remarque des régions distinctes; chez le Pécari, sorte de petit sanglier américain, l'estomac se décompose nettement en plusieurs poches; chez les Ruminants, ces poches, bien séparées les unes des autres, sont au nombre de quatre (fig. 46) : la *panse*, où les aliments se rassemblent avant d'être mâchés et d'où ils reviennent dans la bouche ; le *bonnet*, où les aliments sortant de la panse arrivent, pour être moulés en petite pelote et renvoyés de là dans la bouche ; le *feuillet*, où le bol alimentaire, complètement mâché et insalivé, revient directement, en quittant la bouche, pour subir l'action des sucs gastriques, qui se

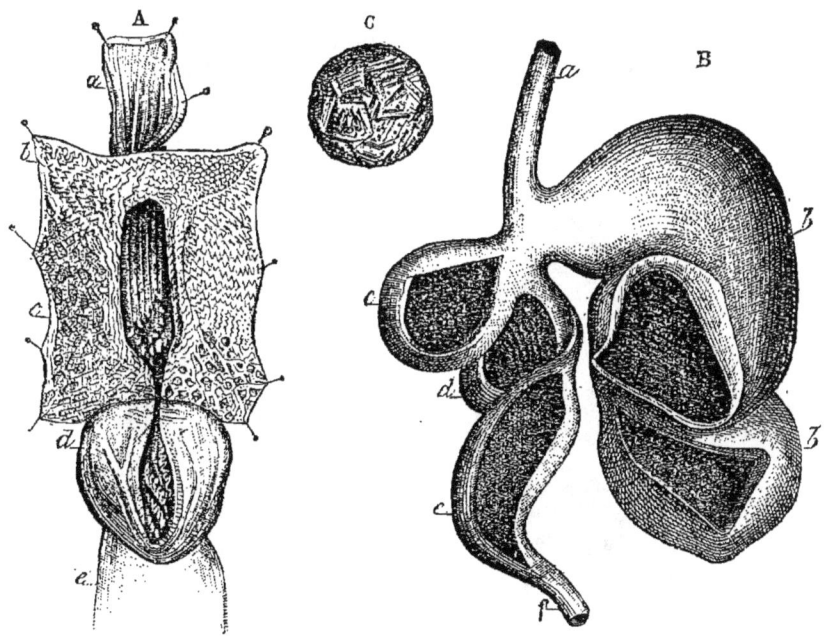

Fig. 47. — Estomac d'un Ruminant (le Mouton). — A, *a*, extrémité inférieure de l'œsophage ouverte ; *b, c*, régions contiguës de la panse et du bonnet, ouvertes pour montrer la gouttière conduisant à l'œsophage ; *d*, feuillet fendu longitudinalement ; *e*, caillette. — B, les diverses parties de l'estomac composé, ouvertes seulement sur le côté pour montrer leur intérieur. — *a*, œsophage ; *b*, panse ; *c*, bonnet ; *d*, feuillet ; *e*, caillette ; *f*, duodénum. — C, pelote ramenée de la panse à la bouche pendant la rumination.

continue dans la *caillette ;* celle-ci correspond à la petite courbure de notre estomac dont la panse représente la grande courbure. De la caillette les aliments, réduits en chyme, passent dans l'intestin.

En raison de la présence dans la paroi de l'estomac de fibres musculaires présentant trois directions différentes, cet organe peut se contracter dans tous les sens. Il est, en effet, durant la digestion, le siège de mouvements de même nature que les mouvements péristaltiques de l'œsophage.

Dans la muqueuse stomacale se trouvent des glandes extrêmement nombreuses, qui appartiennent à trois sortes bien distinctes. Dans toute l'étendue de l'organe, on peut apercevoir des glandes en forme de tube droit, pressées les unes contre les autres, à parois sensiblement régulières; ce sont les *glandes muqueuses*, dont on a évalué le nombre à

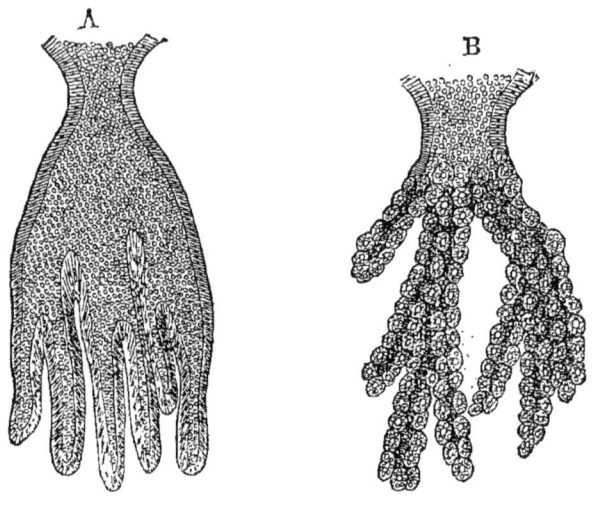

Fig. 48. — Glandes composées de l'estomac.
A, glande muqueuse de la région pylorique. — B, glande à pepsine.

environ cinq millions dans l'estomac humain ; près du pylore, ces glandes sont remplacées par des glandes plus compliquées présentant de nombreuses digitations, comme si plusieurs glandes tubulaires s'étaient réunies autour d'un orifice commun (fig. 48, A).

Dans la région moyenne et dans celle du cardia, d'autres glandes tubulaires se font remarquer par leur aspect bosselé et par la grandeur des cellules sphériques qui remplissent presque toute leur cavité. Ces cellules ont quelquefois jusqu'à 22 millièmes de millimètre de diamètre; les glandes qui les contiennent sont dites *glandes à pepsine* (fig. 48, B). Elles produisent, en effet, une substance particulière, la *pepsine*, dont le rôle important dans la digestion stomacale apparaîtra bientôt. De même que les glandes muqueuses deviennent digitées dans le voisinage du pylore, les glandes à pepsine, sans perdre leur aspect caractéristique, deviennent arborescentes au voisinage du cardia et peuvent avoir jusqu'à 18 centièmes de millimètre de longueur dans cette partie de l'estomac.

Autour de toutes ces glandes serpente un réseau vasculaire extrêmement serré, dont les mailles profondes emprisonnent les tubes glandulaires, leur fournissant les éléments des sucs qu'ils élaborent, tandis que le réseau superficiel commence déjà à absorber en assez grande quantité les matières nutritives, rendues assimilables dans l'estomac. Les nombreux plis que présente intérieurement la muqueuse stomacale, en augmentant la surface de contact de l'estomac avec les aliments, accroissent singulièrement, par cela même, la puissance d'absorption de cet organe.

La digestion stomacale. — On doit à Réaumur d'avoir démontré que la digestion était un phénomène chimique. Il fit avaler à des corbeaux de la viande hachée, enfermée dans des tubes métalliques percés de trous, et reconnut que cette viande était digérée au bout de quelque temps, bien qu'elle eût été soustraite à toute action triturante de la part de l'estomac. Il attribua donc la digestion à un suc particulier produit par cet organe, et chercha même à obtenir ce suc en substituant, dans ses tubes, une éponge comprimée à la viande qu'ils contenaient d'abord. Réaumur essaya aussi de faire des digestions en dehors de l'organisme, à l'aide du *suc gastrique* qu'il recueillait ainsi; mais il mourut en 1757, avant d'avoir pu terminer ses expériences.

De 1777 à 1783, l'illustre naturaliste italien Spallanzani reprit et compléta, à Genève, les études de Réaumur.

Des études plus complètes furent faites, vers 1833, par un médecin américain, William Beaumont. Le hasard avait mis entre ses mains un jeune chasseur canadien, du nom d'Alexis Saint-Martin, dont l'estomac avait été perforé par un coup de fusil. La blessure guérit, mais l'estomac demeura en communication avec l'extérieur par un orifice qui permettait de voir tout ce qui se passait dans sa cavité.

Pendant près d'un an, Beaumont put observer, dans l'estomac de ce singulier malade, toutes les phases de la digestion; il constata qu'au moment de la digestion la muqueuse stomacale rougit et s'épaissit dans sa portion moyenne; le suc gastrique perle alors de toutes parts sous forme de fines gouttelettes; son action est donc intermittente. Beaumont put recueillir ce suc en quantité plus considérable et dans un état de pureté plus grand qu'on ne l'avait fait jusque-là, pratiqua de nombreuses digestions artificielles, et dressa une liste intéressante du temps qu'exige la digestion des différentes sortes d'aliments.

Avant les travaux de William Beaumont, on avait observé quelques cas de fistule gastrique, on en revit après lui un certain nombre, et le peu de gravité de cette infirmité suggéra bientôt l'idée de la faire naître artificiellement sur des Chiens, qui pourraient ensuite servir indéfiniment aux besoins de l'expérimentation physiologique (fig. 49). Pour cela, on pratique une incision sur la paroi de l'abdomen, de manière à mettre à nu la paroi stomacale, on saisit cette paroi, on la perce, et, après avoir fixé les bords de la plaie stomacale à ceux de la plaie abdominale, on introduit dans l'ouverture une petite canule d'argent, formée de deux tubes pouvant se visser l'un sur l'autre et terminés chacun par une tête donnant à l'instrument la forme d'un bouton double (fig. 49, *a, b, c*) : entre les parties élargies du bouton se trouvent prises la muqueuse stomacale et la paroi de l'abdomen, qui sont ainsi maintenues étroitement unies. Dans l'intervalle des études on bouche tout simplement la canule avec un bouchon ordinaire. Quand on veut se procurer du suc gastrique, on enlève le bouchon, on adapte à la canule un petit sac de caoutchouc (fig. 49,*d*), semblable à celui dont on se sert pour recueillir la salive parotidienne, et l'on fait manger l'animal. Le suc gastrique est aussitôt sécrété et s'épanche en partie dans le sac disposé pour le recevoir.

Le suc gastrique ainsi recueilli est un liquide acide qui tient en dissolution divers chlorures alcalins, des phosphates de chaux, de magnésie et de fer en petite quantité, mais dont la composition paraît pouvoir être modifiée par le mode d'alimentation. D'après les recherches les plus récentes, ce suc doit son acidité à la présence d'une petite quantité d'acide chlorhydrique combiné avec de la leucine et quelques substances analogues qui ne le neutralisent pas. L'acide n'agit d'ailleurs pas par lui-même : il fournit seulement le milieu dans lequel un agent nouveau peut intervenir dans les conditions où il possède la plus grande énergie. Cet agent, qui appartient, comme la diastase salivaire, au groupe des ferments solubles, est la *pepsine*. On peut l'obtenir à l'état isolé, en traitant le suc gastrique par dix fois son poids d'alcool ; c'est alors une matière floconneuse, dont la composition chimique est la même que celle des substances albuminoïdes. La pepsine jouit de la faculté de coaguler le lait, même en l'absence d'un acide, ce qui la distingue de la ptyaline et de la diastase. Elle existe dans la caillette du Veau, que l'on emploie directement ou en infusion, sous le nom de *présure*, pour cailler le lait ; mais cette portion de l'estomac du Veau est naturellement acide, de sorte qu'on peut attribuer à son acidité aussi bien qu'à la pepsine son action sur le lait.

Si l'on vient maintenant à rechercher l'action du suc gastrique sur les aliments, ce qu'on peut faire soit en le mettant en contact avec des aliments normaux, soit en déterminant isolément son action sur des matières féculentes, des matières grasses ou des matières albuminoïdes déterminées, on reconnaît les faits suivants :

Le suc gastrique ne modifie pas les *matières féculentes*, mais la digestion de ces matières paraît se poursuivre dans l'estomac sous l'action de la salive. A la longue, le sucre de canne, qui n'est pas naturellement assimilable, est transformé en *sucre interverti* par l'acide du suc gastrique, mais cette transformation est trop lente pour qu'elle puisse avoir lieu dans l'estomac d'une façon utile.

Les *matières grasses* ne subissent également aucune modification de la part du suc gastrique, qui se borne à dissoudre la fine membrane albuminoïde dont les globules de graisse sont enveloppés chez les animaux.

Les *matières albuminoïdes* sont au contraire attaquées, ramollies et désagrégées par le suc gastrique, qui les transforme en diverses substances dont les unes demeurent

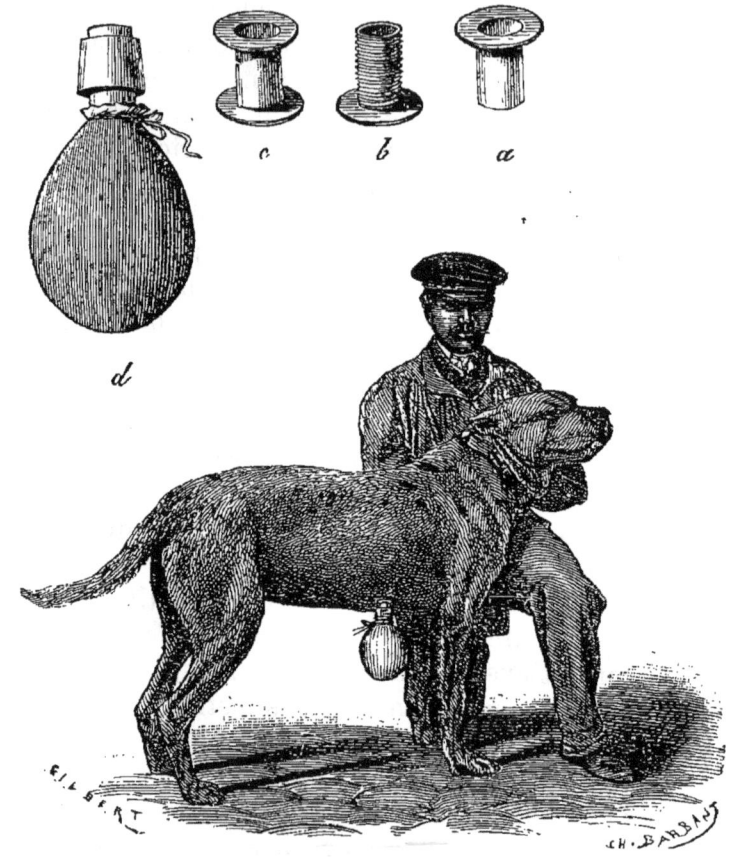

Fig. 49. — Chien porteur d'une fistule gastrique. — *a*, canule d'argent dont la partie élargie est introduite dans l'estomac ; *b*, tube qui se visse dans la canule de manière à faire bouton double, *c*; *d*, sac en caoutchouc fixé à un tube traversant un bouchon de caoutchouc, et qui sert à recueillir le suc gastrique.

insolubles, tandis que les autres, en majorité, sont solubles et sont désignées sous la dénomination générale de *peptones*. Ces peptones ont souvent des propriétés différentes suivant leur provenance. Les peptones passent facilement au travers des membranes; elles sont directement assimilables, même par injection dans le sang. Une matière albuminoïde est donc prête à entrer dans l'organisme; elle est complètement digérée, quand elle a été transformée en peptone, et le *suc gastrique* nous apparait dès lors comme *l'agent essentiel de la digestion des matières albuminoïdes*.

Suivant leur composition, les aliments demeurent plus ou moins longtemps dans l'estomac. La durée moyenne de leur séjour dans cet organe a été soigneusement notée par William Beaumont. L'un des aliments qui passent le plus vite est le riz, qui arrive dans l'intestin au bout d'une heure. Viennent ensuite :

La soupe au gruau.............................	1ʰ,30
Le tapioca..	1ʰ,45
Les truites et le saumon.....................	1ʰ,59
Le lait bouilli, les œufs crus................	2ʰ
Le lait non bouilli, les œufs frits..........	2ʰ,15
Les volailles bouillies.........................	2ʰ,30
Le bœuf bouilli..................................	2ʰ,45
Les œufs mollets, le bœuf grillé...........	3ʰ
Le pain, le bœuf rôti, le fromage..........	3ʰ,30
Les volailles rôties, la graisse de mouton....	4ʰ,30
La graisse de bœuf............................	5ʰ,30

Ces chiffres sont, bien entendu, un peu variables avec les individus et avec leur état de santé, mais ils donnent une idée du degré de digestibilité des principales sortes d'aliments. Ajoutons que les légumes paraissent passer dans l'intestin plus rapidement que tous les autres aliments; ce passage est aussi extrêmement rapide pour les boissons.

Après avoir subi, dans l'estomac, l'action du suc gastrique, les aliments, réduits en une sorte de bouillie qu'on appelle le *chyme*, passent dans l'intestin. Celui-ci, naissant de l'estomac à son extrémité droite, revient d'abord sur lui-même vers la gauche et forme ainsi une première anse, qu'on appelle le *duodénum*.

A peine arrivé dans cette région du tube digestif, le chyme s'y mélange aux sucs déversés dans l'intestin par deux glandes importantes, le *foie* et le *pancréas*.

Foie. — Le foie est situé dans la partie droite de l'abdomen, immédiatement au-dessous du diaphragme, qui seul le sépare du poumon droit et du cœur; il se trouve donc au-dessus de l'estomac, et l'on attribue quelquefois à la pression qu'il exerce sur lui le malaise qu'éprouvent certaines personnes, pendant leur sommeil, lorsqu'elles sont couchées sur le côté gauche. Le foie est une grosse glande, compacte, de couleur brune, pesant, chez l'Homme, d'un kilogramme et demi à deux kilogrammes, assez régulièrement convexe en dessus, moins régulièrement concave en dessous (fig. 50), où se montrent divers organes; son contour, quoique peu régulier, est sensiblement quadrilatère : on y distingue un lobe droit et un lobe gauche, beaucoup plus petit, séparés l'un de l'autre, en arrière par les veines sus-hépatiques, en avant par un troisième lobe, plus petit lui-même que le lobe gauche, et qu'on appelle le *lobe carré*. Entre le lobe carré et le lobe droit, à la face inférieure du foie et dans sa partie antérieure, se trouve une poche membraneuse, en forme de poire, dont la partie amincie est tournée en arrière et se réfléchit en avant pour constituer un canal dans lequel vient s'ouvrir un autre conduit venant directement du foie. Cette poche est remplie d'un liquide verdâtre, très foncé, la *bile* : elle porte le nom de *vésicule biliaire*. Le canal qui naît de son extrémité amincie s'appelle le *canal cystique;* celui qui vient du foie pour s'unir à lui est le *canal hépatique;* ces deux canaux, réunis en un seul, forment le *canal cholédoque*, qui s'ouvre dans l'intestin et y déverse la bile au point où le duodénum se réfléchit.

Deux sortes de vaisseaux amènent du sang au foie. Ce sont : l'*artère hépatique* (fig. 50, *a*), qui y amène du sang artériel ordinaire, et la *veine porte* (*p*), qui présente une disposition toute particulière. Cette veine naît du réseau vasculaire de l'intestin et de la plupart des viscères abdominaux par un grand nombre de branches qui, s'ouvrant les unes dans les autres, finissent par former un tronc unique; elle détourne donc la plus grande partie du sang qui s'est chargé de matières nutritives dans les parois du tube digestif et transporte ce sang dans le foie, où elle se divise denouveau en rameaux, ramuscules et capillaires, cheminant presque toujours côte à côte avec les divisions correspondantes de l'artère hépatique, et formant finalement avec elles un réseau capillaire commun. Ce réseau, qui pénètre toute la substance du foie de ses mailles très serrées, donne naissance, à son tour, à d'autres ramuscules vasculaires qui marchent isolément, se réunissent peu à peu en vaisseaux plus gros et constituent finalement un vaisseau unique, la

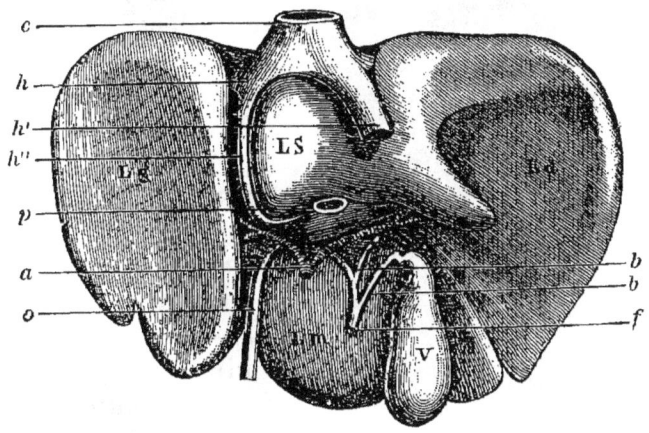

Fig. 50 — Foie vu par sa face inférieure. — L*d*, lobe droit ; L*g*, lobe gauche ; LS, lobule de Spigel ; L*m*, lobe carré ou médian ; V, vésicule biliaire ; *c*, veine cave ; *h, h' h"*, veines sus-hépatiques ; *p*, veine porte ; *a*, artère hépatique ; *o*, cordon fibreux résultant de l'atrophie de la veine ombilicale du fœtus ; *b*, canal hépatique ; *d*, canal cystique ; *f*, canal cholédoque.

veine hépatique, qui ramène dans la circulation générale le sang de double provenance élaboré par le foie.

Cette disposition montre qu'une grande partie du sang qui revient de l'intestin après avoir absorbé les matières assimilables qu'il trouve sur son passage, traverse le foie, avant de rentrer dans le courant circulatoire ; elle témoigne du rôle important que joue cette glande dans l'économie. Le sang y subit, en effet, une élaboration complexe : les matières qui prennent naissance dans sa masse, sous l'action du tissu de la glande, et celles que ce tissu y déverse suivent deux voies bien différentes : les unes sont emportées par la veine hépatique et vont servir directement à la nutrition; ce sont des matières sucrées, sur l'étude desquelles nous aurons bientôt à revenir; les autres sont définitivement extraites du sang, se rassemblent dans des conduits spéciaux, qui, s'abouchant de proche en proche les uns dans les autres, aboutissent soit à la vésicule biliaire, soit au canal hépatique. Ces dernières substances constituent la bile, et les conduits dans lesquels elles se rassemblent sont les *canalicules biliaires*.

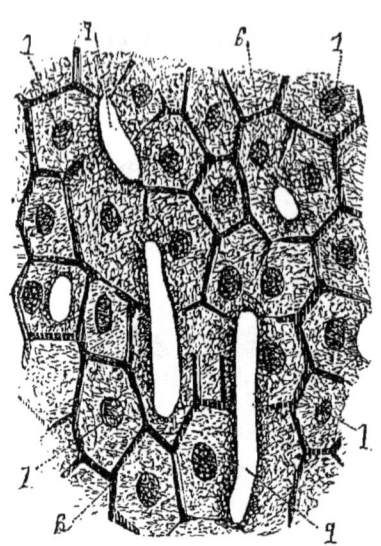

Fig. 51. — Coupe faite dans la substance du foie perpendiculairement aux capillaires. — *q*, capillaires; *a*, réseau d'origine des canalicules biliaires; *l*, noyau des cellules hépatiques.

L'organe tout entier est formé d'une masse compacte de grandes cellules granuleuses (fig. 51), qui se pressent autour des ramifications de la veine hépatique et se groupent en îlots irréguliers qu'on appelle les *lobules hépatiques*. Chacun de ces lobules est, en quelque sorte, enveloppé par un faisceau de ramuscules provenant de la veine porte et de l'artère hépatique (fig. 52).

Le foie est revêtu par une membrane qui le protège, l'isole au milieu des tissus environnants, et fournit aux vaisseaux du foie une gaine commune qui accompagne leurs ramifications dans la glande, c'est la *capsule de Glisson*.

Bile. — En raison de sa grande abondance, la bile est facile à recueillir à l'état de pureté et facile à étudier. C'est un liquide visqueux, filant, verdâtre quand il a séjourné dans la vésicule biliaire, jaune quand il vient d'y arriver, d'une odeur nauséabonde, d'une saveur d'abord très amère, puis légèrement douceâtre. Elle a une densité un peu plus forte que celle de l'eau (1,020 à 1,026), dans laquelle elle se dissout facilement. Son altérabilité est très grande et elle répand alors une odeur des plus fétides, rappelant celle des excréments.

La bile est neutre dans le foie, légèrement alcaline dans la vésicule biliaire.

Comme la plupart des liquides de l'économie, elle renferme, en petite quantité, un assez grand nombre de sels, parmi lesquels des phosphates de chaux et de magnésie, du phosphate de soude, du chlorure de sodium et du sulfate de fer; des matières colorantes, notamment la *bilirubine* et la *biliverdine;* diverses substances grasses, parmi lesquelles la *cholestérine*, et surtout deux sels alcalins auxquels elle doit la réaction basique qu'elle acquiert: le *taurocholate* et le *glycocholate de soude.*

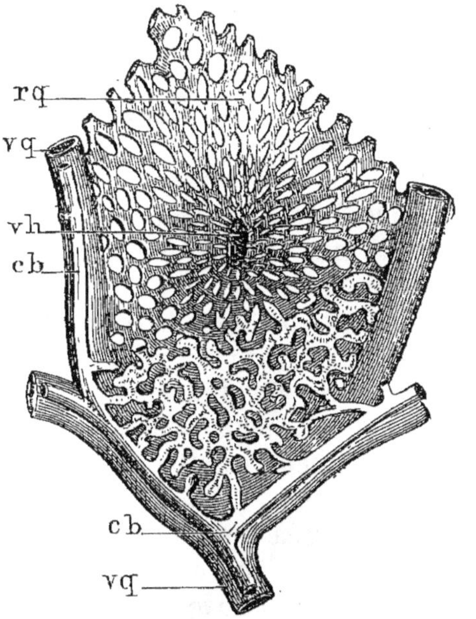

La quantité de bile produite par le foie, en un jour, est assez grande. Un chien de 10 kilogrammes sécrète environ 200 grammes de bile dans cet espace de temps.

Fig. 52. — Une portion du réseau vasculaire du foie. — *vh*, veine hépatique; *vq*, rameau de la veine porte; *cb*, capillaires biliaires; *rq*, réseau capillaire.

Le rôle de la bile dans la digestion ne paraît pas être en rapport avec cette sécrétion considérable.

De toutes les expériences dont le liquide biliaire a été l'objet, on peut conclure que le foie extrait du sang des substances qui ne sauraient y rester sans danger pour l'organisme; il fonctionne donc en partie comme une glande épuratrice. Quelques-unes des substances qu'il enlève au sang sont rejetées au dehors, à titre d'excréments; d'autres, comme les matières grasses, sont reprises en assez grande quantité dans l'intestin et assimilées de nouveau. L'amaigrissement des animaux porteurs d'une fistule biliaire prouve d'ailleurs que la bile joue un rôle dans l'absorption des matières alimentaires et notamment des matières grasses. On a lieu de penser que cette action de la bile, la seule qui soit incontestable, est due à ce qu'elle favorise la chute et le renouvellement de l'épithélium absorbant de l'intestin ; quelques faits semblent indiquer, en outre, que la bile joue dans l'intestin le rôle d'antiseptique, ou que tout au moins elle diminue l'intensité des altérations que peuvent produire, dans le tube digestif, les acides résultant de la fermentation des matières alimentaires. Nous pourrons d'ailleurs mieux préciser l'action digestive de la bile quand nous aurons étudié le *pancréas*, dont la sécrétion est versée dans l'intestin au même point que celle du foie, mais avant elle.

Pancréas. — Le pancréas a un tout autre aspect que le foie. C'est une glande d'un blanc terne ou grisâtre qui devient légèrement rosée pendant la digestion ; elle est située dans l'anse du duodénum (fig. 53). Sa forme est allongée transversalement. Sa longueur est d'environ 16 centimètres, son épaisseur de 10 à 15 millimètres et son poids de 60 à 78 grammes.

Du pancréas partent deux canaux qui se dirigent vers l'intestin : l'un s'ouvre dans l'intérieur de ce tube, 2 centimètres au-dessus de l'ouverture du canal cholédoque, et déverse le suc pancréatique dans le duodénum. Mais ce n'est là que le *canal accessoire* du pancréas ; le canal principal, ou *canal de Wirsung*, part de l'extrémité gauche du pancréas, chemine côte à côte avec le canal cholédoque et vient s'ouvrir tout près de lui dans un léger enfoncement de la muqueuse intestinale, nommé l'*ampoule de Vater*.

L'aspect du pancréas et sa structure sont tellement semblables à ceux des glandes salivaires, qu'on a dit de lui que c'était une glande salivaire abdominale.

On peut obtenir le suc pancréatique à l'état de pureté par le procédé qui nous a déjà servi à obtenir la salive parotidienne. On découvre le canal de Wirsung et l'on y introduit un tube d'argent auquel est attachée une ampoule de caoutchouc. Ce procédé permet non seulement de recueillir le suc pancréatique, mais encore de déterminer les conditions dans lesquelles il est sécrété. On reconnaît ainsi que cette sécrétion est intermittente comme celle du suc gastrique ; elle a lieu, en moyenne, de 3 à 5 heures après le repas ; un Chien fournit environ 7 à 8 grammes de suc pancréatique par heure ; un Cheval jusqu'à 120 grammes.

Le suc pancréatique obtenu dans les conditions normales est un liquide clair, visqueux, de réaction alcaline, qui arrive dans l'intestin en même temps que le chyme ; il est coagulable par la chaleur, l'alcool, les acides énergiques, et contient, outre les sels ordinaires, une substance albuminoïde particulière, qui se comporte comme un ferment soluble de grande puissance.

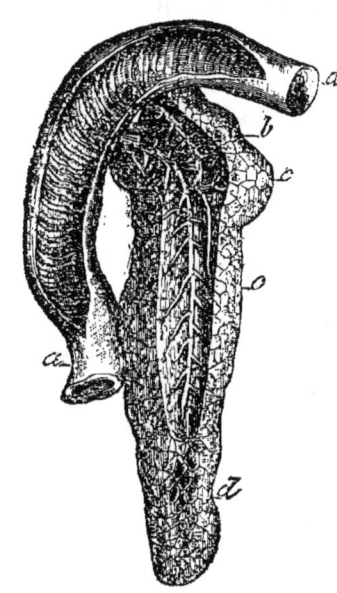

Fig. 55. — Pancréas et anse du duodénum dans laquelle il est compris. — a, a, duodénum ouvert ; b, c, d, pancréas. Les canaux pancréatiques sont disséqués pour montrer leurs rapports avec le duodénum.

Quand on fait agir le suc pancréatique sur des matières grasses, ces matières sont rapidement réduites, sous son action, en fines gouttelettes, capables de passer à travers la muqueuse intestinale. Les graisses qui se présentent sous cet état sont dites *émulsionnées*. La bile jouit aussi, quoique dans une bien plus faible mesure, de la propriété d'émulsionner les graisses et de les rendre par cela même absorbables. Combinée avec le suc pancréatique, elle constitue donc le liquide digestif spécial de ces substances que le suc gastrique avait laissées intactes.

Là ne se borne pas l'action du suc pancréatique. Par lui, les matières féculentes sont encore transformées en glucose soluble, et il continue, en outre, le changement en substances assimilables des matières albuminoïdes, déjà attaquées par le suc gastrique. La pepsine n'agit, en effet, sur ces substances que dans un milieu acide. L'arrivée de la bile et du suc pancréatique dans le duodénum change le milieu acide, constitué par le suc gastrique, en un milieu alcalin. La digestion des matières albuminoïdes par la pepsine est donc arrêtée dès le passage de ces matières dans l'intestin ; mais le suc pancréatique possède précisément son maximum d'activité dans un milieu alcalin, il reprend donc l'œuvre du suc gastrique, continue la digestion des matières albuminoïdes, en même temps qu'il opère celle des matières féculentes, à peine commencée par la salive, et qu'il émulsionne les graisses jusque-là demeurées inattaquées. Le suc pancréatique a donc un rôle multiple comme tous les liquides digestifs que nous avons rencontrés ; il remplit ses différentes fonctions avec une énergie que nous n'avons pas trouvée même dans le suc gastrique, et doit être considéré comme l'un des agents les plus importants de la digestion.

Digestion intestinale. — Dans le duodénum, les diverses sortes de matières alimentaires sont déjà profondément modifiées ; elles ont cependant à parcourir encore toute la longueur de l'intestin, dont nous n'avons jusqu'à présent rien dit.

L'intestin (fig. 54) est un long tube divisé en deux parties bien distinctes : l'une, nommée *intestin grêle*, dont le diamètre moyen ne dépasse pas 3 centimètres chez l'Homme, et l'autre, nommée *gros intestin*, beaucoup plus large et s'ouvrant au dehors. La longueur totale de l'intestin de l'Homme peut atteindre 12 mètres : c'est donc plus de six fois la longueur du corps. Ces proportions varient beaucoup chez les Mammifères et sont en rapport avec le régime alimentaire. Chez les animaux herbivores, l'intestin est toujours considérablement plus long que chez les Carnivores. Chez le Bœuf, il a environ 50 mètres, près de 28 chez le Mouton, une vingtaine chez le Porc et seulement de 6 à 7 chez le Lion.

L'intestin grêle se termine dans le gros intestin, qui se divise lui-même en trois parties : le *cæcum*, situé au delà de la terminaison de l'intestin grêle, le *côlon*, présentant des plis transversaux caractéristiques, et le *rectum*, tube à parois lisses, qui forme la partie terminale de l'intestin.

Chez l'Homme, le cæcum est extrêmement court, et réduit à une sorte de calotte hémisphérique que prolonge un appendice de petit diamètre, l'*appendice cæcal* ou *appendice vermiculaire* (fig. 54, *b*). Le cæcum manque totalement chez certains Carnassiers, comme l'Ours, et chez la plupart des Insectivores; chez les Herbivores, et surtout chez certains Rongeurs, il prend au contraire un volume et une longueur considérables, ainsi qu'une structure assez compliquée. Il semble qu'il y ait là comme un second estomac, sans qu'il soit possible, d'ailleurs, d'établir aucune analogie entre le rôle de cet organe et le rôle inconnu de la poche qui termine l'œsophage.

La dernière partie de l'intestin grêle, l'*iléon*, pénètre très obliquement dans les parois du côlon et refoule devant lui un repli de ces parois, en forme de croissant, sur le bord libre et concave duquel il se termine par un orifice en forme de boutonnière (fig. 54, *a*). C'est l'ensemble de ce repli et de la partie de l'iléon qui le traverse qu'on appelle la *valvule iléo-cæcale*. Cette disposition a pour effet d'empêcher le reflux vers l'intestin grêle des matières contenues dans le gros intestin. Les deux faces du repli valvulaire sont, en effet, comprimées à la fois par les matières contenues dans le gros intestin et qui oblitèrent d'autant mieux son orifice que la pression est plus grande.

Le côlon se dirige d'abord en remontant obliquement d'arrière en avant, passe, à peu près horizontalement, de droite à gauche, au-dessous de l'estomac; il devient ensuite vertical, plonge de gauche à droite, en arrière, dans la cavité abdominale, puis descend, en décrivant une courbe en forme d'S, jusqu'à l'extrémité inférieure du tronc; là, après un léger coude, il s'ouvre à l'extérieur. Ses diverses parties portent les noms de *côlon ascendant*, *côlon transverse* et *côlon descendant*.

Si l'on examine maintenant la surface interne de l'intestin

grêle, on y remarque de nombreux replis, distants de 6 à 8 millimètres les uns des autres, flottants, faciles à déplisser et qu'on appelle les *valvules conniventes*. Ces valvules ont sim-

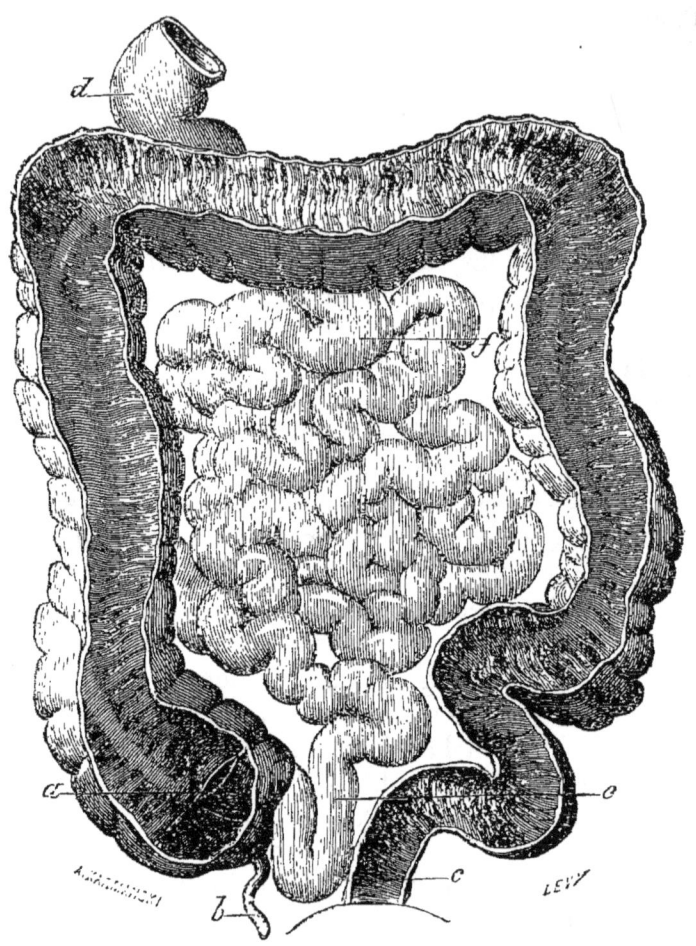

Fig. 54. — Intestins de l'Homme. — *d*, duodénum ; *f*, *e*, jéjunum et iléon ; *a*, valvule iléo-cæcale ; *b*, appendice vermiculaire du cæcum ; *c*, rectum faisant suite au côlon, qui a été ouvert sur toute sa longueur.

plement pour effet d'augmenter considérablement la surface d'absorption de l'intestin. Elles ont, comme tout le reste de la muqueuse intestinale, une apparence veloutée, due à la présence d'une infinité de petites saillies, semblables à de gros poils très mous et très flexibles, qui sont les *villosités* (fig. 55 et 56, *a*, *a'*), les organes d'absorption par excellence. Chaque villosité contient, en effet, un réseau vasculaire serré, formé par les nombreux ramuscules émis par deux vaisseaux, l'un afférent, l'autre efférent ; les mailles de ce réseau entourent un vaisseau central de nature particulière, uniquement destiné à absorber le chyle. Ces vaisseaux spéciaux, qui se terminent en cul-de-sac dans chaque villosité, sont les origines du système des *vaisseaux chylifères* (fig. 58), que nous aurons bientôt à décrire.

Dans l'épaisseur de la muqueuse se trouvent les très nombreuses *glandes de Lieberkühn*, en forme de tube simple chez l'Homme, divisées en deux ou trois branches chez beaucoup d'animaux (fig. 57),

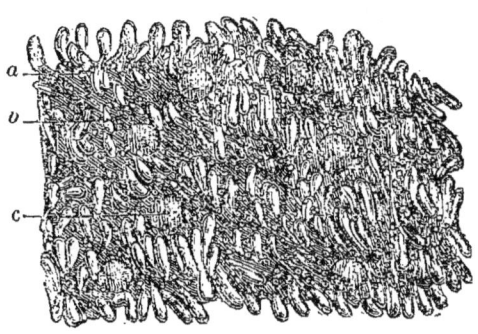

Fig. 55. — Portion de la surface de l'intestin grêle, montrant les villosités (*a*), les orifices des glandes de Lieberkühn (*b*) et les follicules clos (*c*).

pressées les unes contre les autres tout autour des villosités et fournissant le *suc intestinal*. Ces glandes reposent sur une couche musculaire (fig. 56, *n*), qui contribue sans doute par ses contractions à expulser les sucs qu'elles sécrètent.

Parmi les glandes de Lieberkühn sont disséminées les *follicules clos*, qui sont des corps arrondis, blanchâtres, opaques, dont les dimensions varient de 2 dixièmes de millimètre à 2 millimètres. En certains points, ces follicules se réunissent par groupes de 3 à 60 et forment alors des *plaques de Peyer*, dont le diamètre varie de 6 millimètres à plusieurs centimètres. Ces follicules clos sont de simples organes lymphatiques (fig. 55, *c*).

Le suc intestinal, sécrété par des glandes très petites, est moins facile à étudier à l'état de pureté que les autres liquides digestifs. On peut toutefois se le procurer pur de diverses façons, notamment en comprenant entre deux ligatures une anse de l'intestin à l'état de vacuité. Le suc intestinal ainsi obtenu est un liquide transparent d'où se sépare encore, par le repos, une couche de mucus.

Au moment où les aliments sont soumis à l'action de ce suc, la digestion des matières féculentes, commencée par la salive, a été presque entièrement achevée par le suc pancréatique; celle des matières albuminoïdes, déjà profondément modifiées par le suc gastrique, a été également continuée par le suc pancréatique; ce même suc

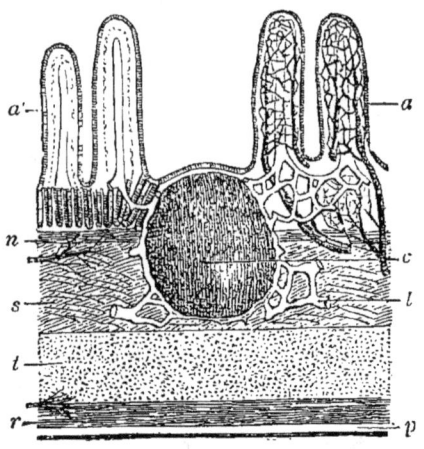

Fig. 56. — Coupe à travers les parois de l'intestin grêle. — *a*, villosités avec leur réseau vasculaire et leur chylifère central; *a'*, villosités où le chylifère seul a été représenté; *c*, follicule clos; *l*, réseau lymphatique entourant ce follicule clos; *n*, glandes de Lieberkühn et couche musculaire sous-jacente; *s*, tissu conjonctif sous-muqueux; *t*, fibres musculaires transversales; *r*, fibres longitudinales; *p*, enveloppe péritonéale.

et la bile ont émulsionné et, en partie, saponifié les matières grasses. La digestion des aliments les plus complexes est donc fort avancée; le suc pancréatique et la bile suffisent pour achever ce qui est commencé; aussi le suc intestinal n'a-t-il qu'une faible action sur les matières féculentes et sur les matières albuminoïdes; mais il possède, en revanche, une action toute spé-

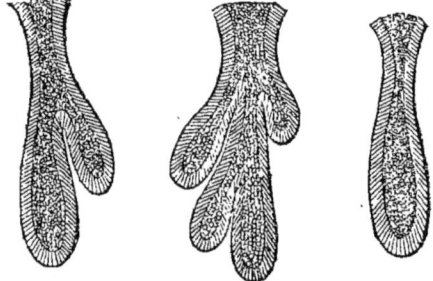

Fig. 57.
Trois glandes de Lieberkühn isolées.

cifique sur une matière alimentaire très importante, le sucre de canne. Le sucre de canne est naturellement soluble; il semblerait donc qu'il n'ait besoin d'aucune modification pour pénétrer dans l'organisme. Mais ce serait une erreur que de confondre une substance simplement soluble avec une substance assimilable. L'albumine est également soluble; cependant, injectée dans le sang, elle est presque aussitôt rejetée par les reins, sans avoir été utilisée par l'organisme; ce n'est qu'après avoir subi l'action du suc gastrique et du suc pancréatique qu'elle devient assimilable. Il en est de même pour le sucre de canne. Directement introduit dans le sang, il est éliminé comme l'albumine; il ne devient assimilable qu'après avoir été transformé en *sucre interverti*. Nous avons vu que le suc gastrique pouvait à la longue opérer cette transformation; mais la durée normale de son action sur les aliments est trop courte pour qu'une notable quantité de sucre de canne ait été modifiée par lui. Ce que le suc gastrique ne fait que lentement, le suc intestinal le fait avec une grande rapidité, et c'est encore à une substance albuminoïde particulière, à un ferment soluble spécial, précipitable comme d'habitude par l'alcool, c'est au *ferment inversif* qu'il doit sa propriété spécifique.

Le ferment inversif n'existe pas dans le gros intestin.

En arrivant dans cette dernière partie du tube digestif, toutes les parties utilisables des matières alimentaires ont été transformées; sur le long parcours de l'intestin grêle, toutes les substances solubles ont été graduellement absorbées par les terminaisons des chylifères et par les vaisseaux que contiennent les villosités, ainsi que par ceux qui rampent sous la muqueuse intestinale. Pendant tout le temps que ces phénomènes s'opèrent, la tunique musculaire de l'intestin est le siège de contractions qui produisent dans ce tube des mouvements analogues aux mouvements péristaltiques de l'œsophage. Par ces mouvements, la masse alimentaire, sans cesse diminuée de ses éléments nutritifs, est graduellement poussée vers le gros intestin, où les phénomènes digestifs sont désormais insignifiants. Les matières inassimilables, celles qui n'ont pu être suffisamment modifiées par les sucs

90 PHYSIOLOGIE ANIMALE.

digestifs, s'y rassemblent en un résidu qui ne tarde pas à être expulsé au dehors.

Absorption intestinale; chylifères. — La portion utile des aliments, modifiée par l'ensemble des sucs digestifs, constitue le *chyle*. Une partie du chyle passe directement dans le sang, et notamment dans le sang de la veine porte, par l'intermédiaire du réseau vasculaire de l'intestin; une autre pénètre dans les chylifères que nous avons vus naître dans les villosités intestinales. Ces chylifères (fig. 58) sem-

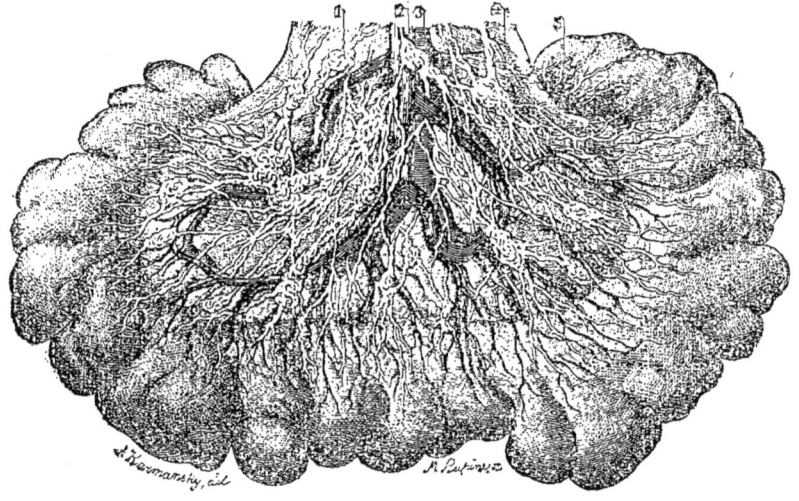

Fig. 58. — Chylifères et vaisseaux de l'intestin. — 1, chylifères avec leurs ganglions; 2, rameau de la veine porte; 3, rameau de l'une des artères mésentériques; 4, mésentère; 5, portion de l'intestin.

blent, pendant la digestion, remplis de lait, aussi les appelle-t-on parfois les *vaisseaux lactés*. On les voit former sur une membrane importante dont nous avons encore à parler, le *péritoine*, des arborescences riches en ramifications, qui convergent graduellement vers des vaisseaux de plus en plus gros, lesquels aboutissent à un réservoir spécial, la *citerne de Pecquet;* celle-ci est elle-même l'origine du *canal thoracique* (fig. 59). Ce canal, remontant le long de la colonne vertébrale, vient s'ouvrir dans l'une des veines principales de la région supérieure du corps, la *veine sous-clavière gauche*, et déverse ainsi directement dans le sang, outre la *lymphe* qui lui arrive de la plus grande partie du tronc et des membres inférieurs, le chyle qu'il a reçu des vaisseaux lactés.

Péritoine. — C'est, avons-nous dit, dans le *péritoine* que courent les ramifications de ces vaisseaux.

La disposition du péritoine est fort compliquée : il est facile cependant d'en faire saisir les traits essentiels. Supposons que dans l'intérieur de la cavité abdominale, complètement vide et dépourvue de viscères, se trouve une poche membraneuse, close de toutes parts, suivant dans toutes ses anfractuosités cette cavité et contenant un liquide d'une grande fluidité : cette poche nous représentera exactement un péritoine théorique. Il nous faut maintenant placer les viscères, c'est-à-dire : l'estomac, le foie, le pancréas, l'intestin grêle, le gros intestin, la rate, les reins, la vessie et les autres organes que contient la cavité abdominale. Tous ces organes viennent s'intercaler entre la paroi interne de l'abdomen et le péritoine ; ils refoulent devant eux cette poche, sans pénétrer dans sa cavité ; le péritoine, à son tour, se moule exactement sur leur surface à laquelle il se soude, et leur forme un revêtement complet ; les deux bords de sa partie refoulée s'adossent l'un à l'autre, puis vont rejoindre la paroi abdominale, avec laquelle le péritoine est également soudé partout où il n'existe pas de viscères.

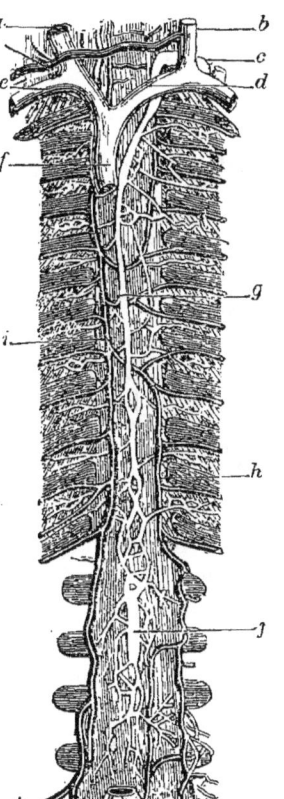

Fig. 59. — Canal thoracique. — *a, b*, veines jugulaires aboutissant dans les veines sous-clavières correspondantes *e, d*; *c*, extrémité du canal thoracique; *f*, veine cave supérieure; *g*, canal thoracique; *h,i*, veine azygos; *j*, citerne de Pecquet; *k*, confluent des veines iliaques primitives d'où naît la veine cave inférieure.

Il résulte de cette disposition qu'un double feuillet du péritoine relie les intestins à la paroi abdominale. Ce double feuillet porte le nom de *mésentère*, et c'est dans ses parois que rampent les chylifères et les vaisseaux sanguins.

Les viscères abdominaux remplissant à eux seuls toute la cavité abdominale, il est évident que la cavité du péritoine est réduite presque à rien; le liquide contenu dans cette cavité ou *liquide péritonéal* est lui-même fort peu abondant. Dans les cas d'inflammation du péritoine, qui constituent la grave maladie connue sous le nom de *péritonite*, il peut augmenter beaucoup de quantité, et dans la maladie chronique connue sous le nom d'*hydropisie* il distend parfois énormément les parois de l'abdomen, qui prend alors un volume considérable.

De la paroi antérieure de l'estomac descend au-devant des intestins un vaste repli du péritoine qui les sépare de la paroi interne de l'abdomen et forme ainsi une sorte de tablier, le *grand épiploon*, chargé, chez les gens obèses, d'une énorme quantité de graisse.

Séreuses. — Le péritoine est la première des *membranes* ou *poches séreuses* que nous ayons à décrire; il existe des poches analogues autour de tous les organes qui doivent effectuer des mouvements dans l'organisme, et ces poches séreuses présentent toujours une disposition semblable à celle du péritoine, c'est-à-dire que les organes qu'elles recouvrent ne sont jamais placés dans leur cavité, mais les refoulent devant eux, comme pour s'en coiffer; leur paroi se soude à la partie ainsi refoulée, que nous appellerons le *feuillet interne* de la séreuse; l'autre partie de la séreuse, ou *feuillet externe*, vient s'appliquer sur le feuillet interne, de manière qu'entre les deux feuillets il n'existe qu'un très faible intervalle rempli par le liquide séreux ou *sérosité*. Ce liquide est uniquement destiné à faciliter le glissement des deux feuillets l'un sur l'autre pendant les mouvements de l'organe que contient la séreuse; en général, le feuillet externe vient se souder en quelque point aux parois du corps et contribue ainsi à maintenir l'organe en place.

CHAPITRE V

LA RESPIRATION

Conditions générales de constitution d'un appareil respiratoire. Respiration aquatique; respiration aérienne. Respiration cutanée ; branchies, trachées, poumons. — De même que la digestion est la fonction qui préside à l'incorporation dans l'organisme des substances liquides ou solides destinées à réparer ses pertes, de même la respiration est la fonction qui préside à l'introduction dans les tissus de l'animal des gaz nécessaires à l'entretien de la vie. En même temps que ces gaz sont introduits dans l'appareil respiratoire, d'autres, formés dans l'organisme, sont expulsés au dehors, de sorte qu'il s'établit dans les organes de la respiration un échange gazeux des plus actifs entre l'être vivant et le milieu extérieur.

La disposition de l'appareil respiratoire est très variable dans les différents groupes zoologiques. Les animaux ont deux genres de vie bien différents. Les uns vivent constamment dans l'eau et ne respirent que l'air dissous dans le liquide qui les entoure, les autres vivent à l'air libre et respirent l'air en nature. Il y a donc deux sortes de respiration : la *respiration aquatique* et la *respiration aérienne*. A ces deux sortes de respiration correspondent plusieurs formes d'appareil respiratoire.

Chez les animaux aquatiques, l'appareil respiratoire est généralement plus simple que chez les animaux aériens. Dans les types inférieurs, les échanges gazeux s'accomplissent tout simplement par l'intermédiaire de la peau, qui est alors, ordinairement, couverte de cils vibratiles. La *respiration cutanée* persiste souvent chez des animaux relativement élevés et qui possèdent un appareil de respiration bien développé, tels que les *Batraciens*.

Quand l'organisme se perfectionne, les premières traces

d'un appareil respiratoire distinct sont des expansions de la peau, couvertes de cils vibratiles, et qui peuvent prendre les aspects les plus variés, depuis celui de simples tubes cutanés jusqu'à celui de panaches ou d'arborescences volumineuses et souvent d'une grande élégance (fig. 60).

Ces expansions constituent ce qu'on appelle des *branchies*; elles sont libres chez les Annélides et chez beaucoup de Mollusques ; mais chez ces derniers on voit déjà les branchies se localiser ; des cavités spéciales se forment pour les abriter ; les orifices par lesquels ces cavités communiquent avec l'extérieur se rétrécissent beaucoup ; leurs parois peuvent être tenues humides plus longtemps, et elles finissent par s'organiser de manière à pouvoir servir elles-mêmes à la respiration. Cela entraîne ordinairement la disparition de la branchie que contenait d'abord la cavité. Ainsi se constitue, chez les Mollusques, à l'aide de parties de même nature que celles qui servent habituellement à la respiration aquatique, un organe de respiration aérienne, un *poumon*, tel que celui des Escargots, des Limaces, des Lymnées, etc.

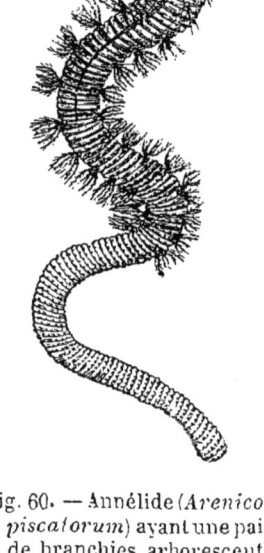

Fig. 60. — Annélide (*Arenicola piscatorum*) ayant une paire de branchies arborescentes à chaque anneau de la région moyenne du corps.

Le remarquable appareil respiratoire des Arthropodes terrestres se compose uniquement de *trachées*, c'est-à-dire de tubes ramifiés (fig. 60), soutenus par un ruban chitineux enroulé en spirale, et dans la cavité desquels l'air pénètre pour aller à la rencontre du liquide sanguin.

Chez les Vertébrés, l'appareil respiratoire est toujours dans des rapports étroits avec l'appareil digestif, soit qu'il

LA RESPIRATION.

s'agisse d'animaux aquatiques, comme les Poissons, soit qu'il s'agisse d'animaux aériens, comme les Reptiles, les Oiseaux et les Mammifères.

Chez les Poissons, l'eau, pénétrant par la bouche, sort par les côtés de la tête après avoir traversé une série de poches respiratoires, comme chez les Lamproies (fig. 62), ou avoir passé au-dessus d'arcs osseux garnis de nombreux prolongements disposés en dents de peigne et couverts d'une peau fine et riche en vaisseaux ; ce sont là les branchies des Poissons typiques, leurs *ouïes*, comme on dit vulgairement.

Chez tous les vertébrés à respiration aérienne, l'air arrive par la bouche ou les fosses nasales dans un système tantôt fort simple (fig. 63), tantôt fort compliqué de poches aux parois très vasculaires, qui ne sont autre chose que les *poumons*. Le conduit qui fait communiquer ces poches avec l'extérieur vient toujours s'ouvrir dans l'arrière-bouche ou dans l'œsophage, et c'est toujours sur la partie antérieure du tube digestif de l'embryon qu'on voit apparaître les premières traces du poumon.

L'eau aérée est renouvelée autour des branchies soit par les mouvements de l'animal, soit par les courants que déterminent les cils vibratiles dont ces organes sont ordinairement recouverts. Ces moyens seraient insuffisants pour renouveler l'air dans les poumons. Il faut qu'un mécanisme particu-

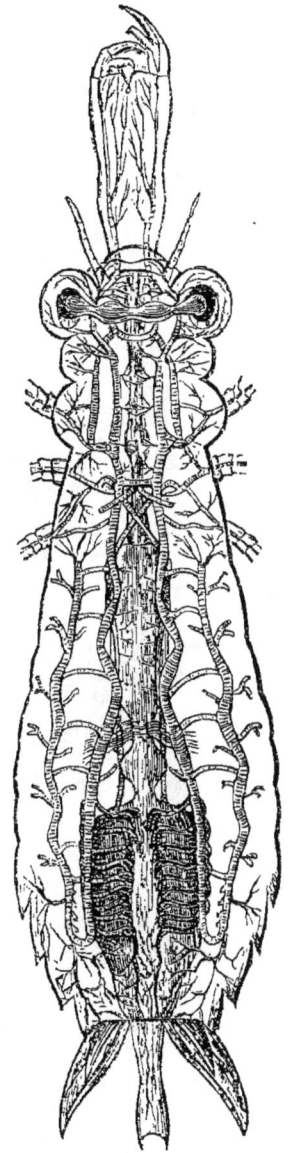

Fig. 61. — Trachées d'une larve de Libellule.

96 PHYSIOLOGIE ANIMALE.

lier comprime ceux-ci pour en chasser l'air, ou les dilate pour l'y appeler. Ce ne sont pas les poumons qui accomplissent ces mouvements d'*inspiration* et d'*expiration*; ce sont les parois du *thorax*, c'est-à-dire de la *poitrine* dans

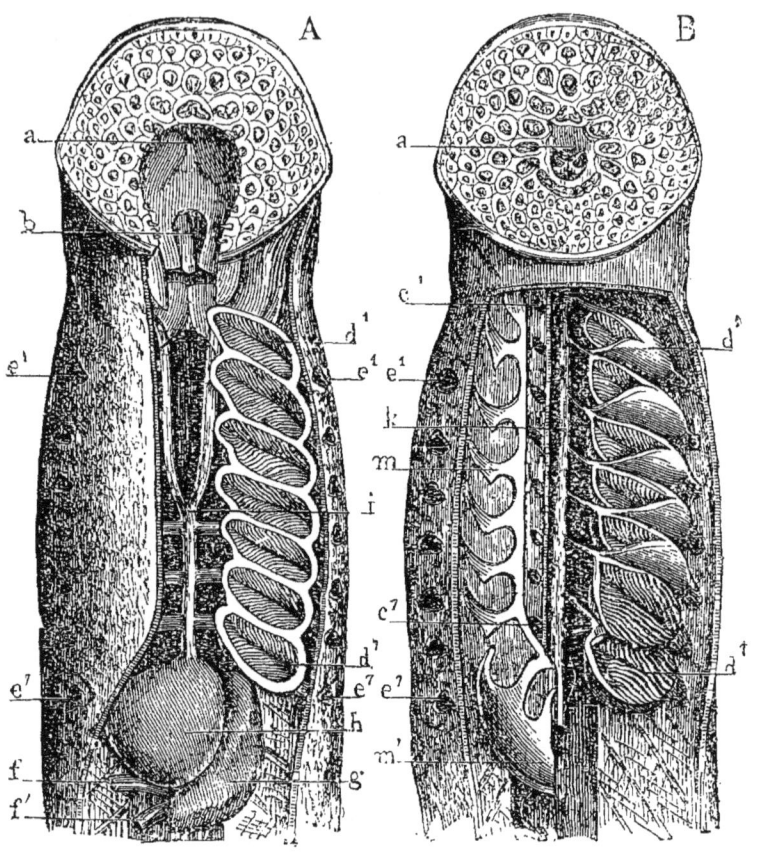

Fig. 62. — Organes de la partie antérieure du corps d'une lamproie. — *a*, bouche dont la muqueuse est couverte de dents; *b*, pharynx; c^1 à c^7, trous par lesquels l'eau passe de la bouche dans les branchies; d^1 à d^7, poches respiratoires ou branchies; e^1 à e^7, trous par lesquels l'eau qui traverse les poches respiratoires est chassée au dehors; *f*, *f'*, veines caves; *g*, oreillette, et *f*, ventricule uniques du cœur qui ne contient que du sang veineux; *i*, artère branchiale; *m*, cartilages protecteurs du cœur et des branchies.

laquelle ils sont enfermés. Pour nous rendre compte du mécanisme de la respiration chez l'Homme, nous avons donc à examiner d'abord comment sont constituées les parois de la *cavité thoracique*.

LA RESPIRATION.

Description des parois de la cavité thoracique. — La région du corps dont la cavité contient les poumons et le cœur, et que nous appelons le *thorax*, commence en haut, à la base du cou, où elle est assez étroite, bien que les membres qui y sont attachés lui donnent dans cette partie de son étendue une grande largeur apparente. La cavité thoracique se prolonge dans le cou, mais elle est close, dans cette direction, par les tissus qui unissent les divers organes contenus dans le cou au squelette de la tête. Latéralement, les parois du cou et du thorax limitent cette cavité; inférieurement elle est fermée par le *diaphragme* (fig. 64, B). Les poumons se trouvent donc contenus dans une cavité qui ne communique avec l'extérieur par aucun orifice et qu'ils remplissent presque entièrement. Que le volume de cette cavité augmente, le vide se fera autour d'eux; les gaz contenus dans leur intérieur se dilateront de manière à leur faire remplir de nouveau tout l'espace devenu libre; mais leur élasticité tendra dès lors à devenir moindre que celle de l'atmosphère, et l'air extérieur pénétrera dans le poumon pour rétablir l'équilibre. Que la capacité de la cavité thoracique redevienne ce qu'elle était avant, les poumons seront, au contraire, comprimés, et une quantité de gaz égale à celle qui était entrée dans ces organes, par le fait de l'augmentation de volume, sera expulsée. Ces alternances d'augmentation et de diminution de volume de la cavité thoracique sont obtenues par la contraction et le relâchement successifs des muscles qui s'attachent aux

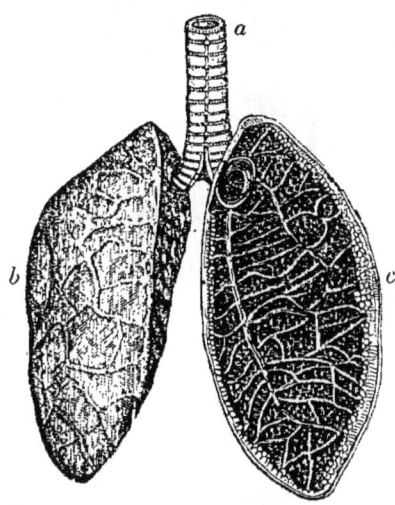

Fig. 63. — Poumons d'un lézard (*Ameiva*). — *a*, trachée-artère se divisant en deux bronches qui s'ouvrent directement dans les poumons. — *b*, poumon réduit à un simple sac membraneux. — *c*, l'un des poumons dont on a enlevé une moitié pour montrer les replis disposés de manière à figurer les alvéoles que présente la paroi interne.

diverses parties du squelette du tronc que nous devons maintenant faire connaître.

La partie principale de ce squelette est la *colonne vertébrale* ou *rachis* (fig. 65, *b* à *f*), formée de trente-trois vertèbres, dont sept appartiennent à la région du cou, douze à la région thoracique, cinq à la région lombaire ; les autres sont soudées entre elles de manière à constituer deux os : le *sacrum*, qui supporte les *os du bassin*, et le *coccyx*. Le sacrum comprend cinq vertèbres ; le coccyx, quatre.

Toutes les vertèbres portent en arrière trois prolongements osseux : l'un, médian, est l'*apophyse épineuse* ; les deux autres, latéraux et symétriques, sont les *apophyses transverses*. Entre ces apophyses et le *corps* de la vertèbre, se trouve un espace vide qui contribue, avec les espaces correspondants des autres vertèbres, à former le *canal rachidien* (fig. 64), où est placée la moelle épinière.

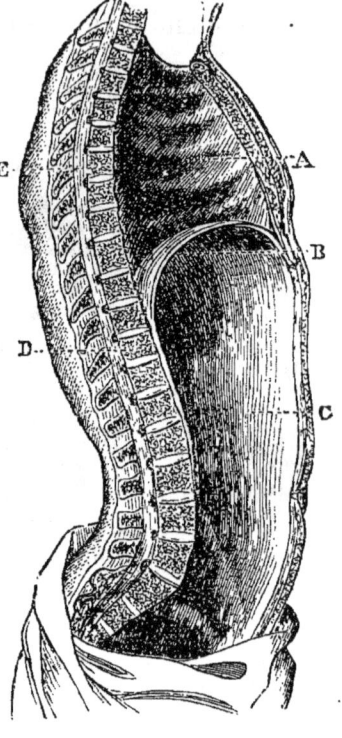

Fig. 64. — Coupe du tronc de l'Homme. — A, cavité thoracique ; B, diaphragme ; C, cavité abdominale ; D, partie antérieure de la colonne vertébrale ; E, canal rachidien contenant la moelle épinière.

Seules les vertèbres de la région thoracique ou *vertèbres dorsales* portent des *côtes*. Ces côtes, au nombre de douze (fig. 65, *c*), sont des arcs osseux, mobiles sur les vertèbres auxquelles ils s'articulent, et que l'on distingue en deux catégories, les *vraies côtes* et les *fausses côtes*. Les vraies côtes sont au nombre de sept ; elles viennent s'articuler en avant, par l'intermédiaire de cartilages qui leur font suite, avec un os plat, le *sternum* (*s*), légèrement élargi en haut, terminé

LA RESPIRATION.

en bas par un appendice libre, l'*appendice xiphoïde*. Les cinq fausses côtes ne s'articulent pas avec le sternum ; les trois premières sont réunies entre elles, en avant, par un bord cartilagineux qui va s'attacher au cartilage sternal de la septième côte ; les deux dernières, dont la courbure est moins forte que celle des précédentes, sont libres et amincies en avant.

En arrière, les côtes se terminent par un renflement arrondi ou *tête*, qui vient s'insérer sur la vertèbre qui les soutient, et leur permet de tourner sur cet os ; en outre, elles portent, en arrière, non loin de leur tête, une saillie qui vient butter, lorsque la côte s'écarte latéralement, contre l'apophyse transverse de la vertèbre ; c'est la *tubérosité*.

Les côtes sont articulées obliquement aux vertèbres ; elles sont, à l'état de repos, un peu inclinées de haut en bas et d'arrière en avant.

Mouvements respiratoires. — Toute la charpente osseuse du thorax est mise en mouvement par trois catégories de muscles : les uns relient les côtes aux vertèbres ou à d'autres parties du squelette placées au-dessus d'elles ; d'autres relient les côtes entre elles ; d'autres enfin relient les côtes aux vertèbres ou aux parties du squelette placées au-dessous d'elles.

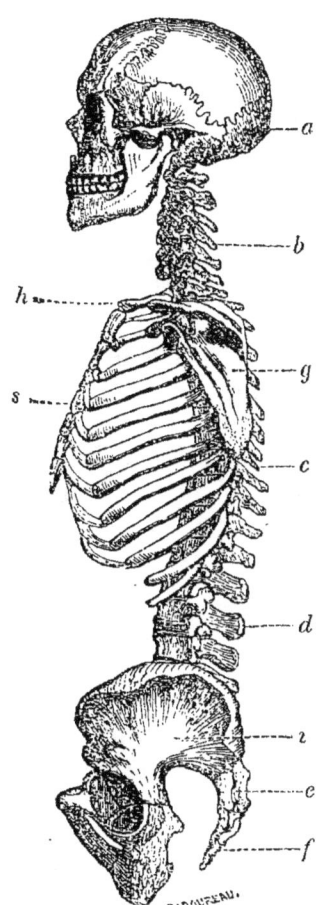

Fig. 63. — Os de la tête et du tronc d'un squelette humain. — *a*, crâne ; *b*, les sept vertèbres cervicales ; *c*, les douze vertèbres dorsales portant les côtes ; *d*, les six vertèbres lombaires ; *e*, le sacrum ; *f*, le coccyx ; *g*, l'omoplate ; *h*, la clavicule ; *s*, le sternum ; *i*, l'un des os du bassin.

La contraction des muscles de la première catégorie a pour effet de relever les côtes ; comme ces muscles s'insèrent obliquement de haut en bas et de dedans en dehors, en se raccourcissant, ils tirent aussi les côtes en dehors, de manière à écarter chacune d'elles de la côte symétrique. Par le relèvement des côtes, le diamètre antéro-postérieur de la poitrine est augmenté ; par leur écartement, son diamètre transversal grandit : pour ces deux causes, la capacité intérieure du thorax s'accroît et l'air peut dès lors refouler les poumons contre ses parois. Au double mouvement de redressement et d'écartement des côtes correspond, par conséquent, une inspiration. Les muscles qui produisent ce double mouvement sont dits *muscles inspirateurs*.

Les muscles inspirateurs ne s'attachent pas à toutes les côtes ; ils ont, en général, d'autres rôles à jouer, et leur effet serait incomplet s'ils n'étaient aidés par les muscles de la deuxième catégorie ou *muscles intercostaux*. Ces derniers muscles vont de chaque côte à la suivante et forment une double couche musculaire sur toute la paroi du thorax. On les distingue en deux séries. Les fibres des *muscles intercostaux externes* vont très obliquement, de haut en bas et d'*arrière* en *avant*, de chaque côte à celle qui est au-dessous. Les fibres des *muscles intercostaux internes* vont aussi très obliquement, mais d'*avant* en *arrière*, de chaque côte à la suivante. Elles croisent donc la direction des fibres des muscles précédents. Cela compris, supposons que les muscles inspirateurs se contractent et relèvent ainsi les premières côtes ; il est évident que les fibres des muscles intercostaux externes sont parfaitement disposées pour transmettre, en se raccourcissant, ce mouvement à toutes les autres côtes ; de sorte que toutes les côtes formant la cage thoracique se redresseront en bloc. Les muscles intercostaux externes peuvent donc être rattachés aux muscles inspirateurs.

Les muscles de la troisième catégorie tirent vers le bas, par leur contraction, les côtes inférieures auxquelles ils s'attachent ; ils produisent un mouvement inverse de celui que déterminent les muscles inspirateurs, diminuent la capacité thoracique et méritent, par conséquent, le nom de *muscles expirateurs*. Les fibres des *muscles intercostaux internes* sont parfaitement disposées pour venir en aide à leur action, et ces muscles doivent être considérés dès lors comme des muscles expirateurs. Il est à remarquer cependant que la contraction des muscles intercostaux internes ou externes a toujours pour effet de rapprocher les côtes les unes des autres, et ces muscles ne deviennent inspirateurs ou expirateurs qu'en raison de la prédominance de leur action lorsque la partie supérieure de la poitrine est tirée vers le haut ou sa partie inférieure vers le bas.

Enfin le *diaphragme* joue, à son tour, un rôle considérable dans l'appel et l'expulsion de l'air. Ce n'est pas une simple cloison membraneuse séparant le thorax de l'abdomen : c'est une voûte musculaire puissante (fig. 64, B), concave du côté de l'abdomen, convexe du côté du thorax, et formée de fibres naissant de tout le pourtour inférieur de la cavité thoracique, ou provenant de l'épanouissement de deux muscles entrecroisés à leur partie supérieure, les *piliers du diaphragme*; les points d'attache des piliers sur la colonne vertébrale s'étendent jusqu'à la quatrième vertèbre lombaire. Tout cet appareil musculaire aboutit à une plage tendineuse qui occupe le sommet de la voûte et affecte la forme générale d'un trèfle; on désigne cette plage sous le nom de *centre phrénique*.

Les fibres musculaires du diaphragme, en se contractant, aplatissent la voûte qu'il constitue; par cela même le diamètre vertical de la cavité thoracique s'allonge, et comme l'abaissement du diaphragme se produit juste au moment où les côtes se relèvent, au moment de l'inspiration, l'espace que peuvent occuper les poumons se trouve simultanément agrandi dans ses trois dimensions.

Le diaphragme séparant exactement la cavité thoracique de la cavité abdominale, l'agrandissement vertical de la première ne peut avoir lieu qu'aux dépens de la seconde; le diaphragme en s'abaissant refoule donc devant lui les viscères au-dessus desquels il est placé, et si, à ce moment, les parois de l'abdomen sont relâchées, les viscères refoulent à leur tour ces parois, qu'on voit en effet alternativement se gonfler et revenir sur elles-mêmes pendant qu'on respire.

Au moment de l'expiration, le diaphragme remonte dans la cage thoracique et reprend sa voussure primitive; les parois distendues de l'abdomen refoulent les viscères au-dessous de lui; les cartilages des côtes légèrement tordus pendant l'inspiration ramènent, comme des ressorts, les côtes vers le bas; la cavité pectorale reprend donc spontanément ses dimensions, et les poumons, revenant sur eux-mêmes en vertu de leur élasticité, chassent l'excès de gaz qui, durant l'inspiration, s'était introduit dans leurs cavités. Tandis que l'inspiration nécessite la contraction d'un assez grand nombre de muscles, l'expiration est donc, en grande partie, passive; c'est pourquoi la vie se termine toujours par une expiration.

Les mouvements respiratoires sont en partie soumis à l'action de la volonté, en partie soustraits à son action.

Dans l'état normal, un homme bien portant fait 18 ou 19 inspirations par minute; la respiration des femmes et des enfants est plus fréquente. Une foule de circonstances font d'ailleurs varier les conditions de la respiration : telles sont la température, la raréfaction de l'air, celle de l'oxygène dans l'air, l'état de santé ou de maladie, de veille ou de sommeil, les émotions, l'exercice, la fatigue, etc.

Trachée-artère; bronches; poumons. — Tout l'appareil que nous venons de décrire n'est que l'accessoire de l'appareil de la respiration. Ce dernier se compose essentiellement des *poumons*, dans lesquels l'échange gazeux s'accomplit, et des *voies respiratoires*, par lesquelles l'air arrive dans les poumons. Pour arriver jusqu'aux voies respiratoires, l'air demande d'abord passage à des cavités qui servent encore à d'autres usages; telles sont la bouche, entrée du tube digestif et siège de l'organe du goût, les fosses nasales, communiquant avec l'arrière-bouche, et siège elles-mêmes de l'organe de l'odorat. C'est aussi dans le pharynx, nous l'avons vu, que vient s'ouvrir, par un orifice spécial, la *glotte*, le canal qui doit conduire l'air dans les poumons. Ce canal est la *trachée-artère* (fig. 66); sa partie supérieure est constituée par le *larynx*, organe producteur de la voix. Le larynx, qui a la forme générale d'un entonnoir, est lui-même soutenu par l'*os hyoïde*, que nous avons déjà vu servir de point d'attache à différents muscles du pharynx et de la langue (fig. 44.)

LA RESPIRATION.

La trachée-artère, adossée à l'œsophage, est un tube demi-cylindrique, qui descend le long du cou jusqu'à la hauteur de l'union de la première côte avec la première pièce sternale ; au-dessous de ce point, elle se bifurque, et chacune de ses branches pénètre dans l'un des poumons (fig. 66). Si nous suivons dans les poumons ces nouveaux conduits, qu'on appelle les *bronches*, nous les voyons se ramifier à l'infini,

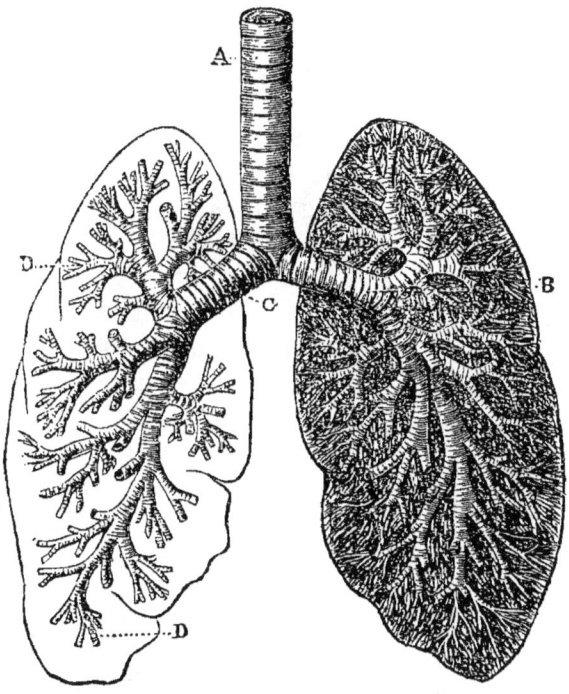

Fig. 66. — A, trachée-artère. — B, C, D, bronches et leurs ramification.

en diminuant de calibre à mesure qu'ils se divisent. Les dernières ramifications des bronches n'ont pas plus de 1 dixième de millimètre de diamètre ; elles viennent aboutir à de petits sacs, les *lobules pulmonaires* (fig. 67), aux parois irrégulièrement mamelonnées et dont les bosselures sont les *vésicules pulmonaires*. C'est jusqu'au fond de ces vésicules que l'air pénètre, et c'est là que s'accomplit l'échange gazeux. Un poumon n'est autre chose que l'ensemble des vésicules, des bronches qui se ramifient pour y parvenir, des vaisseaux qui amènent le sang et qui le remportent, de ceux qui doivent nourrir les bronches et le tissu pulmonaire, des nerfs qui animent tout cet ensemble, et enfin du tissu conjonctif, mêlé de filaments élastiques et de fibres musculaires lisses, qui maintient unis ces éléments si divers.

La trachée-artère est maintenue constamment béante par des arcs cartilagineux, qui deviennent membraneux en arrière, dans la région où elle s'adosse à l'œsophage, et lui donnent ainsi sa forme demi-cylindrique; sur les bronches; ces anneaux sont complets, puis sont remplacés par des lamelles cartilagineuses irrégulières ; ils disparaissent enfin tout à fait sur les bronches de moins de 1 millimètre de diamètre.

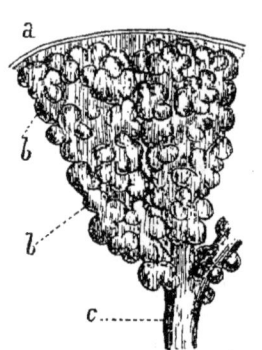

Fig. 67. — Deux lobules pulmonaires; *a*, enveloppe séreuse; *b*, vésicules pulmonaires; *c*, rameau bronchique.

L'air, en pénétrant dans les vésicules bronchiques, produit un bruissement caractéristique, parfaitement régulier, lorsqu'il ne rencontre aucun obstacle devant lui. Ce *murmure pulmonaire* est profondément modifié lorsque le gaz est obligé de traverser des accumulations de mucosités et lorsqu'il barbote dans du liquide placé sur son trajet. Il se produit alors des *râles*, des *crépitements*, des *craquements*, et autres bruits qui servent au médecin à reconnaître l'état du poumon et à en diagnostiquer les maladies. Dans le poumon sain, les vésicules et les bronches contenant toujours une plus ou moins grande quantité d'air, les coups frappés sur le thorax résonnent comme ceux qu'on frappe sur un tonneau vide; cette résonance disparaît quand une inflammation a diminué ou fait disparaître la cavité des vésicules aériennes et de petites bronches. La *percussion* du thorax produit alors un son mat, et cette *matité* est encore caractéristique d'affections, telles que le début de la phtisie. Il suffit, du reste, pour produire de la matité, que les vaisseaux du poumon s'engorgent et se dilatent en certains points.

LA RESPIRATION. 105

Circulation pulmonaire. — L'appareil vasculaire des poumons est extraordinairement riche, ce qui n'étonnera pas, puisque tout le sang doit périodiquement traverser ces organes et s'y mettre en contact avec l'air atmosphérique. Dans

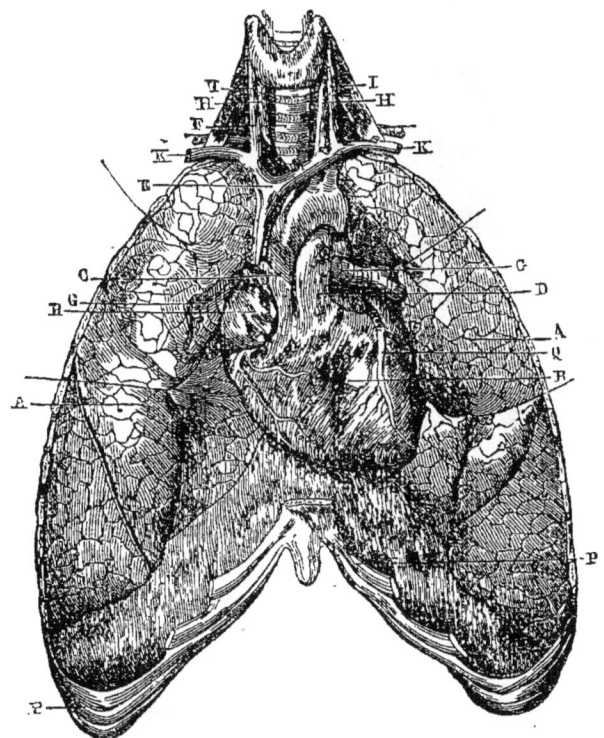

Fig. 68. — Cœur et poumons de l'Homme. — A, poumons droit et gauche ; B, cœur entouré de son péricarde ; C, origine de la crosse de l'aorte ; D, artère pulmonaire ; E, veine cave supérieure ; F, trachée-artère ; G, bronches ; H, I, veines jugulaires ; K, veines sous-clavières ; P, partie inférieure du sternum et cartilages costaux laissant voir le diaphragme ; Q, veine coronaire antérieure ; R, oreillette droite.

chaque poumon, une branche d'un gros vaisseau, l'*artère pulmonaire* (fig. 68, D), apporte du cœur le sang qui doit respirer, tandis que deux veines, les *veines pulmonaires*, rapportent ce sang vers le cœur. Dans l'intérieur de chaque poumon, ces trois vaisseaux se ramifient de plus en plus, et finissent par former un réseau commun de capillaires (fig. 69), qui permet au sang apporté par l'artère pulmonaire de passer dans les veines après s'être chargé d'oxygène. Les dimensions des mailles de ce réseau capillaire varient de 4 à 18 millièmes de millimètre, et le diamètre des capillaires de 6 à 11 millièmes de millimètre. La surface couverte par le sang dans la paroi des vésicules aériennes est donc moindre que la surface vide; on peut dire que chaque vésicule aérienne est doublée d'une mince couche de sang, ce qui explique la rapidité avec laquelle l'échange gazeux s'accomplit à travers ses parois.

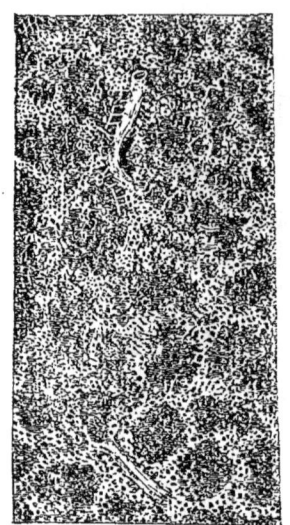

Fig. 69. — Réseau capillaire des vésicules pulmonaires.

Les poumons, au nombre de deux (fig. 68), forment deux masses volumineuses d'un blanc ardoisé chez les personnes adultes, rosées chez l'enfant. Ces organes sont, chez l'adulte, convexes au dehors, concaves au dedans et comprennent le cœur entre eux. Les deux poumons sont inégaux: le gauche est plus long que le droit, qui est, en revanche, plus large ; le premier est généralement divisé en deux lobes, le second en trois; outre les lobes, on reconnaît facilement dans le poumon une disposition alvéolaire qui le fait paraître décomposé en îlots, dont chacun correspond à l'aire de répartition des différents groupes de ramification des bronches et des vaisseaux. Le poids des poumons chez l'adulte est environ de 1000 à 1200 grammes.

Plèvre. — La cavité thoracique est, pour ainsi dire, cloisonnée longitudinalement par les organes situés entre les poumons, c'est-à-dire la colonne vertébrale, l'œsophage, la fin de la trachée, le cœur et les vaisseaux qui y arrivent.

Comme dans la cavité abdominale, il y a dans chaque moitié de la cavité thoracique une poche séreuse, la *plèvre*, dont les deux feuillets passent au-devant de la colonne vertébrale et se soudent l'un à la paroi interne du thorax, l'autre à la surface externe des poumons. La surface interne des plèvres est humectée, comme celle de toutes les séreuses, par un liquide qui facilite le glissement des deux feuillets l'un sur l'autre. Quand la plèvre s'enflamme, ce liquide augmente de quantité, distend la poche séreuse, dont la cavité est presque nulle à l'état de santé, refoule devant lui le poumon correspondant, arrive à réduire notablement son volume et s'oppose ainsi à l'accomplissement des phénomènes respiratoires. C'est la maladie connue sous le nom de *pleurésie*. Une plaie perforant un des feuillets de la plèvre peut laisser pénétrer dans sa cavité, de l'air, qui devient, comme le liquide pleurétique, une gêne pour le fonctionnement du poumon.

Physiologie de la respiration. — Jusqu'au dix-huitième siècle, les idées les plus diverses ont été émises relativement à la respiration. Il était réservé à Lavoisier d'en donner une théorie qui est devenue définitive. C'est lui qui démontra que les corps chauffés au contact de l'air lui enlèvent de l'oxygène, que cet oxygène peut parfois être remis en liberté et recueilli à l'état de pureté quand on chauffe davantage ces corps; que l'*air fixe* découvert par van Helmont, et désigné depuis sous les noms d'*acide crayeux* ou d'*acide carbonique*, résultait de l'union du charbon brûlant dans l'air avec l'oxygène atmosphérique. Or le sang au contact de l'air absorbe de l'oxygène, comme un corps qui brûle; puis il dégage de l'acide carbonique, comme un charbon qui se consume. « Il résulte de là, dit Lavoisier en 1777, que, pour ramener à l'état d'air commun et respirable l'air qui a été vicié par la respiration, il faut opérer deux effets: 1° enlever à cet air, par la chaux ou un alcali caustique, la proportion d'*acide crayeux* aériforme qu'il contient; 2° lui rendre une quantité d'*air respirable* ou *déphlogistiqué* égale à celle qu'il a perdue. La respiration, par une suite nécessaire, opère l'inverse de ces deux effets, et je me trouve, à cet égard, conduit à deux conséquences entre lesquelles l'expérience ne m'a pas encore permis de prononcer: ou la portion d'air éminemment respirable contenue dans l'air de l'atmosphère est convertie en acide crayeux aériforme en passant par le poumon ; ou bien il se forme un échange dans ce viscère : d'une part, l'air éminemment respirable est absorbé et, de l'autre, le poumon restitue une portion d'acide crayeux aériforme presque égale en volume. »

Lavoisier n'a jamais positivement choisi entre ces deux alternatives ; il a cependant donné de ses idées sur la respiration une expression plus complète. Par la respiration il disparaît, dans un temps donné, plus d'oxygène que n'en contient l'acide carbonique exhalé ; mais les poumons dégagent beaucoup de vapeur d'eau ; d'où vient cette vapeur ? Sans qu'il soit possible de le démontrer complètement, n'est-il pas naturel de penser que l'excès d'oxygène absorbé par l'animal qui respire trouve dans les tissus de l'hydrogène dont il fait de l'eau ? En 1789, Lavoisier n'hésite plus et il écrit : « La respiration n'est qu'une combustion lente de carbone et d'hydrogène qui est semblable en tout à celle qui s'opère dans une lampe ou dans une bougie allumée, et, sous ce point de vue, les animaux sont de véritables corps combustibles qui brûlent et se consument.

« Dans la respiration comme dans la combustion, c'est l'air de l'atmosphère qui fournit l'oxygène ; mais, comme dans la respiration, c'est la substance même de l'animal qui fournit le combustible ; si les animaux ne réparaient pas habituellement par les aliments ce qu'ils perdent par la respiration, l'huile manquerait bientôt à la lampe, et l'animal périrait comme une lampe s'éteint lorsqu'elle manque de nourriture.

«.... L'effet de la respiration est d'extraire du sang une portion de carbone et d'hydrogène et d'y déposer à la place une portion de son calorique spécifique, qui, pendant la circulation, se distribue avec le sang dans toutes les parties de l'économie et y entretient cette température à peu près constante que l'on observe chez tous les animaux qui respirent.

« En rapprochant ces résultats des réflexions qui les ont précédées, on voit que la machine animale est essentiellement gouvernée par trois régulateurs principaux : la *respira-*

tion, qui consomme du carbone et de l'hydrogène et qui fournit du calorique; la *transpiration*, qui augmente ou diminue suivant qu'il est nécessaire d'emporter plus ou moins de calorique; la *digestion*, qui rend au sang ce qu'il perd par la respiration et la transpiration. »

Lavoisier laisse indéterminée la région du corps où s'accomplit la combustion respiratoire. Lagrange fait remarquer que la combustion respiratoire ne peut s'accomplir dans les poumons, car toute la chaleur résultant de la combinaison de l'hydrogène et du carbone avec l'oxygène devrait alors se dégager d'un coup dans ces organes, qui seraient sans cesse exposés à être desséchés et brûlés. Vers 1795, Spallanzani va plus loin : il place des Colimaçons dans de l'azote ou de l'hydrogène pur. Ces animaux n'ayant plus d'oxygène à leur disposition, la respiration devrait cesser immédiatement si l'oxygène s'unissait au carbone et à l'hydrogène dans les organes respiratoires : il n'en est rien, et l'on trouve qu'ils dégagent de l'acide carbonique dans l'atmosphère artificielle où ils sont placés. Les Grenouilles, pourvues de poumons et d'organes disposés comme ceux des animaux supérieurs, se prêtent à une expérience plus démonstrative encore, réalisée par William Edwards : elles sont dépourvues de côtes et l'on peut, par la simple compression, vider à peu près complètement leurs poumons de manière à n'y laisser qu'une très faible quantité d'oxygène. Ces animaux, placés dans une atmosphère d'hydrogène ou d'azote, dégagent, au bout de huit heures, un volume d'acide carbonique supérieur à celui de leur corps. Ils doivent donc, de toute nécessité, avoir de l'oxygène emmagasiné dans leurs tissus, et c'est par conséquent dans les profondeurs de l'organisme seulement que ce gaz oxyde le carbone et l'hydrogène, pour faire de l'acide carbonique et de l'eau.

Quantité d'air nécessaire à la respiration; réserve pulmonaire. — La respiration a été, de la part des chimistes et des physiologistes, l'objet de nombreuses recherches, qui ont permis de recueillir à son égard bien des données précises. Lavoisier et Séguin en 1789, Dulong en 1822, Despretz en 1823, Regnault et Reiset en 1849, M. Boussingault vers la même époque, ont cherché à déterminer la quantité d'oxygène nécessaire à la respiration de l'Homme ou des animaux. On peut employer pour cela plusieurs méthodes. La plus directe consiste à enfermer le sujet en expérience dans une chambre hermétiquement close, où l'on introduit, soit à intervalles réguliers, soit au moyen d'un courant continu, des quantités connues d'oxygène ou d'air et à recueillir la quantité d'acide carbonique formée. On a ainsi constaté qu'un homme consommait en moyenne, en une heure, de 20 à 25 litres d'oxygène, qu'il exhalait, pendant ce temps, de 15 à 20 litres d'acide carbonique et environ 32 grammes de vapeur d'eau, dont 24 sont dus à l'action comburante de l'oxygène sur les tissus.

Mais ces nombres peuvent varier avec diverses circonstances. Ainsi, dans les expériences de Lavoisier et Séguin, par une température extérieure de 32 degrés et demi, Séguin, qui avait bien voulu se prêter aux observations communes, consommait, au repos et à jeun, $24^l,002$ d'oxygène par heure. Si la température baissait, la quantité d'oxygène consommée augmentait. A 15 degrés elle était de $26^l,660$. Pendant la digestion, à cette même température de 15 degrés, elle devenait de $37^l,689$. Elle augmentait bien plus encore si un travail extérieur était affectué. Un travail équivalent à l'élévation, en un quart d'heure, de $7^{kg},343$ à 199 mètres de hauteur, entraînait à jeun une consommation de $63^l,477$ d'oxygène, et pendant la digestion, si le travail était équivalent à l'élévation du même poids à $211^m,146$, cette consommation montait à $91^l,248$.

Un travail accompli entraîne donc une consommation d'oxygène. Cet oxygène produit de la chaleur, et comme la température du corps n'augmente pas, il faut bien admettre que la chaleur disparue est employée à produire du travail. C'est en se basant sur des données de ce genre que Mayer, d'Heilbronn, a mis en relief la haute importance de cette idée de la transformation de la chaleur en travail.

La digestion, elle aussi, consomme de l'oxygène et par conséquent de la chaleur. On peut donc la considérer comme un travail intérieur complexe, que les expériences sur la certitude et de représenter par un travail mécanique simple, tel que l'élévation d'un poids à une certaine hauteur. On peut encore évaluer de la même façon le travail intellectuel.

Un nouveau problème vient maintenant se poser. Quelle est la quantité d'air qu'il faut fournir à un homme pour lui permettre de respirer librement pendant un certain temps ? Tout architecte ayant à construire des salles où un certain nombre de personnes peuvent demeurer enfermées, doit se préoccuper de la réponse à cette question, et ce n'est pas toujours une mince difficulté que l'aération, dans des conditions convenables, de toutes les parties d'un édifice.

Un homme adulte exécute, avons-nous dit précédemment, 18 à 19 inspirations par minute. Chacune de ces inspirations introduit dans les poumons un demi-litre d'air ; il semblerait donc, au premier abord, qu'il soit suffisant de fournir à l'Homme 9 à 10 litres d'air par minute. Mais, en réalité cette quantité est trop faible ; en effet, si l'air expiré n'est pas complètement dépouillé d'oxygène, il contient trop d'acide carbonique pour conserver encore à la respiration. D'autre part, tout l'air contenu dans les poumons n'est pas chassé hors de l'organe à chaque expiration ; même dans les expirations les plus prolongées, il en reste dans les vésicules aériennes une certaine quantité, qui constitue la *réserve pulmonaire*.

Cette réserve pulmonaire est d'un litre environ ; elle paraît constante pour un même individu tant qu'il demeure à l'état de santé. Chez des individus de grande taille, la quantité d'air expirée dans une expiration forcée peut atteindre jusqu'à 7 litres, ce qui donne environ 8 litres pour la capacité maximum de leurs poumons. Lorsqu'on voit cette capacité pulmonaire diminuer, on peut craindre l'invasion de maladies des organes respiratoires, notamment de l'asthme et de la phtisie.

La gêne qu'apporte à la respiration la présence dans l'air de faibles quantités d'acide corbonique force à élever, au moins, à 6 mètres cubes par heure la quantité d'air qu'il faut fournir à un hommme ordinaire. A moins de tomber en syncope, ce qui prolonge notablement la résistance en amenant un repos absolu de tout l'organisme et par conséquent, d'après ce que nous avons vu, une diminution considérable de la consommation d'oxygène, un homme ne peut supporter plus de cinq minutes la privation totale d'air respirable. Au bout de ce temps, relativement si court, il y a peu de chances de ramener à la vie un noyé qui s'est débattu.

Action de l'oxygène sur l'organisme. — M. Bert a recherché quel était le mécanisme de la mort, qui atteint toujours un animal obligé de respirer dans un espace limité, où l'air n'est pas renouvelé. Dans cet espace, la proportion d'oxygène diminue peu à peu, la proportion d'acide carbonique augmente. La mort est-elle due à l'une de ces causes seulement ou à toutes deux ensemble? C'est cette dernière alternative qui est la vraie.

Dans une atmosphère riche en oxygène, un Moineau meurt constamment lorsque la pression de l'acide carbonique, supposé seul, équivaut à une colonne de mercure de 19 centimètres. Dans ce premier cas, la mort ne peut être attribuée qu'à un empoisonnement par l'acide carbonique.

Si l'on prend soin d'éliminer l'acide carbonique à mesure qu'il se forme, l'oxygène disparaît peu à peu sans que l'atmosphère soit viciée; la mort survient cependant pour le Moineau dès que l'oxygène ne représente plus, dans le mélange gazeux, qu'une pression correspondant à une colonne barométrique de $2^{cm},66$. Dans ce second cas, elle a été déterminée par la privation d'oxygène.

Dans une atmosphère limitée ordinaire, ces deux effets se compliquent: l'asphyxie est produite avant que la pression de l'oxygène soit tombée à $2^{cm},66$ et que celle de l'acide carbonique se soit élevée à 19 centimètres. A la pression normale, quand l'oxygène de l'atmosphère est tombé à la proportion de 15 pour 100, l'air est déjà irrespirable pour l'Homme.

La *tension de l'oxygène* dans un mélange gazeux quelconque, composé de gaz inoffensifs, est le seul élément qui rende ce mélange propre ou impropre à entretenir la respiration. La tension des autres gaz n'a aucune importance. La respiration s'accomplit sans accident, par exemple, dans une cloche à plongeur où un mélange de gaz a été comprimé de manière à posséder une tension vingt fois plus grande que celle de l'atmosphère, si dans ce mélange la tension propre de l'oxygène ne dépasse pas celle que possède ce gaz dans l'air ordinaire. Il ne se produit même pas d'accidents tant que la tension de l'oxygène demeure inférieure au triple de ce qu'elle est dans l'atmosphère ; au delà le malaise commence. Quand la pression de l'oxygène atteint trois atmosphères, quelle que soit la quantité des gaz auxquels il est mélangé, des convulsions éclatent et la mort survient. A cette dose, l'oxygène, le gaz vivifiant par excellence, se comporte comme le plus redoutable des poisons.

On peut cependant respirer l'oxygène pur; mais c'est à la condition qu'il ne soit fourni à l'organisme qu'à une tension maximum notablement inférieure à trois atmosphères. Dans un espace clos, où de l'oxygène pur serait entretenu à une pression égale aux $\frac{23}{100}$ de la pression atmosphérique, la respiration s'accomplirait dans des conditions voisines de l'état normal ; mais, même dans l'oxygène pur, la mort surviendrait, par manque de gaz respirable, si la pression descendait au-dessous de certaines limites.

L'accomplissement de la fonction respiratoire est donc bien indépendante de la pression totale du mélange gazeux dans lequel est placé l'animal ; elle ne dépend que de la pression absolue de l'oxygène dans ce mélange, ce qui est tout à fait conforme aux lois de la physique et de la chimie.

Cloche à plongeur. — Il ne faudrait pas en conclure cependant que l'organisme soit tout à fait insensible à la pression totale à laquelle il est soumis. Des plongeurs sont morts brusquement en sortant de cloches où ils avaient supporté des pressions considérables ; la cause de ces malheureux accidents est facile à découvrir. Dans ces appareils, la respiration s'accomplit sans aucune gêne si l'on prend soin que la pression de l'oxygène n'y dépasse pas la limite connue de trois atmosphères environ ; mais l'oxygène contenu dans un mélange gazeux à une forte pression ne se dissout pas seul dans le sang. Les gaz inertes, qui servent à le diluer, se dissolvent également suivant les lois de leur propre solubilité, et il s'en dissout d'autant plus que la pression est plus considérable. Vienne une décompression brusque, les gaz dissous se dégageront par bulles dans toutes les régions du corps, comme se dégage l'acide carbonique dans une bouteille de champagne qu'on débouche. Ces bulles gazeuses interrompront la colonne sanguine sur tout le parcours des capillaires et la découperont de manière à former des *chapelets* composés alternativement de bulles de gaz et de gouttelettes liquides ; or l'expérience démontre que des forces très énergiques ne sauraient vaincre la résistance que, dans de très petits canaux, de tels chapelets opposent au mouvement. Cette résistance sera d'autant plus grande que les capillaires seront plus petits, elle sera donc énorme dans les capillaires les plus fins, comme sont ceux des centres nerveux ; la circulation dans ces organes sera donc subitement arrêtée et la mort pourra être foudroyante. Le seul remède sera de soumettre, dès les premiers symptômes, le malade à une recompression rapide, de manière à faire dissoudre les bulles, de le faire respirer dans une atmosphère dépourvue d'azote, pour éliminer ce gaz le plus promptement possible, et de ménager la diminution de pression de manière à ramener lentement le malade aux conditions naturelles.

Mal des montagnes. — On a longtemps attribué à une diminution de la pression un étrange malaise ressenti souvent par les personnes qui font l'ascension des pics élevés, et par les aéronautes qui sont emportés dans les hautes régions de l'atmosphère. Ce malaise, connu sous le nom de *mal des montagnes*, se traduit par de l'essoufflement, une accélération du pouls, des bourdonnements d'oreille, de la lourdeur de tête, un état de faiblesse général, des hémorrhagies et une envie de dormir qui peut devenir irrésistible. Quand on s'élève dans l'atmosphère, l'oxygène et l'azote de l'air demeurent dans les mêmes proportions relatives, mais la tension des deux gaz diminue, et il arrive un moment où la tension propre de l'oxygène dans le mélange est inférieure à celle qui peut entretenir la respiration : c'est alors que le mal des montagnes se produit. On peut l'éviter en respirant, en temps utile, de petites quantités d'oxygène, comme on boit, pendant les moments de fatigue, un cordial généreux. En fait, le mal des montagnes n'est qu'un commencement d'asphyxie. Dans les ascensions en ballon, il peut d'ailleurs se compliquer des effets de brusque décompression qui se manifestent à la sortie d'une cloche à plongeur. Cela arrive nécessairement lorsque l'ascension a été trop rapide.

Gaz respirables. — On s'est demandé s'il était possible de substituer quelque gaz à l'oxygène ou à l'azote qui composent l'air naturel, ou même s'il était possible de demander la guérison de certaines maladies à l'introduction de substances gazeuses particulières dans les poumons.

L'hydrogène paraît provoquer une certaine somnolence, mais peut être respiré sans danger. Le protoxyde d'azote a une action particulièrement remarquable : il peut servir, dans une certaine mesure, à la respiration; mais, dans des conditions convenables de pression, il produit une insensibilité telle, qu'à sa faveur il est possible de faire les opérations chirurgicales les plus graves. L'éther et le chloroforme sont constamment employés à cet usage; malheureusement il est presque impossible de régler sûrement leur action et de mesurer avec certitude la quantité de vapeur de ces liquides qui pénètre dans l'appareil respiratoire. De là des accidents, rares sans doute, mais irréparables. Le protoxyde d'azote présente l'avantage qu'on peut composer absolument comme l'on veut l'atmosphère dans laquelle doit respirer le patient, atteindre avec précision le degré d'anesthésie que l'on désire, prolonger, sans aucun danger, cet état autant qu'il est nécessaire, ou le faire cesser instantanément. Malgré les difficultés de maniement que présente toujours un appareil encombrant, des essais d'application du protoxyde d'azote à la grande chirurgie ont parfaitement réussi. Son emploi est depuis longtemps entré dans la pratique de l'art des dentistes.

Avec l'acide carbonique, nous commençons la liste des gaz vénéneux. Ce gaz n'est d'ailleurs nuisible qu'à haute pression. Il n'en est pas de même de l'oxyde de carbone, que l'on obtient trop facilement par la combustion du charbon, et qui est l'agent ordinaire du suicide par asphyxie. L'oxyde de carbone qui se produit en abondance sur un simple réchaud détermine la mort en se combinant avec les globules du sang sur lesquels l'oxygène ne peut plus se fixer.

L'hydrogène sulfuré, l'hydrogène arsénié sont vénéneux au premier chef, et il en est de même, bien entendu, de tous les gaz irritants, comme le bioxyde d'azote, le chlore, l'acide sulfureux, etc. En somme, de tous les gaz connus un seul est absolument propre à entretenir la respiration, c'est l'oxygène, et encore ne doit-il être fourni à l'organisme que dans des conditions déterminées.

CHAPITRE VI

LA CIRCULATION

Généralités. — Nous venons d'apprendre à connaître les appareils dans lesquels le sang vient puiser les matières nutritives qu'il doit porter aux éléments anatomiques des diverses régions du corps, et l'oxygène qu'il doit tenir sans cesse à leur disposition. Nous devons rechercher maintenant

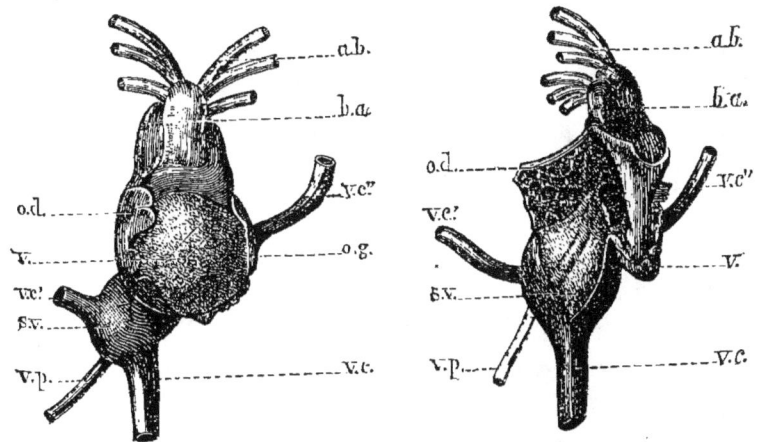

Fig. 70. — Cœur du Lépidosiren d'Afrique (*Protopterus annectens*), vu de face et de profil. — *ab*, artères branchiales ; *ba*, bulbe artériel ; *od*, oreillette droite ; *og*, oreillette gauche ; *v*, ventricule unique ; *vc*, *vc'*, veines caves inférieures ; *vc"*, veines caves supérieures ; *vp*, veine pulmonaire.

comment le sang est conduit dans ces divers appareils et comment, lorsqu'il les quitte, il peut arriver jusque dans les parties les plus reculées de l'organisme. Un appareil nouveau, l'*appareil circulatoire*, est chargé de charrier ainsi le sang partout où il est nécessaire. Simple dépendance de l'appareil digestif chez les Méduses et les Polypes, cet appareil atteint sa plus grande perfection chez les Vertébrés, où il se compose, sauf une seule exception, d'un *cœur* qui met le sang en mouvement et de vaisseaux dans lesquels il se meut.

Divisions de l'appareil circulatoire des Vertébrés. — Le cœur des Vertébrés peut présenter deux (Poissons, fig. 62), trois (Lépidosirens, fig. 70; Batraciens, Reptiles, fig. 72), ou quatre cavités distinctes; c'est seulement chez les Crocodiles

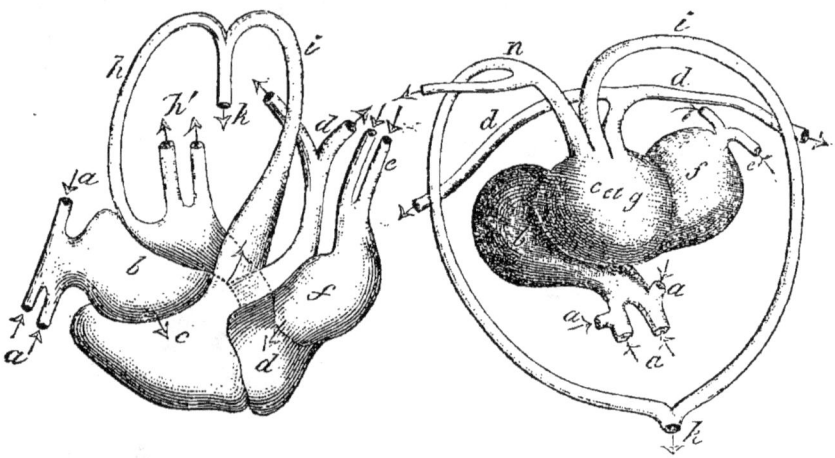

Fig. 71. — Cœur à quatre cavités du Crocodile. — *a*, veine cave; *b*, oreillette droite; *c*, ventricule droit; *d*, ventricule gauche; *e*, veines pulmonaires; *f*, oreillette gauche; *h*, *h'*, première crosse de l'aorte; *i*, seconde crosse de l'aorte par laquelle se mélangent le sang rouge et le sang noir; *k*, aorte; *g*, artères pulmonaires.

Fig. 72. — Cœur à trois cavités d'une Tortue; *aa*, veines caves; *b*, oreillette droite; *c* et *g*, ventricule commun; *f*, oreillette gauche; *d*, artères pulmonaires; *e*, veines pulmonaires; *n*, *i*, les deux crosses.

(fig. 71), les Oiseaux et les Mammifères que cette dernière disposition est réalisée.

Du cœur partent deux systèmes de vaisseaux dans lesquels le sang coule toujours dans la même direction. Les uns emportent le sang loin du cœur pour le distribuer aux organes: ce sont les *artères;* les autres reprennent le sang dans les organes et le ramènent vers le cœur: ce sont les *veines*. Comme les plus fines ramifications des artères se continuent directement avec les plus fines ramifications des veines, le sang accomplit dans l'organisme une révolution complète sans sortir de l'appareil vasculaire; il *circule* réellement, de là le nom de *circulation* donné à la fonction qui préside à ces mouvements. Les artères et les veines ont des caractères propres qui disparaissent sur le fin réseau de vaisseaux chargés de les mettre en communication. Ces vaisseaux, dont le diamètre a été comparé à celui d'un cheveu, ont été distingués sous le nom de *capillaires*.

Le cœur et les vaisseaux qui en naissent directement.
— Nous savons déjà que le cœur (fig. 73), de qui le sang vient recevoir périodiquement une impulsion nouvelle, est situé dans la poitrine, entre les deux poumons (fig. 68), et qu'il est relié aux parois antérieure et postérieure du thorax par les replis de la plèvre, qui contribuent à constituer les médiastins. Les gros vaisseaux qui en partent pour se rendre dans les organes le suspendent, dans une position légèrement inclinée, derrière le sternum; il est de la grosseur du poing, sa forme générale est à peu près celle d'un œuf, dont la pointe serait tournée vers le bas et vers la gauche, et affleurerait à peu près au niveau de l'intervalle entre la cinquième et la sixième côte, où ses battements sont nettement perceptibles.

La circonférence maximum du cœur de l'Homme adulte est d'environ 26 centimètres; sa longueur approche d'un décimètre; sa largeur de droite à gauche est à peu près la même que sa longueur; son épaisseur est de 52 centimètres; son poids moyen peut être évalué à 250 grammes.

On distingue immédiatement dans le cœur une partie supérieure, relativement flasque, formée par les *oreillettes* (fig. 73, C, D), et une partie inférieure, épaisse et résistante, formée par les *ventricules* (fig. 73, A, B). Les oreillettes ne présentent chez les Mammifères adultes aucune communication entre elles; les ventricules sont aussi complètement isolés; chaque oreillette communique, au contraire, par un large *orifice auriculo-ventriculaire* avec le ventricule du même côté. La partie droite du cœur est donc complètement séparée de sa partie gauche, et l'on peut dire, en conséquence, qu'au point de vue physiologique le cœur est un organe double, composé de deux cœurs unis ensemble, le *cœur droit* et le *cœur gauche* (fig. 74, A).

120   PHYSIOLOGIE ANIMALE.

Le cœur droit ne contient que du sang noir, comme les veines, on l'appelle quelquefois, pour cela, *cœur veineux*; le cœur gauche ne contient que du sang rouge, comme les artères, aussi l'appelle-t-on de même *cœur artériel*. Les

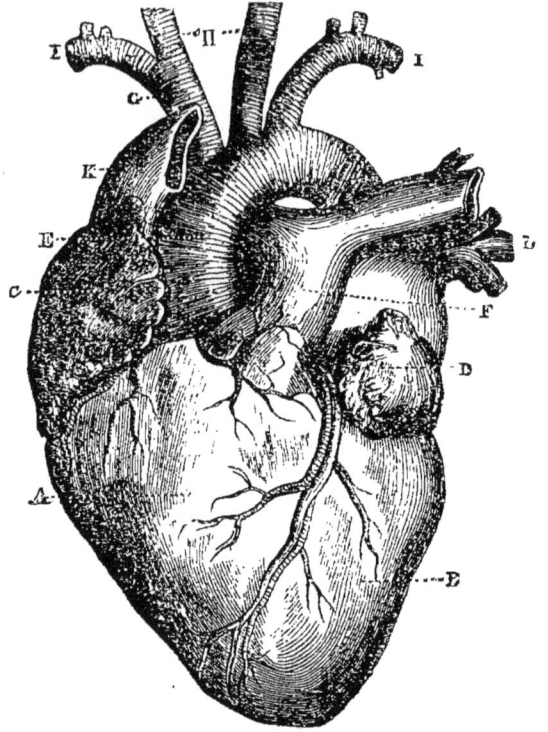

Fig. 73. — Cœur de l'Homme et vaisseaux qui en naissent directement, vu par sa face antérieure. — A, ventricule droit; B, ventricule gauche; C, oreillette droite; D, oreillette gauche; E, aorte; F, artère pulmonaire; G, tronc brachio-céphalique droit; H, artères carotides; I, artères sous-clavières; K, veine cave supérieure, L, veine pulmonaire.

artères issues du ventricule droit se rendent aux poumons, où prennent naissance les veines qui aboutissent à l'oreillette gauche; les artères issues du ventricule gauche se rendent aux diverses régions du corps, et le sang de ces régions revient au cœur par des veines qui aboutissent à l'oreillette droite. Les vaisseaux du cœur droit sont donc immédiatement en rapport avec ceux du cœur gauche et réciproquement ; il se constitue ainsi deux courants circulatoires distincts qui se croisent dans le cœur, de sorte que l'oreillette du cœur droit se trouve faire partie du même cercle que le ventricule du cœur gauche, et inversement.

Au système formé par le ventricule droit, les artères pulmonaires, les veines de même nom et l'oreillette gauche,

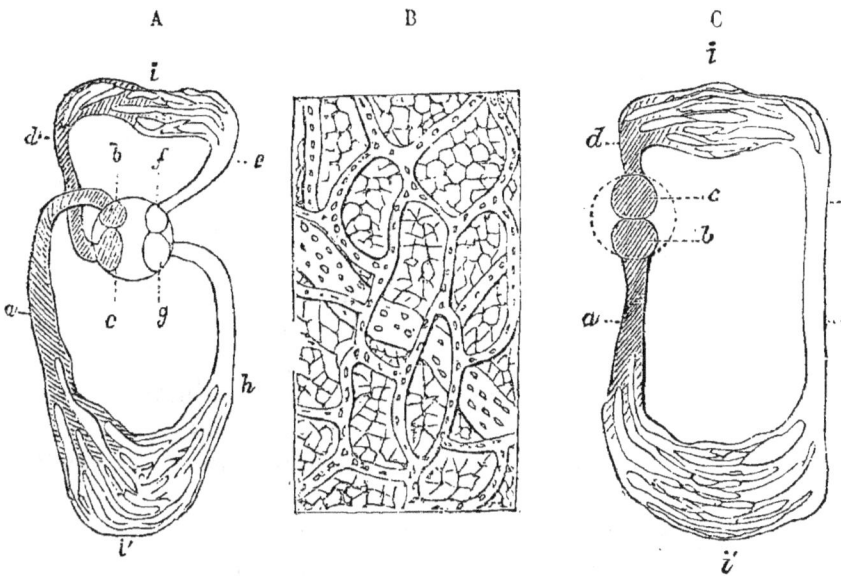

Fig. 74. — A, figure théorique représentant les deux circulations des Mammifères et des Oiseaux : *a, b, c, d*, cœur et vaisseaux remplis de sang noir ; *e, f, g, h*, cœur et vaisseaux remplis de sang rouge ; *b, c, d, e*, petite circulation ou circulation pulmonaire ; *e, f, g, h, a*, grande circulation ; *i*, capillaires pulmonaires ; *i'*, capillaires du corps. — B, réseau théorique des capillaires. — C, circulation des Poissons : *a*, veine cave ; *b, c*, cœur unique sur le trajet du sang noir ; *d*, artère branchiale ; *i*, capillaires branchiaux ; *e, h*, aorte ; *i'*, capillaires du corps.

on donne le nom de système de la *circulation pulmonaire* ou de la *petite circulation*. Ce système est, en effet, relativement peu développé ; il a uniquement pour fonction de porter le sang aux poumons et de le ramener de ces organes vers le cœur. L'autre système, formé par le ventricule gauche, les artères, les veines du corps et l'oreillette droite, est le système de la *grande circulation*.

Les artères de la grande circulation contiennent du sang

rouge ; les veines, du sang noir. Au contraire, les artères de la petite circulation contiennent du sang noir et les veines du sang rouge. Ces deux sangs sont donc improprement nommés *sang veineux* et *sang artériel*, puisque la nature des vaisseaux qui les contiennent est intervertie dans la grande et dans la petite circulation. Tous les vaisseaux qui sont en rapport avec le cœur droit, que ce soient des veines ou des artères, contiennent du *sang noir ;* tous les vaisseaux qui sont en rapport avec le cœur gauche contiennent au contraire du *sang rouge ;* à ces deux cœurs s'appliqueraient donc bien mieux les noms de *cœur du sang noir* et de *cœur du sang rouge*, que ceux de *cœur veineux* et *cœur artériel* sous lesquels on les désigne fréquemment. Le cœur du sang noir est le seul qui existe chez tous les Poissons, sauf les Dipnés ; les deux cœurs ne possèdent qu'un seul ventricule qui leur est commun chez les Batraciens et les Reptiles, les Crocodiles exceptés.

Les parois du cœur (fig. 75) sont essentiellement musculaires, et leur épaisseur est naturellement en rapport avec la force d'impulsion qu'elles doivent développer. Les oreillettes n'ont à chasser le sang que dans les ventricules ; elles sont relativement molles et flasques sur l'animal mort. Le ventricule droit n'a pour rôle que de faire pénétrer le sang dans les poumons ; l'épaisseur de ses parois et leur résistance sont près de moitié moindres que celles des parois du ventricule gauche, qui doit pousser le sang, à travers la substance de tous les organes, jusqu'aux extrémités du corps les plus éloignées. Le ventricule gauche forme seul la pointe du cœur. Un sillon transversal sépare nettement les oreillettes des ventricules ; un autre sillon longitudinal sépare le ventricule droit du ventricule gauche. Ces sillons sont occupés par les *artères* et les *veines coronaires* (fig. 73) dont la mission est de porter aux parois mêmes du cœur le sang qui doit les nourrir et qu'en raison de leur épaisseur elles ne sauraient puiser ni dans la cavité des oreillettes, ni dans celle des ventricules. Il est donc facile de distinguer extérieurement les quatre parties du cœur, et l'on reconnaît dès lors que le ventricule droit, dans la position normale du cœur, chez l'Homme, est situé en bas et en avant, tandis que le ventricule gauche est situé en haut et en arrière. Chaque oreillette est superposée au ventricule qui lui correspond.

L'oreillette gauche présente quatre orifices par lesquels s'ouvrent dans sa cavité les quatres veines pulmonaires qui reviennent deux à deux du poumon droit et du poumon gauche ; l'oreillette droite n'en présente que deux : celui de la *veine cave supérieure*, qui ramène au cœur le sang de la tête et de la partie supérieure de la poitrine, et celui de la *veine cave inférieure*, à laquelle aboutissent en dernier lieu les veines de toute la partie inférieure du corps.

Chaque ventricule ne donne naissance qu'à une seule artère, qui part de sa partie supérieure, opposée à la pointe du cœur : les ventricules se rétrécissent graduellement jusqu'à la naissance de l'artère, disposition particulièrement propre à utiliser toute la force développée par la contraction de leur paroi. L'artère qui naît du ventricule droit est l'*artère pulmonaire* (fig. 75, *e*) ; elle se divise rapidement en deux grosses branches, qui se rendent, l'une au poumon droit, l'autre au poumon gauche. L'artère qui naît du ventricule gauche est l'*aorte :* elle remonte d'abord verticalement, en avant de l'artère pulmonaire, se recourbe en crosse entre ses deux branches, passe ainsi en arrière du cœur et redescend verticalement, parallèlement à l'œsophage et à la trachée-artère. C'est de l'aorte que partent toutes les artères qui vont se distribuer dans l'organisme, en se ramifiant de plus en plus.

Les orifices de ces différents vaisseaux, ceux qui font communiquer entre elles les cavités du cœur, présentent des dispositions particulières, réalisant des espèces de soupapes par lesquelles le sang est obligé de marcher toujours dans une même direction. Ce résultat est obtenu au moyen de lames membraneuses qu'on nomme des *valvules* (fig. 76, E, F, G, H). Les valvules des orifices auriculo-ventriculaires pendent de ces orifices dans les cavités des ventricules ; de leur bord libre partent des cordons tendineux qui les relient à la paroi du ventricule et les empêchent de se relever du côté des oreillettes. Il existe deux replis membraneux semblables, opposés l'un à l'autre, dans l'orifice auriculo-ventriculaire gauche; ces replis constituent une valvule, à laquelle leur forme, rappelant celle des deux moitiés d'une mitre d'évêque, a fait donner le nom de *valvule mitrale;* trois replis, au lieu de deux, forment la *valvule tricuspide* ou

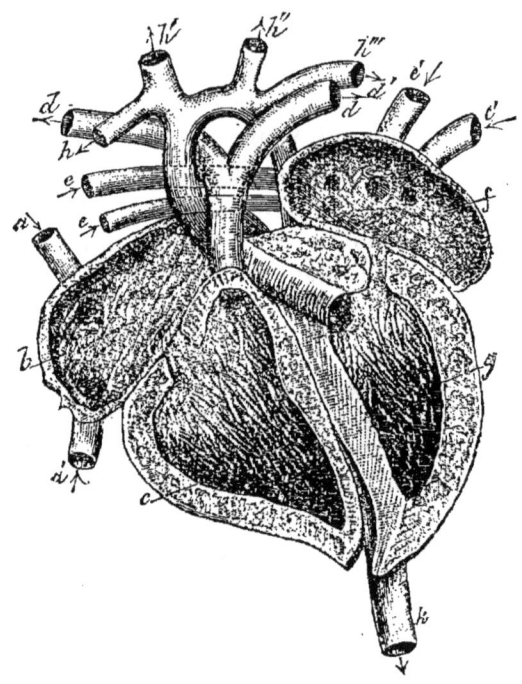

Fig. 75. — Figure théorique représentant une coupe du cœur et des principaux vaisseaux d'un Mammifère, les valvules étant supprimées. — *a, a'*, veines caves supérieure et inférieure; *b*, oreillette droite; *c*, ventricule droit; *d, d'*, artère pulmonaire et ses divisions; *e, e'*, veines pulmonaires; *f*, oreillette gauche; *g*, ventricule gauche; *h, h'*, tronc brachio-céphalique droit; *h''*, artère carotide gauche, et *h'''*, artère sous-clavière gauche, correspondant aux deux branches du tronc brachio-céphalique droit; *k*, aorte dont la crosse porte les vaisseaux *h, h', h'', h'''*.

triglochine de l'orifice auriculo-ventriculaire droit. Lorsque les ventricules se contractent, le sang, refoulé vers la partie supérieure du cœur, tend à remonter dans l'oreillette aussi bien qu'à s'engager dans les orifices artériels; mais, en remontant vers l'oreillette, il passe entre la paroi du ventricule et les replis membraneux des valvules, qu'il chasse devant lui. Ces replis se gonflent, comme des voiles retenues par des cordages le feraient sous l'action du vent; les filaments tendineux qui les relient aux parois du ventricule ne leur permettant pas de remonter dans les oreillettes, les laissent cependant s'adosser les uns aux autres, et la fermeture ainsi obtenue est d'autant plus complète que la pression du sang est plus grande. Dès lors il n'y a plus qu'un orifice libre par lequel le sang puisse sortir du ventricule: c'est l'orifice artériel.

Une fois dans les artères, chaque flux de sang chassé du cœur vient buter contre la masse sanguine qui remplit déjà l'appareil vasculaire et qu'il est obligé de pousser devant lui; cet obstacle qu'il lui faut vaincre le ferait refluer vers les ventricules, lorsque ceux-ci se dilatent, si quelque disposition n'empêchait ce reflux; c'est là le rôle des *valvules sigmoïdes*. Ces nouvelles valvules sont constituées chacune par trois replis membraneux ayant la forme de portions de sphère, ou, pour nous servir de la comparaison consacrée, de nids de pigeon, dont la concavité est tournée vers la lumière de l'artère et la convexité vers le cœur. Lorsque le sang contenu dans l'artère reflue vers le cœur, il commence à remplir la triple cavité des valvules, adosse l'un à l'autre les trois replis, les presse d'autant plus qu'il tend plus énergiquement à revenir en arrière, et se barre ainsi le passage à lui-même. Le sang peut donc aller des oreillettes dans les ventricules, des ventricules dans les artères, mais la route inverse lui est interdite, et c'est ainsi que la circulation est maintenue dans une direction constante. Les Tuniciers sont les seuls animaux chez qui la circulation se fasse alternativement dans un sens et dans l'autre, les vaisseaux qui ont servi d'artères pendant un certain temps, servant ensuite de veines, pour reprendre, au bout de quelques instants, leur fonction première.

Quelquefois, à la suite d'altération de leurs tissus, les valvules du cœur ne s'adossent pas exactement l'une à l'autre, il y a alors *insuffisance des valvules*. Une partie du sang reflue soit du ventricule dans les oreillettes, soit des artères dans les ventricules; il en résulte, pour la circulation, un trouble plus ou moins profond, qui peut avoir, lorsqu'il s'accentue, les plus graves conséquences.

Quand les oreillettes se contractent pour chasser le sang dans les ventricules, le liquide tend aussi à refluer vers les veines ; mais le passage ouvert entre les oreillettes et les ventricules est si large que la majeure partie du sang s'y

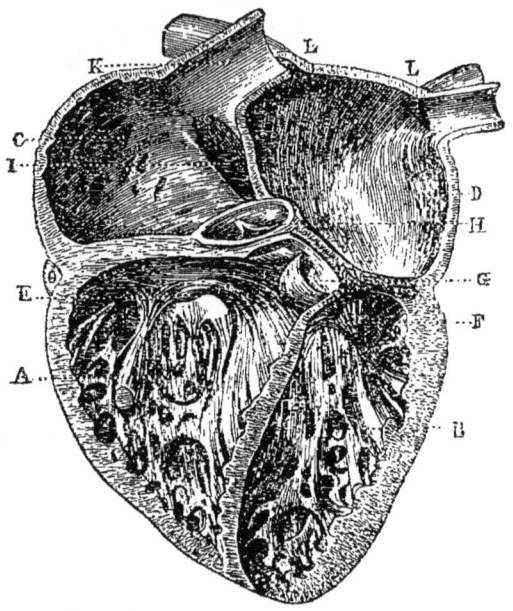

Fig. 76. — Coupe verticale du cœur de l'Homme, montrant l'intérieur de ses quatre cavités. — A, ventricule droit; B, ventricule gauche; C, oreillette droite; D, oreillette gauche; E, orifice auriculo-ventriculaire droit et valvule tricuspide; F, orifice auriculo-ventriculaire gauche et valvule mitrale; G, orifice de l'artère pulmonaire et ses valvules sigmoïdes dont l'une est entière et une autre coupée; H, orifice de l'aorte et ses valvules sigmoïdes; I, orifice de la veine cave inférieure; K, veine cave supérieure; L, L, veines pulmonaires.

engage naturellement ; d'autre part, les veines n'ont pas la rigidité des artères ; leurs orifices ne demeurent pas béants comme ceux de ces derniers vaisseaux, et la contraction même des oreillettes peut être employée à les rétrécir considérablement ; des valvules sont donc moins nécessaires aux orifices des veines qu'à ceux des artères. On ne trouve, en effet, de valvule qu'à l'orifice de la veine cave inférieure, la plus volumineuse de toutes, et à celui de la grande veine coronaire, par laquelle le sang qui a nourri les parois du cœur revient directement à cet organe. La première de ces valvules est la *valvule d'Eustache*; la seconde, la *valvule de Thébésius*.

La surface intérieure des ventricules n'est pas régulière. On y distingue (fig. 76) de nombreuses colonnes charnues se prolongeant par des tendons qui vont se fixer soit sur les valvules, soit sur d'autres colonnes charnues. Beaucoup de ces tendons demeurent accolés à la surface des ventricules, où ils forment un lacis irrégulier. Ce réseau semi-tendineux, semi-musculaire, est évidemment un appareil de renforcement des parois des ventricules.

Les fibres musculaires sont, du reste, l'élément essentiel du cœur, qui a pu être assez justement défini un *muscle creux*. Des séreuses tapissent ses cavités et recouvrent sa surface. Les séreuses qui s'étendent sur la paroi interne des ventricules constituent l'*endocarde*; celle qui protège la surface du cœur et se prolonge sur la base des vaisseaux qui en naissent est le *péricarde*. Comme d'habitude, le péricarde est une poche dont l'une des moitiés, refoulée à l'intérieur par le cœur, qui ne pénètre pas dans sa cavité, est venue s'appliquer sur l'autre moitié, et n'en est séparée que par une mince couche de sérosité facilitant le glissement des deux feuillets l'un sur l'autre.

Battements du cœur. — Il suffit de placer la main sur sa poitrine, au niveau de la cinquième côte gauche, pour percevoir nettement des chocs successifs, qui se font, en général, régulièrement sentir au nombre de 65 à 75 par minute chez les personnes adultes. Quand on applique l'oreille sur la poitrine, on reconnaît que ces *battements du cœur* sont liés à un bruit saccadé, formé lui-même de deux bruits successifs, d'inégale durée, suivis d'un temps de repos. Dans une mesure à trois temps, le bruit le plus prolongé, plus sourd que l'autre, pourrait être représenté par une noire; le bruit sec et dur qui lui succède aussitôt, par une croche; le silence par un demi-soupir et un soupir. Dans les maladies du cœur, il arrive presque toujours que ces bruits changent de caractère ou sont accompagnés de bruits anormaux dont la production à tel ou tel moment des battements du cœur permet au médecin de reconnaître sûrement la partie de l'organe qui fonctionne mal. Aussi, pour déterminer la signification de ces bruits, a-t-on étudié avec un soin extrême toutes les circonstances des mouvements du cœur ; cette étude est d'autant plus intéressante qu'elle va nous donner une idée de la précision extrême que les physiologistes apportent à leurs investigations, de la sûreté des résultats qu'ils obtiennent et qu'elle va nous permettre de nous familiariser avec une méthode générale de recherche qui peut trouver son application dans les conditions les plus variées et parfois même dans la vie courante. C'est la méthode dite *méthode d'inscription* ou *d'enregistrement automatique* des mouvements.

Emploi des appareils enregistreurs. — Cette méthode consiste, à faire écrire par le corps même qui se meut, au moyen d'*appareils enregistreurs* spéciaux, toutes les circonstances de son mouvement. Quand il s'agit de mouvements simples, comme les vibrations d'un diapason, il suffit d'adapter un mince stylet à l'une des branches vibrantes et de faire tourner, d'un mouvement uniforme, au-devant de ce stylet, un cylindre recouvert d'une feuille de papier enduite de noir de fumée. Si l'on fait mouvoir ainsi un cylindre vertical devant un diapason horizontal au repos, ayant ses deux branches contenues dans un même plan vertical, le stylet du diapason enlèvera le noir de fumée partout où il appuiera, et tracera sur le papier un cercle blanc qui deviendra une ligne droite lorsque la feuille de papier sera déployée. Si le diapason est en mouvement, le stylet qu'il porte vibrera avec la branche sur laquelle il est attaché ; il sera plus ou moins éloigné de la position de repos lorsque les différentes génératrices du cylindre viendront successivement se présenter devant lui. Comme les vibrations d'un même diapason sont toujours de même durée, le stylet tracera sur la feuille de papier du cylindre une ligne sinueuse, dont les points les plus élevés et les points les plus bas seront également espacés. La distance de deux de ces points représentera la durée des vibrations du diapason, et toute ligne comprise entre les génératrices du cylindre qui correspondent à ces points représentera un mouvement effectué dans le même temps. Or il est facile de déterminer directement la durée des vibrations d'un diapason, étant donné le son qu'il produit; il est facile également de déduire cette durée du temps que met le cylindre à tourner et du nombre de vibrations qui s'inscrivent pendant un tour complet. Nous voilà donc en possession d'un moyen de mesurer le temps à l'aide de notre appareil.

Supposons maintenant qu'on veuille étudier un mouvement quelconque : la contraction de petits muscles, par exemple, tels que les muscles de la cuisse d'une Grenouille; on pourra suspendre verticalement le muscle sur lequel on veut opérer, et fixer son extrémité libre à la petite branche d'un levier disposé de façon à le tendre légèrement. Toute contraction du muscle aura pour effet de soulever la petite branche du levier, qui, dès que la contraction cessera, sera ramenée à sa position primitive, soit par son propre poids, soit par de légers ressorts convenablement établis. La grande branche du levier suivra tous les mouvements de la petite, en les amplifiant beaucoup à son extrémité libre et pourra servir de stylet enregistreur. C'est le principe du *myographe*, qui a permis d'étudier des points intéressants relatifs à la contraction musculaire. La plupart des mouvements de l'organisme peuvent être enregistrés au moyen de leviers semblables; mais on ne saurait d'ordinaire leur transmettre directement ces mouvements. On doit à M. Marey, qui a contribué plus que personne au perfectionnement des appareils enregistreurs, des moyens de transmission des mouvements dont l'application est, pour ainsi dire, universelle. L'air et le caoutchouc font tous les frais de ces appareils. Sur le point du corps dont on veut étudier les mouvements, on place un petit tambour en bois, le *tambour explorateur*, supportant une membrane de caoutchouc mince et bien tendue. Du fond du tambour part un tube en caoutchouc, qui va aboutir à une sorte de boîte cylindrique, à parois inextensibles, et dont la surface supérieure est percée d'un orifice, sur lequel est tendue une autre membrane de caoutchouc; sur cette membrane repose la courte branche du levier enregistreur. Cela étant, que l'on applique sur la poitrine, au point où l'on sent battre le cœur, la membrane du tambour explorateur : à chaque battement, la membrane sera repoussée vers l'intérieur du tambour; l'air contenu dans celui-ci sera comprimé; cette compression se transmettra de proche en proche, à travers le tube en caoutchouc, jusqu'à l'air contenu dans la boîte à parois rigides. L'air comprimé ne peut agir sur ces parois; son action se portera tout entière sur la mince membrane qui supporte le levier et la repoussera vers le dehors; celle-ci soulèvera, à son tour, le levier, et la pointe de la branche libre de ce dernier inscrira ses déplacements sur le cylindre tournant. Ce petit appareil, qu'on appelle le *polygraphe de Marey*, peut trouver de très nombreuses applications; il a été effectivement utilisé pour l'étude des battements du cœur.

Cardiographe. — Rythme des contractions du cœur. — Le *cardiographe* (fig. 77), à l'aide duquel MM. Chauveau et Marey ont apporté dans l'étude de la physiologie du cœur une précision inconnue jusqu'à eux, n'est qu'une réunion de polygraphes légèrement modifiés. Trois polygraphes semblables sont disposés sur une même planchette verticale de manière que leurs leviers viennent inscrire leurs mouvements sur un même cylindre tournant (fig. 77, C). Les tambours explorateurs sont remplacés par de petites ampoules de caoutchouc (A), que l'on peut introduire soit dans les oreillettes, soit dans les ventricules du cœur, ou que l'on peut même disposer en avant de cet organe dans l'épaisseur des parois thoraciques. Ces ampoules sont comprimées par les parois des cavités cardiaques ou par le choc du cœur contre la poitrine, et chaque compression se traduit par un mouvement du levier correspondant. Comme l'inscription de ces mouvements s'effectue sur le même cylindre, une simple inspection des lignes tracées montre quels sont les mouvements qui se succèdent. On arrive ainsi aux conclusions suivantes:

1° Les deux oreillettes se contractent simultanément;

2° Les deux ventricules se contractent aussi simultanément mais après les oreillettes;

3° Il existe un repos entre la fin de la contraction des ventricules et le commencement de la contraction des oreillettes;

4° Le battement de la paroi de la poitrine que l'on perçoit à la main a lieu au moment même où les ventricules se contractent.

Cette dernière proposition parait, au premier abord, paradoxale. On comprendrait mieux, semble-t-il, que le cœur, en se dilatant, vienne soulever la paroi thoracique; il n'en

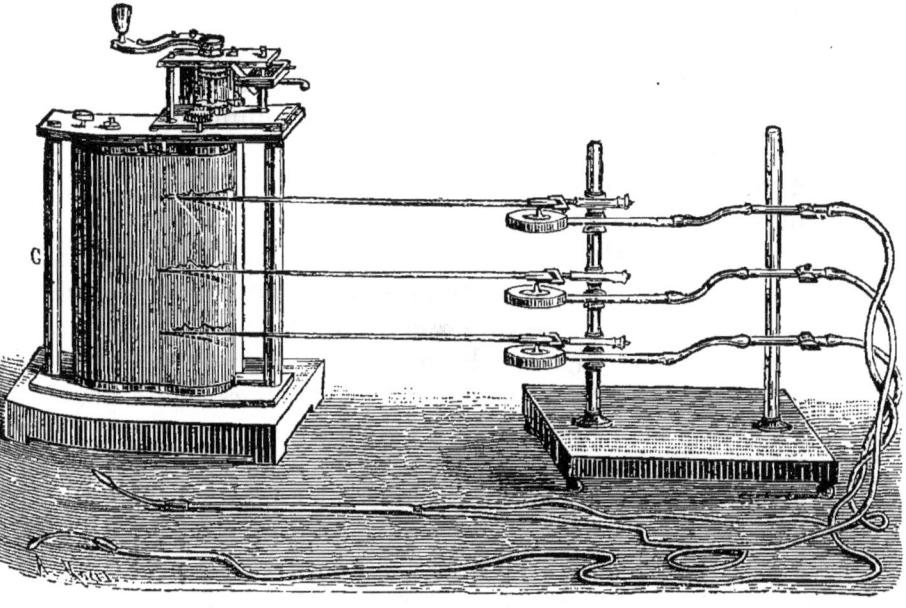

Fig. 77. — Cardiographe.

est rien. Les parois des ventricules, en se contractant brusquement, prennent une grande rigidité et rebondissent, en quelque sorte, sur le liquide sanguin qu'elles compriment. C'est à ce moment que l'on perçoit une sorte de choc qui se transmet à travers les parois thoraciques; en même temps l'organe tout entier, glissant sur le diaphragme, est projeté contre la paroi de la poitrine, et la sensation de choc n'en est que plus accusée.

La durée de la contraction des oreillettes est, à l'état normal, d'environ $0^s,171$; celle de la contraction des ventricules, d'environ $0^s,429$; la durée du repos, $0^s,257$. Il s'écoule donc à peu près $0^s,857$ entre les phases correspondantes de deux battements consécutifs du cœur.

Cause des bruits du cœur. — On appelle *systole*, l'état de contraction des oreillettes ou des ventricules; *diastole*, l'état de relâchement. Le *premier bruit* du cœur, le bruit sourd et prolongé, se produit en même temps que la systole ventriculaire; on ne peut l'attribuer qu'à une vibration des parois mêmes du cœur.

Le bruit sec qui succède presque immédiatement à ce bruit sourd, qu'on appelle le *second bruit* du cœur, est dû au claquement des valvules sigmoïdes, subitement projetées les unes contre les autres par le recul du sang. Il cesse de se produire lorsque ces valvules sont artificiellement maintenues écartées l'une de l'autre.

L'étude des altérations des bruits normaux du cœur est la base du diagnostic des maladies de cet important organe.

Force d'impulsion du cœur. — Il est intéressant de savoir quelle est la pression que le sang chassé des ventricules serait capable de vaincre pour s'élancer au dehors. Cette pression peut être représentée par une colonne de mercure de 18 centimètres de hauteur environ, ou de $2^m,50$ d'eau. Aussi, quand on vient à blesser une grosse artère, le sang jaillit-il à une assez grande distance et l'amplitude du jet augmente-t-elle à chaque battement du cœur. C'est à ces caractères que l'on reconnaît la blessure d'une artère, beaucoup plus sûrement qu'à la couleur du sang qui s'épanche et qui devient rapidement rouge au contact de l'air, même quand il sort d'une veine. Nous verrons d'ailleurs que la pression du sang dans les artères est variable ainsi que la vitesse de son mouvement.

Les artères. — Nous connaissons déjà la disposition générale des vaisseaux qui font partie de la circulation pulmonaire; l'aorte est le seul vaisseau par lequel soit repris dans le cœur le sang qui remplit les vaisseaux de la grande circulation. Toutes les artères naissent donc de l'aorte ou de ses ramifications. Presque en sortant du cœur, l'aorte donne naissance aux deux artères qui doivent nourrir cet organe : l'*artère coronaire antérieure* et l'*artère coronaire postérieure;* la première descend directement sur la face antérieure du cœur, le long du sillon qui sépare les deux ventricules ; la seconde se dirige vers la droite, le long du sillon de séparation des oreillettes et des ventricules, contourne le cœur, passe en arrière et se ramifie dans la partie postérieure des parois des ventricules.

De la *crosse de l'aorte* naissent ensuite trois artères : la première que l'on rencontre en partant du cœur est le *tronc brachio-céphalique droit ;* viennent ensuite l'*artère carotide primitive gauche* et l'*artère sous-clavière gauche*. Le tronc brachio-céphalique droit correspond, pour la moitié droite du corps, aux deux artères qui le suivent ; il se divise rapidement pour fournir la *carotide primitive droite* et l'*artère sous-clavière droite*. Malgré leur mode différent de naissance, les deux carotides et les deux sous-clavières se ramifient à très peu près symétriquement, et jouent en tout cas exactement le même rôle pour la moitié droite et pour la moitié gauche du corps.

Les carotides fournissent toutes les artères de la tête ; une de leurs branches, l'*artère temporale*, devient superficielle immédiatement en avant de l'oreille. Les ramifications des sous-clavières se distribuent aux parois du thorax et aux membres supérieurs ; la *radiale*, qui, dans la région du poignet, donne lieu au phénomène du *pouls*, est une de leurs dépendances.

De la concavité de la crosse de l'aorte naissent encore les *artères bronchiques*, qui pénètrent dans les poumons parallèlement aux bronches, se ramifient dans ces organes, indépendamment des artères pulmonaires, et constituent leur réseau nourricier.

L'aorte fournit ensuite l'*artère œsophagienne*, les *intercostales postérieures*, les *diaphragmatiques*, le *tronc cœliaque*, la *mésentérique supérieure*, les *artères rénales* et quelques autres qui les avoisinent, la *mésentérique inférieure*, enfin elle se bifurque pour former les *iliaques primitives*, qui se dirigent chacune vers l'un des membres postérieurs dont elles constituent l'arbre vasculaire. Près de leur origine, les iliaques émettent une branche remarquable, l'*artère épigastrique*, qui, remontant le long du tronc, vient se jeter dans la *mammaire interne*, elle-même issue de la *sous-clavière* du même côté. Il en résulte que le sang des artères sous-clavières peut passer dans les membres inférieurs en suivant le tronc; en conséquence, si l'aorte venait à être comprimée, comme cela peut arriver par suite du développement de certaines tumeurs, le sang n'en continuerait pas moins à arriver à la partie inférieure du corps. On verrait les branches secondaires s'élargir en raison du rôle nouveau qu'elles auraient à remplir et devenir capables de *suppléer* complètement l'aorte. Les suppléances qui peuvent ainsi s'établir entre organes similaires assurent le maintien de la vie dans des circonstances où il semblerait tout à fait compromis.

C'est surtout entre les artères des viscères que de telles suppléances sont possibles, en raison des nombreuses communications ou anastomoses qu'elles présentent.

On reconnaît facilement les artères à ce que leur orifice demeure béant, quand on vient à les couper transversalement, et à ce que leurs parois, relativement très épaisses, présentent une couleur jaunâtre. Sur un animal vivant, le sang qui s'en échappe est rouge; il forme un jet plus ou moins vigoureux, dont l'amplitude augmente généralement à chaque battement du cœur, mais qui cependant ne cesse pas de couler, d'une manière continue, dans l'intervalle de ces battements.

Mouvement du sang dans les artères; pouls. — Le rôle des artères dans la circulation n'est pas absolument passif. Le sang n'étant lancé par le cœur que d'une manière intermittente dans ces vaisseaux, on peut déjà s'étonner qu'ils fournissent, quand ils sont blessés, un jet sanguin continu : les battements du cœur ne se manifestent, nous l'avons vu, que par une variation rythmique dans l'amplitude de ce jet. Dans une artère intacte, les battements se font encore sentir d'une autre façon. Lorsqu'on vient à comprimer légèrement sous le doigt, en l'appliquant contre les os sous-jacents, une artère superficielle, telle que l'artère temporale ou l'artère radiale, on sent nettement que le doigt est périodiquement soulevé; c'est le phénomène du *pouls*, à l'étude duquel les médecins attachent tant d'importance.

Ces deux formes du phénomène s'expliquent simplement. Chez l'Homme et chez l'animal vivant, les artères sont constamment remplies par le sang; le liquide nourricier presse même sur leurs parois avec une certaine énergie, et sa pression — mesurable au moyen de manomètres légèrement modifiés dans ce but, ou même transformés en manomètres enregistreurs — peut faire équilibre, chez le Chien, à une colonne de mercure de 10 centimètres environ pour les grosses artères. La paroi des artères est donc constamment tendue. Dans leur cavité déjà pleine, chaque battement du cœur fait entrer un nouveau flot de sang qui refoule aussitôt le sang qu'il trouve devant lui. Les liquides étant incompressibles, cette impulsion se transmet instantanément jusqu'aux extrémités du réseau artériel; mais elle se décompose en deux parties : une partie du sang est immédiatement projetée en avant; une autre repousse les parois de l'artère, à qui son élasticité permet de céder sous la pression. L'artère se dilate donc sur une certaine étendue; mais elle revient sur elle-même, en vertu de son élasticité, dès que la systole cesse, et le sang, auquel la route est barrée par les valvules sigmoïdes, est poussé en avant par ce mouvement de retrait. L'accroissement de pression qui s'était produit près du cœur est ainsi transmis de proche en proche en s'amoindrissant. A mesure que l'on s'éloigne du cœur, l'impulsion directement reçue par le sang diminue; au contraire, les impulsions successives provenant de la rétraction des artères s'ajoutent, dans l'intervalle de deux impulsions successives; ces impulsions graduelles tendent de plus en plus à masquer l'impulsion brusque produite par la contraction du cœur, et le cours du sang devient ainsi de plus en plus régulier, de plus en plus uniforme; il s'ensuit que le jet sanguin sortant de l'artère coupée doit prendre, lui aussi, une amplitude de plus en plus constante. Pendant toute la durée de la diastole, le sang est donc poussé en avant par la compression des artères, dans lesquelles la pression n'arrive jamais à être nulle. Mais la distension des parois des artères est elle-même due à la pression développée par les battements du cœur, de sorte que les artères ne font qu'emmagasiner, pour le restituer au sang, le mouvement reçu par lui du cœur, et qui serait en grande partie perdu si leurs parois n'étaient ni extensibles ni élastiques.

Le pouls n'est que le résultat de l'augmentation de pression qui se produit dans les artères au moment de la systole; on doit, en conséquence, le percevoir à peu près en même temps dans toutes les artères, mais il doit être d'autant moins sensible qu'on l'observe plus loin du cœur.

Rôle des artérioles. — Le calibre des artérioles peut varier considérablement avec l'état de contraction ou de relâchement des fibres musculaires que contiennent toujours leurs parois. Quand leur calibre est petit, il ne livre passage qu'à une quantité relativement faible de sang; ce liquide, que chaque battement du cœur chasse en quantité constante dans les artères, s'accumule dans les vaisseaux; la pression artérielle augmente. Mais alors l'obstacle que doit vaincre le cœur pour expulser le sang qu'il contient est plus considérable; les battements deviennent plus profonds et plus lents. Ils sont au contraire plus rapides quand les artérioles étant relâchées laissent passer une plus grande quantité du fluide nourricier. Ainsi les modifications survenues dans l'état des plus fines artères réagissent presque immédiatement sur le cœur; ces artères sont surtout nombreuses à la périphérie du corps : le froid les fait contracter, la chaleur les fait relâcher; aussi les variations de température modifient-elles notablement le nombre des battements du cœur. Dans la fièvre, les artérioles de la peau sont très dilatées, la circulation rapide, le cœur bat généralement très vite et très fort. Les artérioles, tout en réglant la rapidité du cours du sang dans les différents organes, fonctionnent donc aussi comme un véritable régulateur des battements du cœur. En opposant une résistance plus ou moins grande au cours du sang, elles font nécessairement varier sa vitesse; le liquide sanguin qui a encore à traverser les capillaires ne garde donc pas une partie toujours égale de l'impulsion qu'il a primitivement reçue du cœur. Quand les artérioles sont dilatées, cette impulsion peut se faire encore sentir dans certaines veines, comme dans les artères elles-mêmes, et il existe quelquefois alors un véritable *pouls veineux;* quand ces petits vaisseaux sont contractés, l'impulsion reçue du cœur est presque entièrement éteinte, lorsque le sang s'engage dans le réseau veineux, et, pour comprendre comment il peut continuer à cheminer vers le cœur, il devient nécessaire de connaître la structure des veines et leur disposition générale.

Les veines. — Les veines se distinguent des artères par la moins grande épaisseur de leurs parois, à peu près complètement dépourvues de l'élasticité caractéristique des artères.

A l'intérieur d'un très grand nombre de veines, on remarque des replis spéciaux ou *valvules* (fig. 78), qui manquent totalement aux artères et qui ont à très peu près la forme en nid de pigeon que nous ont déjà offerte les valvules sigmoïdes ; seulement ces valvules sont isolées ou combinées deux par deux. Elles ont leur cavité dirigée du côté du cœur, de sorte qu'elles se remplissent de sang lorsque ce liquide tend à revenir en arrière, et s'opposent à son reflux en obstruant plus ou moins complètement la cavité de la veine.

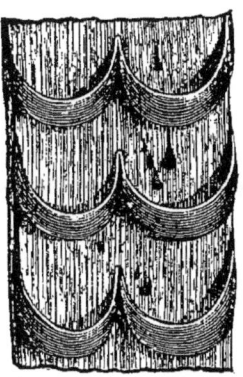

Fig. 78. — Valvules des veines.

Les valvules sont surtout nombreuses dans les veines profondes de la partie inférieure du corps ; elles ne manquent que dans les plus grosses veines viscérales et dans les veines superficielles ; elles sont rares dans les veines céphaliques.

Les veines profondes suivent généralement le même trajet que les artères, se ramifient comme elles et accompagnent le plus souvent aussi leurs plus petites branches. On observe cependant que leur diamètre est fréquemment un peu plus grand que celui des artères qu'elles accompagnent ; parfois même il existe deux veines pour une artère, et un réseau vasculaire embrassant l'artère met alors ces deux veines en communication l'une avec l'autre. Les veines superficielles forment un vaste réseau qui ne présente plus aucun rapport avec le système artériel et qui est particulièrement remarquable par la fréquence des anastomoses. Il est facile d'observer un grand nombre de ces dernières à travers la peau sous laquelle les veines apparaissent comme des cordons de couleur bleuâtre, qui font même, chez l'Homme adulte, une saillie plus ou moins considérable, lorsque pour une raison quelconque le sang s'accumule en un point du corps. Lorsque cette accumulation est habituelle, ainsi que cela arrive fréquemment aux jambes, chez les personnes qui se tiennent longtemps debout et immobiles, les veines dont les parois sont peu résistantes finissent souvent par se distendre et par former des espèces de poches irrégulières, qu'on appelle des *varices*. Les varices peuvent être le point de départ d'accidents d'une certaine gravité.

Quelquefois les parois des veines contractent des adhérences avec d'autres organes et notamment avec des os ; leur cavité devient alors irrégulière et demeure constamment béante ; ces veines de forme particulière sont désignées sous le nom de *sinus*. C'est à la base du crâne, où arrive le sang venant des diverses parties du cerveau, que l'on trouve les sinus les plus remarquables ; ils offrent à ce sang veineux un passage facile, grâce auquel les engorgements de l'appareil vasculaire cérébral sont prévenus.

Tout le sang se rassemble, avant de rentrer au cœur, dans deux grands vaisseaux qui aboutissent à l'oreillette droite : la *veine cave supérieure* et la *veine cave inférieure* (fig. 75, a, a'). La veine cave supérieure reçoit le sang de toutes les parties du corps situées au-dessus du diaphragme ; elle court, vers la droite, le long de la trachée-artère et finit par cheminer parallèlement à l'aorte ; elle fournit les *troncs veineux brachio-céphaliques*, les *veines jugulaires antérieure, postérieure, externe* et *interne* qui reçoivent toutes les veines de la tête, et dont la dernière prend naissance dans les sinus veineux de la base du crâne.

La *veine cave inférieure* est formée par la réunion des deux *veines iliaques*, qui ramènent le sang des membres postérieurs ; elle reçoit toutes les veines des parois du corps et des viscères situés au-dessous du diaphragme et vient s'ouvrir, comme la veine cave supérieure, dans l'oreillette droite. Ces veines sont réunies par une importante anastomose (fig. 82, n° 6) constituant la *grande veine azygos*, qui naît au-dessous du diaphragme et remonte le long du côté droit de la colonne vertébrale jusqu'à la veine cave supérieure, dans laquelle elle se jette à son entrée dans le péricarde. Grâce à la veine azygos, le sang de la partie supérieure et celui de la partie inférieure du corps peuvent revenir au cœur alors même que l'une des deux veines caves serait obstruée.

Retour du sang vers le cœur. — Tous les traits généraux de la disposition du système veineux montrent que le volume total des vaisseaux qui le composent est supérieur au volume total des artères. Il suit de là que le sang qui remplissait les artères, pressait sur leurs parois et se trouvait poussé en avant par le sang venant du cœur, ne sera plus assez abondant pour remplir l'ensemble des veines, ne pressera que médiocrement sur leurs parois, n'en pourra subir qu'une faible réaction, et que, d'autre part, l'impulsion venue du cœur, déjà faible à l'origine du système veineux, ira constamment en diminuant encore. Les conditions de la progression du sang sont donc bien différentes dans les artères et dans les veines. Le mouvement dans ces derniers vaisseaux est, en effet, presque entièrement passif. Dans les parties supérieures du corps, le sang tombe naturellement vers le cœur sous l'action de la pesanteur; dans les parties inférieures, il est d'abord poussé dans les veines par le sang qui arrive des artères; les valvules s'opposent à ce qu'il puisse revenir en arrière; de plus, elles fragmentent la colonne sanguine, et comme les veines ne sont pas complètement distendues, le liquide, poussé en avant, n'a à soulever, pour avancer, qu'une partie de cette colonne, au lieu d'avoir à la soulever tout entière. Enfin tout mouvement des membres, toute contraction des muscles qui force le sang à se déplacer, le fait nécessairement cheminer vers le cœur, puisque les valvules l'empêchent de rétrograder. La circulation veineuse trouve ainsi des auxiliaires dans chacune des parties du corps.

Parmi les mouvements, il en est d'ailleurs qui ont à cet égard une importance particulière : ce sont les mouvements respiratoires. Les vaisseaux pulmonaires ne sont pas seuls à ressentir les effets de la diminution momentanée de pression qui résulte de l'agrandissement de la cavité thoracique pendant l'aspiration. L'agrandissement de cette cavité, en même temps qu'il appelle l'air dans les poumons, appelle également le sang dans toutes les veines thoraciques.

Résumé du mécanisme de la circulation. — Les causes qui font mouvoir le sang dans les vaisseaux sont, comme on voit, fort multiples. Chez les Vertébrés supérieurs, le liquide nourricier reçoit son impulsion du cœur; il est lancé par cet organe dans les artères, sur les parois desquelles il exerce toujours une certaine pression réglée, comme le nombre des battements du cœur, par l'état de plus ou moins grande contraction des artérioles qui précèdent immédiatement les capillaires; les parois élastiques des artères compriment le sang pour le faire marcher en avant et continuent ainsi le rôle du cœur. Quand le sang arrive dans les veines, sa vitesse est tantôt encore notable, tantôt presque nulle; elle s'épuise, en tous cas, rapidement, et l'impulsion initiale du cœur n'est presque plus pour rien dans le mouvement du sang à l'intérieur des veines; une disposition fort simple des valvules fait que tous les mouvements du corps, y compris les mouvements respiratoires, sont pour ainsi dire utilisés pour faire revenir le sang vers l'organe duquel il doit recevoir une impulsion nouvelle.

Vitesse du sang. — La vitesse avec laquelle le sang se meut dans l'appareil vasculaire est très variable. Dans les grandes artères, telles que la carotide, la vitesse du sang est d'environ 260 à 300 millimètres par seconde. Chez l'Homme, en 24 heures, le sang parcourt environ 2700 fois le corps entier, et, pendant la durée de chaque circuit, le cœur exécute, en moyenne, 27 battements; on a calculé qu'en un jour le travail effectué par le cœur était équivalent à celui qu'il faudrait produire pour élever 8000 kilogrammes à 1 mètre de hauteur.

Historique. — La démonstration complète de la circulation du sang n'a été donnée qu'en 1628, par Harvey, qui avait étudié l'anatomie sous la direction de Fabrizio, d'Acquapendente, et était devenu médecin du roi Charles Ier, d'Angleterre. Harvey reconnut nettement les variations d'amplitude du jet de sang qui sort des artères, démontra la coïncidence des augmentations de cette amplitude avec les battements du cœur, appliqua des ligatures sur les veines et vit, dans les premiers de ces vaisseaux, le sang s'accu-

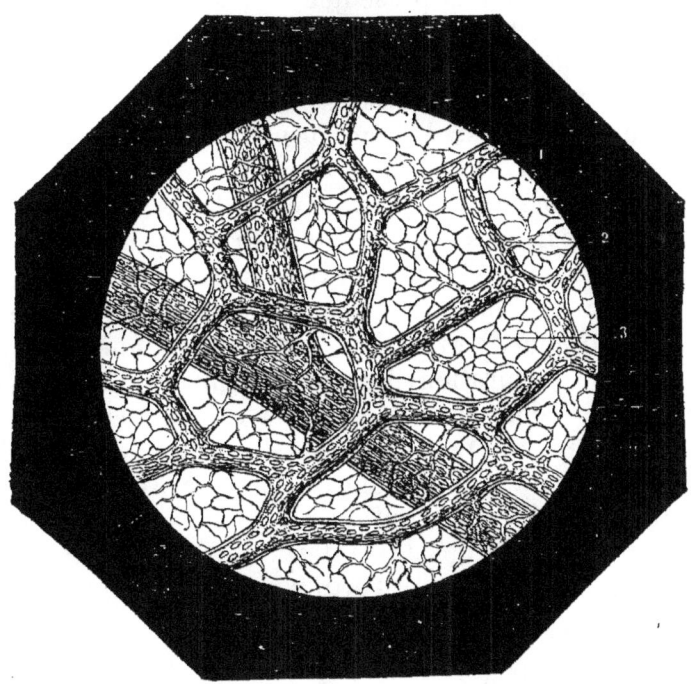

Fig. 79. — Réseau capillaire vu au microscope.

muler au-dessous de la ligature, tandis que dans les artères c'était entre la ligature et le cœur que se faisait l'accumulation du liquide ; il prouva enfin que tout le sang pouvait s'écouler par une blessure unique faite à une artère ou à une veine. Ces faits bien observés démontraient, sans conteste, que le cœur pousse le sang dans les artères, que dans ces vaisseaux le sang coule en s'éloignant du cœur, et que dans les veines il afflue au contraire vers le cœur ; enfin, tout le sang pouvant s'écouler par une seule blessure faite à un gros vaisseau, quel qu'il soit, il faut bien que les artères et les veines communiquent entre elles, et que le sang passe des premières dans les secondes.

La démonstration de Harvey était donc complète. Sa théorie n'a été perfectionnée que dans les détails.

Avant lui l'idée que le sang circule dans les vaisseaux s'était plusieurs fois présentée à l'esprit des anatomistes. Michel Servet, la future victime de Calvin, avait même exactement décrit la circulation pulmonaire. Mais il y avait loin de ces *opinions*, émises sans preuves par des hommes d'ailleurs éminents, à une *démonstration*. Les opinions, l'histoire de la physiologie en est une preuve, peuvent être indéfiniment discutées, tant qu'elles ne sont soutenues que par des arguments puisés dans des idées *à priori* ou dans des livres; la discussion s'arrête dès que l'*expérience* a prononcé. Comme l'avaient fait Réaumur et Spallanzani pour la digestion, comme le fit, après lui, Lavoisier pour la respiration, Harvey mit un terme aux disputes sans nombre dont les mouvements du sang étaient l'objet.

Circulation de la veine porte. — On peut considérer comme formant un courant à part, dérivé de la grande circulation, le courant qui traverse le système de la veine porte et qui est dirigé de l'intestin et des viscères abdominaux vers le foie. Les veines ordinaires s'unissent, en général, à d'autres veines de même calibre pour former des veines plus grosses, ou se jettent dans des veines plus volumineuses qu'elles-mêmes, finissant toutes par aboutir à l'une des veines caves; de sorte que l'on peut regarder l'ensemble du système veineux comme formé par deux arbres dont les veines caves seraient le tronc, et qui n'auraient pas de racines. La veine porte fait exception à cette règle; elle se constitue à l'aide de vaisseaux graduellement convergents, qui viennent du tube digestif, de la rate, du pancréas, et, s'abouchant successivement les uns dans les autres, en suivant le trajet des artères, forment un gros tronc aboutissant au foie; mais, dans le foie, ce tronc se ramifie de nouveau, de sorte que le système de la veine porte est comparable à un arbre complet qui aurait à la fois des branches et des racines. Dans les viscères, les dernières ramifications de la veine porte sont en communication directe avec les artères; nous avons vu que dans le foie, après avoir formé un réseau commun avec les ramifications de l'artère hépatique, elles donnent naissance à la veine hépatique, chargée de ramener dans la grande circulation le sang qui en a été momentanément distrait, pour venir puiser des matières alimentaires dans l'intestin et traverser ensuite le foie, où il abandonne les matériaux de la bile et se charge de matière sucrée.

Idée sommaire de l'appareil lymphatique. — La veine porte intestinale est le chemin détourné par lequel une partie assez considérable des substances assimilables pénètre dans le sang. Ces substances sont, en effet, arrêtées au passage par le foie, où elles subissent une élaboration spéciale[1]; reprises dans cet organe, elles sont enfin portées dans la veine cave inférieure. D'autres vaisseaux, les *chylifères* (fig. 58), portent plus directement, comme on le sait, le chyle extrait de l'intestin dans l'appareil circulatoire, auquel ils sont reliés par le *canal thoracique* (fig. 82). Les chylifères ne sont qu'une partie appropriée à une fonction spéciale, d'un système très compliqué de canaux, annexes du système des vaisseaux sanguins, mais dans lesquels coule, au lieu de sang, un liquide à peu près incolore, la *lymphe*. Ce liquide contient un grand nombre de corpuscules blancs, qui ne sont que des cellules libres, capables d'effectuer des mouvements amiboïdes, les *corpuscules lymphatiques*.

Les vaisseaux lymphatiques sont extrêmement nombreux dans toutes les régions du corps (fig. 82); ils se distinguent par une apparence bosselée spéciale, due à ce qu'ils présentent à des distances très rapprochées un grand nombre de valvules en nid de pigeon (fig. 80), disposées par paires et oblitérant complètement, quand elles viennent à s'adosser, la lumière du canal. C'est grâce à ces valvules que la lymphe chemine dans les vaisseaux par un mécanisme analogue à celui qui fait cheminer le sang dans les

---

1. Voyez le chapitre sur la Digestion.

veines. On a constaté chez divers Poissons et Batraciens l'existence de parties contractiles du système lymphatique, qu'on peut considérer comme des *cœurs lymphatiques*.

Les vaisseaux lymphatiques ne changent que lentement de calibre sur leur parcours; mais ils sont brusquement interrompus de place en place par des renflements multiples, plus ou moins volumineux, auxquels aboutissent en général

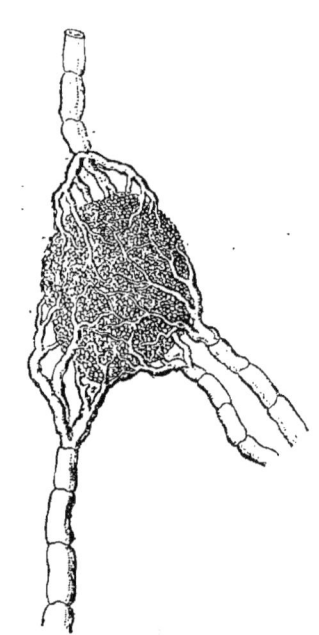

Fig. 80. — Coupe d'un vaisseau lymphatique : valvules en nid de pigeon et bosselures qui leur correspondent.

Fig. 81. — Un ganglion lymphatique avec ses vaisseaux afférents et ses vaisseaux efférents.

plusieurs vaisseaux et qui sont les *ganglions lymphatiques* (fig. 81). Ces ganglions sont surtout nombreux au voisinage des principaux viscères, à la partie interne de l'articulation des membres, du côté de la flexion, à la base et sur divers points du cou autour des carotides. Ils sont particulièrement sujets à s'enflammer : une blessure d'un membre, même légère, un abcès, une plaie quelque peu prolongée, l'évolution d'une dent, provoquent presque toujours

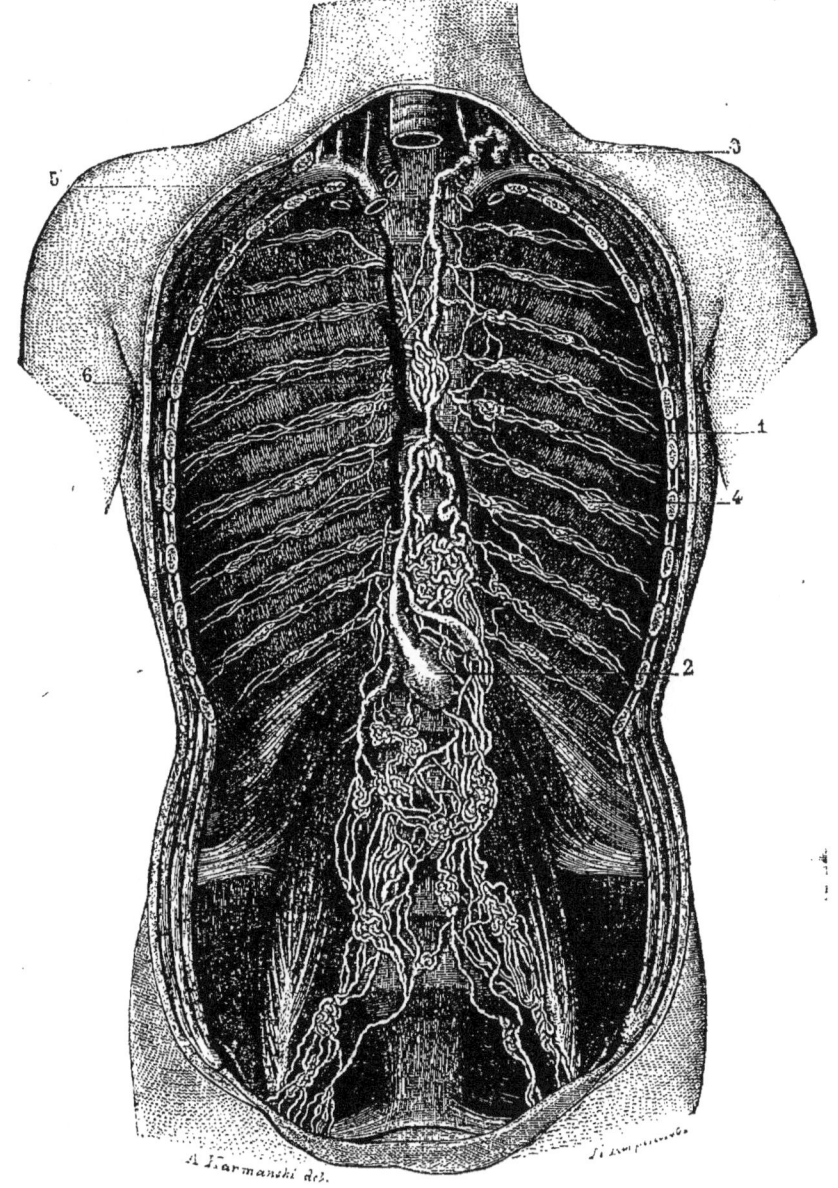

Fig. 82. — Principaux vaisseaux et ganglions lymphatiques du tronc. — 1, canal thoracique. — 2, citerne de Pecquet gonflée de chyle. — 3, confluent du canal thoracique et de la veine sous-clavière gauche. — 4, veine sous-clavière droite. — 5, vaisseaux et ganglions lymphatiques des parois du thorax. — 6, grande veine azygos.

un accroissement de volume de ganglions parfois même assez éloignés, qui deviennent alors durs et douloureux, font saillie sous la peau et peuvent arriver à suppurer. Certaines personnes sont extrêmement sujettes à ce dernier accident, caractéristique d'une *constitution scrofuleuse.*

Il paraît démontré que certains *capillaires lymphatiques* communiquent avec les capillaires sanguins; mais un grand nombre d'entre eux viennent s'ouvrir dans la cavité des séreuses, et notamment dans celles du péritoine et de la plèvre; les chylifères se terminent, au contraire, en doigt de gant, dans les villosités intestinales, et peut-être existe-t-il encore d'autres modes de terminaison des lymphatiques. Quoi qu'il en soit, par les communications multiples qu'il présente avec toutes les cavités séreuses, par le réseau serré qu'il forme dans toutes les parties du corps, le système des vaisseaux lymphatiques absorbe partout les humeurs qui imprègnent naturellement les tissus, le sérum qui a traversé les capillaires sanguins, les liquides et même les corpuscules solides de très petites dimensions accidentellement injectés dans les cavités ou les espaces interstitiels de l'organisme. Les substances ainsi absorbées séjournent ensuite plus ou moins longtemps dans les ganglions; il est dès lors facile à comprendre que, dans un très grand nombre de maladies imfectieuses de l'organisme, causées par l'invasion de microbes, les ganglions s'enflamment presque toujours.

La lymphe arrive dans l'appareil circulatoire proprement dit par l'intermédiaire de deux gros vaisseaux : le *canal thoracique* et la *grande veine lymphatique*. Le canal thoracique (fig. 82) commence au niveau de la deuxième vertèbre lombaire par la *citerne de Pecquet*, à laquelle aboutissent les chylifères venant de l'intestin; il traverse le diaphragme avec l'aorte, s'incline ensuite vers la gauche, remonte le long de la colonne vertébrale et vient s'ouvrir dans la veine sous-clavière gauche, tout auprès de l'orifice de la veine jugulaire interne.

La grande veine lymphatique est très courte (10 à 12 millimètres) et quelquefois remplacée par deux ou trois troncs isolés; elle reçoit les lymphatiques de la moitié droite de la tête, du cou, du diaphragme, du bras droit, du poumon droit, et se termine dans la veine sous-clavière droite en un point correspondant à l'orifice du canal thoracique.

Nous avons suivi le liquide nourricier du cœur dans les artères, dans les veines, dans les parois de l'intestin, dans le tissu du foie, dans les vaisseaux des poumons ; ce sont là ses principales étapes. Le moment est venu de rechercher quels sont ses caractères généraux et quelles sont les modifications qu'il peut subir dans ce long parcours.

CHAPITRE VII

LE SANG ET LES GLOBULES. — LES COMBUSTIONS ORGANIQUES. — LA CHALEUR ANIMALE. — L'ÉLIMINATION PAR LE FOIE, LES REINS, LA PEAU. — ÉQUILIBRE DES FONCTIONS DE NUTRITION. — LES RÉSERVES ALIMENTAIRES : PRODUCTION DE SUCRE PAR LE FOIE. — PRODUCTION DE LA GRAISSE. — LE LAIT.

Le sang. — Le sang apparaît, à l'œil nu, comme un liquide visqueux, d'un rouge vif dans les artères de la grande circulation, ou, quand il a été exposé à l'air, d'un rouge brun ou violacé dans les veines. Il a une saveur légèrement salée, une odeur âcre particulière et une réaction constamment alcaline. Abandonné à lui-même, il perd sa consistance liquide et prend l'aspect d'une masse molle, élastique ; il est alors *coagulé*. Peu à peu la masse déjà coagulée se partage en deux parties : l'une franchement liquide, de couleur jaunâtre, qui est le *sérum*; l'autre de plus en plus consistante à mesure qu'elle s'isole du sérum et de *couleur rouge brun*, c'est le *caillot*.

Il résulte déjà de ces faits que le sang contient un liquide incolore et une substance colorante, qui peuvent se séparer spontanément. Lorsque, au lieu de laisser le sang se coaguler tranquillement, on le bat avec des verges, on voit s'attacher à celles-ci des filaments élastiques, résistants, que l'on reconnaît aisément pour de la fibrine ; le sang ainsi *défibriné* n'a pas changé d'aspect, mais il a perdu la propriété de se coaguler ; c'est donc à la fibrine, dissoute dans le sérum, qu'il doit cette propriété. Le sang défibriné a encore une belle couleur rouge. Si on le laisse reposer il se sépare néanmoins, peu à peu, en deux couches, dont l'une gagne le fond et conserve seule la couleur rouge ; de même, si on lui fait traverser un filtre suffisamment épais, il ne passe que du sérum, et la matière colorante reste sur le filtre. Cette expérience indique que la matière colorante du sang est simplement tenue en suspension dans ce liquide et ne s'y trouve pas à l'état de dissolution. Dès lors on est conduit à rechercher, à l'aide du microscope, quelle est sa nature, et on trouve qu'elle réside dans une infinité de corpuscules, tous à peu près semblables entre eux et qu'on appelle les *globules du sang*. On peut se dispenser de défibriner le sang, pour le

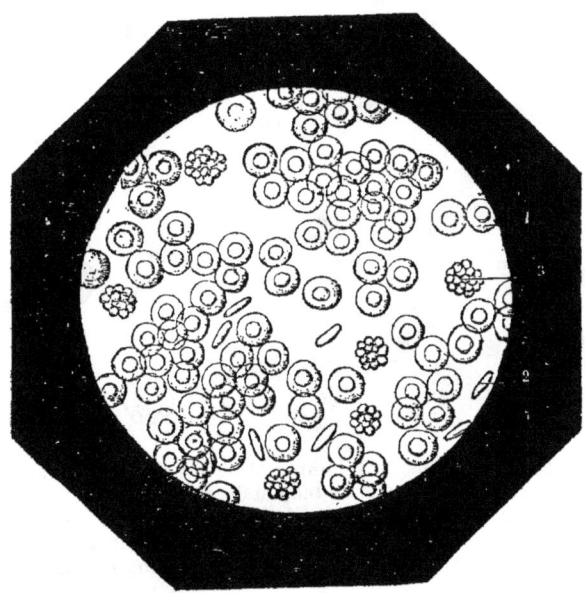

Fig. 83. — Globules du sang de l'Homme, vus à un grossissement de 600 diamètres. — 1, globules rouges vus de face ; 2, les mêmes vus de profil ; 3, globules blancs.

filtrer, en y ajoutant certaines substances qui retardent sa coagulation, comme le sucre, ou l'empêchent même totalement, comme de petites quantités de soude et de potasse caustique. Les globules sanguins ont, dans ce cas, la même apparence que dans le sang défibriné. Cela prouve que la fibrine est dissoute dans le *sérum* sanguin et n'a rien à faire avec les globules eux-mêmes. On appelle *plasma* le *sérum* tenant encore la fibrine en dissolution.

150   PHYSIOLOGIE ANIMALE.

Sous l'action de l'oxygène, nous avons vu que le sang noir des veines devient rouge ; ce changement de coloration ne peut, d'après ce qui précède, se produire que dans les globules ; il montre que ces éléments se modifient profondément pendant la respiration et confirme l'opinion déjà émise qu'ils jouent un rôle important dans l'accomplissement de cette fonction.

Les globules du sang ont la forme de disques circulaires biconcaves (fig. 84, d). Chez l'Homme, leur diamètre est de 7 à 8 millièmes de millimètre. En moyenne, chez l'homme

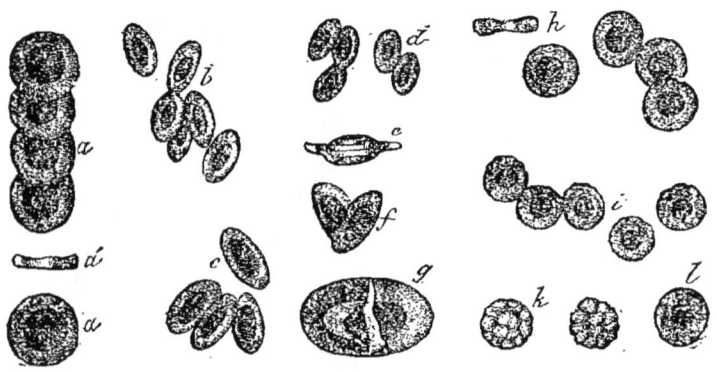

Fig. 84. — Globules sanguins de l'Homme et de divers animaux. — a, a', globules sanguins de l'Homme, vus de face et de profil. — b, globules elliptiques du Chameau. — c, d, d'un Oiseau. — e, de la Grenouille. — f, du Protée. — g, de la Salamandre (la membrane extérieure est déchirée). — h, de la Lamproie. — i, du Homard. — k, de la Limace. — l, globules blancs du sang de l'Homme.

bien portant, il y a un peu plus de 5 millions de globules dans 1 millimètre cube de sang; leur nombre serait un peu moindre chez la femme, le corps entier contenant 5 à 6 litres de sang, ces estimations portent à 25 trillions (25 000 000 000 000) le nombre total de globules sanguins que possède chacun de nous. Un calculateur a fait remarquer que la file formée par tous ces globules réunis aurait 175 000 kilomètres de long : c'est presque la moitié de la distance de la terre à la lune.

La surface totale des globules de l'homme est d'environ 3000 mètres carrés. Ce nombre est important, car il exprime la surface sur laquelle les globules peuvent condenser l'oxygène qui doit servir à la respiration.

Les dimensions des globules sanguins varient notablement d'une espèce animale à une autre, sans avoir aucun rapport avec la taille. Parmi ceux des Mammifères, les plus petits qui aient été mesurés sont ceux du Chevrotain porte-musc ($0^{mm},0025$); viennent ensuite ceux du Cochon d'Inde ($0^{mm},0025$). Le Cheval et le Bœuf ont des globules de $0^{mm},0056$; chez la Souris, le Rat, le Loir, le Chat, leur diamètre s'écarte peu, de $0^{mm},006$; il atteint son maximum chez l'Éléphant : $0^{mm},0094$. Le Chameau, le Lama et les animaux voisins présentent cette particularité que leurs globules sont elliptiques (fig. 74), au lieu d'être circulaires, comme chez les autres Mammifères. C'est là du reste la forme constante des globules chez la presque totalité des Poissons, les Batraciens, les Reptiles et les Oiseaux. Ils ont chez certains Batraciens des dimensions remarquables; leur longueur est de 55 millièmes de millimètre chez la Grenouille, de 58 chez la Sirène lacertine, de 77 chez l'Amphiume tridactyle, qui est, de tous les Vertébrés étudiés jusqu'ici, celui dont les globules du sang sont les plus grands.

Globules blancs. — Outre les globules rouges, on trouve dans le sang une proportion variable de *globules blancs* ou *leucocytes* (fig. 83, n° 3, et 84, *l*), de couleur, de forme et de propriétés toutes différentes. Ce sont des corpuscules qui peuvent atteindre jusqu'à 14 millièmes de millimètre de diamètre, et présentent souvent plusieurs noyaux : ils sont de couleur blanchâtre ou légèrement rosée, sensiblement sphériques, mais capables de changer de forme spontanément, de pousser des prolongements variés, de les rétracter pour en pousser de nouveaux ou pour reprendre leur forme sphérique, en un mot d'effectuer des *mouvements amiboïdes*.

La transformation des globules blancs en globules rouges a été admise, mais n'est pas rigoureusement démontrée, et la rapidité avec laquelle varie la proportion de ces éléments, dans certaines circonstances, est peu favorable à cette manière de voir. On a observé que les globules blancs sont plus nombreux après le repas qu'avant. Leur nombre a été évalué pendant l'abstinence à 1 pour 1000 globules rouges; il peut s'élever à 1 pour 400 globules rouges après qu'on a mangé : cela rend probable que ce sont bien les corpuscules blancs du chyle et de la lymphe qui passent directement dans le sang. Mais que deviennent ceux qui disparaissent dans l'intervalle des repas? On l'ignore, et tout ce qu'on peut dire, c'est que la destruction des globules rouges ne paraît pas assez rapide pour justifier une telle consommation de globules blancs.

Des granulations plus petites que les globules blancs, et qu'on a désignées sous le nom de *globulins*, se trouvent encore dans le sang; mais on ignore quelle est leur véritable nature et si même ils appartiennent normalement au sang.

Composition chimique du sang. — Si l'on vient à soumettre le sang à l'analyse immédiate, on trouve que ses éléments constituants sont en moyenne répartis ainsi qu'il suit, dans un kilogramme de sang :

Globules.	127
Albumine.	70
Fibrine.	3
Eau.	790
Substances diverses.	10
Total.	1000

Ces nombres peuvent subir quelques modifications; si le poids des globules tombe au-dessous de 125 grammes, celui de l'albumine au-dessous de 60, celui de la fibrine au-dessous de 2, le sang devient anormal par défaut de ces éléments; il est anormal par excès quand les nombres dépassent 145 pour les globules, 90 pour l'albumine, 3,5 pour la fibrine. La rubrique *substances diverses* mérite, dans cette analyse, une attention particulière : elle comprend, en effet, la plupart des substances chimiques qui existent dans l'organisme et qui sont puisées dans le sang par les tissus ou rejetées par eux dans ce liquide; elle comprend aussi les nombreuses substances solubles qui proviennent de la digestion et celles qui peuvent être accidentellement absorbées par la peau. C'est dire combien ces « substances diverses » sont nombreuses et variées; on peut les rapporter à plus de cinquante espèces chimiques différentes. Il est commode de les diviser en *substances assimilables*, qui doivent servir à la nutrition des éléments anatomiques, et en *produits de désassimilation*, qui sont rejetés par eux. A la première catégorie appartiennent des substances albuminoïdes, des graisses, des matières sucrées, un nombre considérable de chlorures, de carbonates, de phosphates alcalins ou terreux, de la silice, de la soude, du sesquioxyde de fer, enfin de l'oxygène. La seconde catégorie comprend l'urée, les acides urique et hippurique, la créatine, la créatinine, la matière colorante de la bile, les acides provenant de la destruction des graisses, divers sucres, des lactates, de l'azote et de l'acide carbonique libres.

Les produits de désassimilation sont, pour la plupart, destinés à être éliminés par les glandes. Les substances assimilables sont prises par le sang en diverses parties du corps; elles disparaissent en d'autres, et sont remplacées par des produits de désassimilation; la composition chimique du sang change donc notablement suivant les points du corps où il est recueilli. Ces modifications apparaissent surtout dans le sang au sortir des organes dans lesquels il a subi une élaboration, ou à la nutrition desquels il s'est employé; on les constate, par conséquent, dans le sang veineux, dont la composition est extrêmement variable. La composition du sang artériel est beaucoup plus constante.

On peut toutefois comparer les caractères moyens du sang veineux tel qu'on le trouve dans les veines caves, par exemple, avec ceux du sang artériel, et l'on reconnaît que le sang artériel, rouge vermillon, est plus riche en fibrine, en globules, en sels inorganiques; il est aussi plus coagulable. Le sang veineux, rouge brun, est, au contraire, plus riche en albumine, en eau et en matières grasses. Mais la différence la plus grande que présentent ces deux sortes de sang, celle à laquelle ils doivent leur coloration particulière, consiste dans les proportions différentes des gaz qu'ils renferment.

Gaz contenus dans le sang. — On a fait de nombreuses recherches pour déterminer la quantité des gaz contenus dans le sang; ces gaz sont de l'acide carbonique, de l'oxygène et de l'azote. Ils existent dans le liquide nourricier sous des états bien différents : l'azote est simplement dissous dans le plasma sanguin; l'acide carbonique s'y trouve principalement combiné aux phosphates et carbonates alcalins; l'oxygène est presque entièrement retenu par les globules, dans lesquels il est combiné avec la matière colorante qui lui doit ses variations de teinte. L'état de combinaison d'une grande partie des principaux gaz contenus dans le sang oblige à employer des moyens spéciaux pour les extraire.

En se bornant à recueillir les gaz qui se dégagent spontanément du sang dans le vide obtenu à l'aide de la meilleure des machines pneumatiques, de la pompe à mercure, on trouve que le sang veineux contient en moyenne, pour 1000 centimètres cubes :

>450 centimètres cubes d'acide carbonique;
>135 centimètres cubes d'oxygène;
>15 centimètres cubes d'azote.

Le sang artériel contient dans les mêmes conditions :

>388 centimètres cubes d'acide carbonique;
>203 centimètres cubes d'oxygène;
>16 centimètres cubes d'azote.

Ces chiffres n'accusent que l'oxygène libre ou faiblement combiné avec l'hémoglobine; l'oxygène, plus fortement combiné avec cette substance, ne peut lui être enlevé que par de faibles actions chimiques, actions capables cependant de se produire dans l'organisme. M. Schützenberger a trouvé, par un procédé plus précis, que l'hémoglobine oxydée au maximum par l'agitation du sang à l'air possède un pouvoir comburant près de deux fois plus grand que celui qu'on déduit de la quantité d'oxygène extraite par la pompe à mercure. Ce pouvoir correspond à 45 centimètres cubes d'oxygène pour 100 centimètres cubes de sang, tandis que la pompe à mercure n'extrait du sang qu'environ 20 centimètres cubes pour 100.

Cela donne un vif intérêt à l'étude de la curieuse substance colorante qui imprègne les globules sanguins, et dont le rôle, dans l'économie générale de la nature, semble être inverse de celui de la chlorophylle végétale.

Hémoglobine. — L'*hémoglobine*, aussi appelée *hématoglobuline* ou *hématocristalline*, peut être facilement extraite du sang à l'état de pureté. Le procédé le plus sûr et le plus simple est celui de M. Pasteur : il consiste à conserver à l'air libre, dans un ballon à col long et recourbé vers le bas, pour empêcher l'accès des microbes, du sang extrait des artères avec toutes les précautions convenables pour qu'il ne vienne s'y mélanger aucun germe de ferment. On voit, au bout de quelque temps, se déposer sur les parois du ballon une matière cristalline rouge qui n'est autre chose que l'hémoglobine (fig. 85). Ces cristaux varient de forme suivant l'espèce animale dont le sang a été ainsi conservé ; chez l'Homme, ils ont la forme d'aiguilles ou de tablettes rectangulaires. Ils sont solubles dans l'eau, les alcalis, la bile,

Fig. 85. — Cristaux d'hémoglobine. *a*, tablettes cristallines ; *b*, aiguilles.

mais non dans l'alcool ; ils se décomposent vers 160 degrés, en dégageant une odeur de corne brûlée, attestant que l'azote est un de leurs éléments constitutifs. L'hémoglobine peut être, en effet, considérée comme une substance albuminoïde, caractérisée par ce fait important, que le fer entre nécessairement dans sa composition. Les 127 grammes de globules extraits de 1 kilogramme de sang ne contiennent pas moins de 1 gramme de sesquioxyde de fer (Fe^2O^3). Le fer doit donc être compris dans la catégorie des aliments nécessaires. Les globules du sang ne peuvent se constituer sans lui ; son insuffisance peut être une cause d'*anémie*, et c'est alors un remède tout indiqué contre cet état maladif.

Rôle des diverses matières contenues dans le sang. — Nous venons de voir que l'hémoglobine est le principal agent fixateur de l'oxygène sur les globules du sang : ces globules président donc essentiellement aux phénomènes de combustion qui s'accomplissent dans l'organisme ; ils contiennent d'autres substances qui paraissent leur être plus particulièrement propres, comme les sels de potasse et certaines graisses phosphorées, parmi lesquelles le *protagon*, auquel on a attaché un moment une grande importance, à cause de sa présence dans le cerveau. Le plasma sanguin contient, au contraire, plus particulièrement les sels de soude, qui fixent l'acide carbonique, et permettent au sang d'en contenir une bien plus grande quantité qu'un égal volume d'eau ; il est digne de remarque que ce gaz, résidu de l'activité vitale, se trouve dans la partie non vivante du sang, tandis que l'oxygène, qui provoque cette activité, ou qui est tout au moins nécessaire à son existence, se trouve fixé sur les éléments du sang qui vivent au même titre que les éléments anatomiques groupés en tissus. On peut conclure de là que l'échange gazeux qui s'accomplit dans les poumons n'est pas seulement un échange mécanique, comme celui que l'on observe lorsque deux liquides contenant en dissolution des gaz différents sont mis en présence à travers une membrane. En s'emparant de l'oxygène qui arrive à leur portée, les globules du sang font acte d'êtres vivants, tout comme les cellules de levure de bière, quand elles absorbent l'oxygène de l'air ou l'enlèvent au sucre au contact duquel elles se trouvent. Les globules du sang de certains animaux sont d'ailleurs capables, aussi bien que les cellules de levure, de s'approprier l'oxygène déjà fixé sur les globules d'animaux d'une autre espèce ; M. Gréhant a constaté que les Tanches pouvaient respirer dans du sang de bœuf défibriné et ne contenant d'oxygène que celui retenu par les globules.

Causes de la coagulation du sang. — C'est exclusivement dans le plasma sanguin que se trouve la fibrine, et nous savons que c'est la substance qui se coagule dans le sang ; mais sous quelle influence la fibrine elle-même se coagule-t-elle? Pourquoi dans l'organisme le sang demeure-t-il, en général, parfaitement fluide, tandis qu'il se prend en masse presque aussitôt après en être sorti? On ne connaît encore rien de certain sur ce sujet. On sait seulement que le froid, l'addition de certaines substances, telles que le sucre, le sel marin, les alcalis et les sels alcalins, retardent ou empêchent la coagulation du sang. Cette coagulation se produit le plus rapidement, quand le sang est maintenu à la température de l'organisme ; le refroidissement n'y est donc pour rien ; le contact de l'air, pas davantage : il se forme des caillots dans les vaisseaux au cours de diverses affections, et le sang mis à l'abri de l'air sous une couche d'huile se coagule comme d'habitude. L'acide carbonique est également sans influence ; le sang mélangé à ce gaz ou complètement soustrait à son action se coagule de la même façon ; les acides et l'alcool dilués n'agissent pas plus que l'acide carbonique.

Naturellement, toutes les conditions qui amènent une diminution de la fibrine dans le sang diminuent également la coagulabilité de ce liquide. On a vu, chez quelques individus, la fibrine disparaître presque entièrement ; leur sang était incoagulable. La moindre blessure peut alors entraîner des hémorrhagies considérables et fort dangereuses, puisqu'il ne se forme pas de caillot pouvant fermer les ouvertures faites aux vaisseaux.

Origine de la chaleur animale. — C'est au contact des tissus de toutes les parties du corps que disparaît l'oxygène du sang, et que ce liquide se charge d'acide carbonique. En même temps, le sang artériel se transforme en sang veineux, et comme la disparition de l'oxygène et son remplacement par de l'acide carbonique impliquent une combustion, il semble naturel de penser que c'est au moment où le sang rouge devient noir que se développe la chaleur qui maintient constamment la température de l'organisme humain au voisinage de 37 degrés, et celle de l'organisme des Oiseaux au voisinage de 40 degrés. Ces phénomènes ne sont pas toutefois aussi intimement liés qu'ils le paraissent : un organe peut s'échauffer beaucoup, contribuer énergiquement à la production de la chaleur du corps, sans que cependant le sang qui le traverse perde totalement sa qualité de sang artériel.

Il y a plus, l'ensemble des phénomènes chimiques qui s'accomplissent dans le sang et amènent la transformation du sang artériel en sang veineux, ne produit pas une quantité de chaleur suffisante pour lutter, en tous les points de l'organisme, contre les causes de refroidissement. La température du sang artériel diminue à mesure que ce liquide s'éloigne du cœur, parce que la surface du corps est en contact avec l'air, toujours relativement froid ; dans les veines périphériques, le *sang veineux est lui-même plus froid que le sang artériel*, ce qui éloigne l'idée d'un échauffement constant du sang dans les capillaires ; le sang de la veine cave supérieure demeure plus froid que le sang artériel, mais la température du sang augmente graduellement dans les veines viscérales qui aboutissent à la veine cave inférieure à mesure que l'on se rapproche du cœur. Dans le ventricule droit, le sang est plus chaud de deux dixièmes de degré que dans le ventricule gauche, *à son retour du poumon*. L'augmentation de la température du sang dans la portion de la veine cave inférieure qui reçoit les principales veines viscérales, montre que c'est en traversant les viscères abdominaux, ceux notamment où s'accomplissent les phénomènes importants de la digestion, que le sang s'échauffe ; c'est là que se trouve le foyer principal de la chaleur animale. Mais pourquoi s'y produit-il plus de chaleur que partout ailleurs ? L'examen de ce qui se passe dans les organes accessibles à l'expérience vient jeter quelque jour sur cette importante question. Considérons un muscle au repos et recueillons le sang qui s'échappe de la veine qui le traverse : ce sang est incomplètement noir. Dans l'état normal, un muscle est toujours dans un état de demi-contraction, et par conséquent son repos n'est que relatif ; le repos devient absolu si l'on coupe le nerf qui anime le muscle, et l'on remarque que ce dernier se refroidit alors légèrement, et que le sang qu'il fournit devient plus rouge.

Déterminons maintenant une contraction du muscle en galvanisant ou en excitant le nerf coupé : aussitôt le muscle s'échauffe, le sang qui en sort est noir. L'*activité* du muscle a déterminé ici deux phénomènes simultanés : 1° l'échauffement du sang ; 2° son changement de couleur. Mais cette coïncidence n'est qu'accidentelle. En effet, chez un Chien empoisonné par le curare, substance qui anéantit totalement la faculté de se mouvoir, le sang artériel continue à se transformer en sang veineux, et cependant la température tombe de 39°,9 à 37 degrés. Le fait seul de la disparition totale de l'activité musculaire amène donc un abaissement de température de près de 3 degrés. On peut démontrer plus rigoureusement encore l'indépendance de l'accroissement de la température et du changement de couleur du sang, en s'adressant non plus à un muscle, mais à une glande. Dans ces organes, on constate, également par des procédés analogues, que la chaleur est due, non à la transformation du sang artériel en sang veineux mais uniquement à l'activité de la glande. Quand une même conclusion s'impose relativement à deux organes aussi différents qu'une glande et un muscle, on a bien quelque raison de la considérer comme générale. Nous pouvons donc l'étendre aux viscères abdominaux et dire que, si le sang s'échauffe en traversant ces viscères, cela est dû à l'activité qu'ils manifestent pendant toute la durée des phénomènes de digestion.

Causes de la constance de la température des Mammifères et des Oiseaux. — On s'attendrait d'après cela à voir varier la température de l'organisme avec les diverses causes qui le mettent en jeu ; mais ces variations de température, que supportent dans une certaine mesure les Poissons, les Batraciens et les Reptiles, ne sont pas compatibles avec la vie chez les Oiseaux et les Mammifères, dont le corps doit conserver une température constante. Chez ces animaux, une élévation de quelques degrés de la température intérieure entraîne rapidement la mort ; c'est pourquoi on lutte contre les fièvres intenses par les réfrigérants ; un faible abaissement de cette température détermine un engourdissement progressif, suivi lui-même de mort si l'engourdissement se prolonge. De là le besoin de sommeil qui envahit les personnes surprises par le froid ; c'est un avertissement que la vie est en péril, qu'il faut déployer toute son énergie pour maintenir aux organes l'activité qui peut seule lutter contre des causes extérieures de refroidissement en accroissant la quantité de chaleur interne libre. De là aussi le sommeil dans lequel demeurent plongés durant la plus grande partie de l'hiver les Reptiles, divers mammifères tels que les Hérissons, les Chauves-Souris, les Marmottes, les Loirs et les autres animaux qui *hivernent*. L'engourdissement causé par le froid a été utilisé ici pour permettre à ces animaux de traverser sans danger une saison pendant laquelle ils ne pourraient trouver la nourriture à laquelle ils sont accoutumés.

C'est grâce à l'évaporation sur toutes les surfaces libres du corps des produits exsudés par les épithéliums qui les recouvrent et par les glandes, que la température du corps ne s'élève pas, malgré la quantité de chaleur incessamment produite par l'activité des organes ; c'est grâce à des matériaux accumulés dans le sang ou déposés par lui dans divers tissus qui les gardent momentanément en réserve et où il peut les reprendre, que la combustion vitale est sans cesse entretenue malgré les variations de l'activité et de l'alimentation. Ainsi, pour des usages divers et parfois opposés, des substances sont sans cesse extraites du sang, rejetées au dehors, immédiatement utilisées dans l'organisme, ou momentanément emmagasinées pour être employées plus tard. Le sang subit ainsi une sorte de distillation incessante ; c'est cette distillation que l'on nomme la *sécrétion*. La sécrétion est, au même titre que la circulation, la digestion et la respiration, une des grandes fonctions de nutrition, et nous devons maintenant l'étudier sous ses formes diverses.

Rôle des sécrétions. — Au point de vue de leur rôle dans l'économie, les produits de sécrétion des glandes peuvent se diviser en deux grandes catégories. Les uns, jouissant de propriétés particulières, demeurent plus ou moins longtemps dans l'organisme, après être sortis de l'appareil glandulaire où ils se sont formés, et sont alors utilisés pour l'accomplissement de certaines fonctions, tels sont les différents sucs digestifs dont nous avons fait précédemment une étude détaillée. Les autres sont expulsés au dehors, sans avoir aucun rôle à remplir; ce sont des produits inutiles dont l'organisme se débarrasse par l'intermédiaire des glandes, qui jouent, dans ce cas, le rôle d'organes dépurateurs. On désigne sous les noms d'*excrétion* ou d'*élimination* cette forme spéciale de la fonction plus générale de sécrétion.

Il faudrait se garder de croire que la fonction d'excrétion soit toujours nettement délimitée; s'il est des liquides bien connus qui sont purement et simplement rejetés, d'autres, comme le lait, sans être utiles à l'être qui les produit, jouent en dehors de lui un rôle important, et ne sont déjà plus, par conséquent, de simples produits d'excrétion; d'autres encore, comme la bile, contiennent des produits qui ne sauraient sans danger séjourner dans l'organisme, et qui sont expulsés tels quels; mais en même temps ils peuvent être, ainsi que nous l'avons vu, utiles à l'accomplissement d'autres fonctions : la bile concourt à la digestion; les larmes, qui sont, en grande partie, rejetées, sont indispensables à l'exercice de la vision, en maintenant constamment humide la face antérieure de l'œil; la sueur elle-même, en s'évaporant sans cesse à la surface du corps, lui enlève de la chaleur et devient ainsi un facteur essentiel à la régularisation de la température intérieure du corps.

Nous n'avons pas trouvé une division du travail absolue entre les différents sucs digestifs; de même, nous ne saurions assigner, on le voit, un rôle unique à chacun des liquides sécrétés ou excrétés par l'organisme, et le caractère mixte de la plupart de ces liquides trouvera une interprétation toute naturelle si l'on se rappelle qu'ils doivent être tout simplement considérés comme des produits rejetés par certains éléments anatomiques, inutiles à ces éléments en particulier, mais utilisés, par une ingénieuse économie, au profit de l'organisme tout entier.

Les principaux appareils d'élimination. — Les voies par lesquelles l'organisme se débarrasse des produits qui lui sont inutiles et pourraient lui devenir nuisibles sont nombreuses et variées. Une partie plus ou moins importante de presque tous les sucs digestifs que nous avons étudiés est rejetée au dehors ; d'une manière générale, la sécrétion du suc gastrique est pour la plupart des vertébrés un moyen de se débarrasser des acides qui sont accidentellement introduits dans leur organisme ou qui s'y produisent normalement. Par la bile, une foule de produits sont éliminés, et l'on sait que le foie retient, pour les abandonner peu à peu aux liquides qui le traversent et qui les entraînent au dehors, nombre de sels métalliques, de sorte que lorsqu'un empoisonnement a été produit à l'aide de quelqu'un de ces sels, les médecins légistes sont à peu près sûrs de retrouver dans le foie une partie de la substance toxique. Les poumons sont pour les substances gazeuses ou vaporisables, pour l'eau en particulier, une voie non moins importante d'élimination. Si l'on injecte dans les veines d'un chien une petite quantité d'huile tenant du phosphore en dissolution, l'haleine du chien devient lumineuse dans l'obscurité, témoignant ainsi que le phosphore est éliminé par les poumons tout comme l'acide carbonique.

Mais de toutes les voies éliminatoires les plus importantes sont sans aucun doute *la peau* et *les reins*.

Par la peau elle-même, l'élimination se fait de plusieurs façons différentes, mais qui ne pourront être bien comprises que lorsque nous aurons fait connaître sa structure.

Structure de la peau ; le derme ; l'épiderme ; les ongles. — La peau se décompose en deux parties (fig. 86) : une couche profonde, le *derme*, qui contient à la fois des vaisseaux et des nerfs ; une couche superficielle, l'*épiderme*, qui en est totalement dépourvue.

Le *derme* comprend lui-même deux couches distinctes : l'inférieure est aréolée, et dans ses aréoles se déposent un grand nombre de cellules graisseuses qu'entoure un délicat réseau vasculaire. Cette couche, lorsqu'elle est très développée, prend le nom de *pannicules graisseux ;* c'est elle qui constitue le lard chez les porcs.

La couche externe est compacte ; elle est formée de tissu conjonctif fibreux, au milieu duquel on aperçoit des fibres élastiques et quelques fibres musculaires lisses. Elle est surmontée par un grand nombre de petits prolongements digitiformes ou de *papilles*, tantôt isolées, tantôt géminées, tantôt réunies en petits groupes et dans lesquelles on distingue soit des anses vasculaires, soit des terminaisons nerveuses (fig. 87). Ces papilles sont extrêmement nombreuses. On en compte jusqu'à 400 sur un espace de 2 millimètres carrés.

L'*épiderme* est exclusivement cellulaire.

Ses parties profondes sont molles, gonflées de liquide et forment la *couche muqueuse* ou *couche de Malpighi*. Ses parties superficielles constituent une *couche cornée* qui s'amincit au voisinage des muqueuses et recouvre le corps tout entier. Lorsque l'épiderme a eu à supporter un frottement trop prolongé, ses parties profondes se détruisent; leurs débris et la sérosité qui suinte du derme s'accumulent dans l'espace qu'elles occupaient et soulèvent la couche cornée de l'épiderme au-dessus du point blessé : il se produit alors ce qu'on appelle une *ampoule*. L'ampoule une fois produite, de nouvelles couches épidermiques se forment au-dessous de la couche cornée qui les protège, et la guérison se produit spontanément.

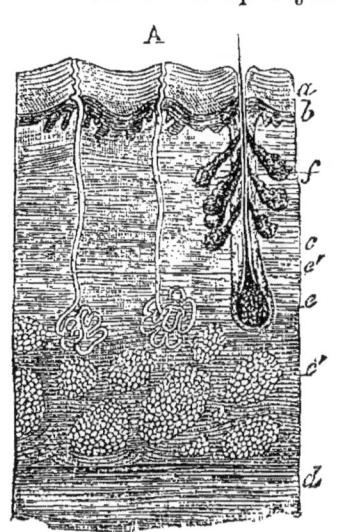

Fig. 86. — Coupe de la peau de l'Homme passant à travers deux glandes sudoripares et un follicule pileux. — *a*, couche cornée de l'épiderme; *b*, sa couche muqueuse; *c*, couche fibreuse du derme; *c'*, sa couche aréolée; *d*, tissus situés sous le derme; *e*, glande sudoripare; *e'*, canal excréteur de l'une de ces glandes; *f*, glandes sébacées accompagnant un follicule pileux.

L'épaisseur de la couche cornée de l'épiderme est très inégale à la surface du corps; elle peut varier de 3 centièmes de millimètre à plus de 3 millimètres. Elle est particulièrement épaisse sur la plante des pieds.

Les *ongles* ne sont qu'une partie de l'épiderme de la dernière phalange des doigts, dont les cellules superficielles, en forme de lamelles, sont plus dures, plus résistantes, et se constituent d'une façon particulière. Lorsque les ongles s'allongent en pointe recourbée, comme chez les animaux carnassiers, on leur donne le nom de *griffes*. Chez les Mammifères *ongulés*, presque tous essentiellement coureurs, l'ongle revêt la presque totalité de la dernière phalange des doigts, et devient un *sabot*.

C'est dans le derme que sont contenues les *glandes sudoripares*, qui produisent la sueur; les follicules dans lesquels les *poils* prennant naissance et les *glandes sébacées* qui s'ouvrent dans ces follicules.

Glandes sudoripares. — Les glandes sudoripares (fig. 86, *e*, 87, *g* et 88) sont extrêmement nombreuses. Sur toute la surface du corps on a évalué qu'il en existe plus de 2 millions et demi. On en a compté 2700 environ par pouce carré à la paume de la main et à la plante du pied; il y en a un millier, dans le même espace, à la face antérieure du tronc, au cou, au front, au dos de la main. Leur nombre tombe à 500 sur les joues, le dos, le mollet.

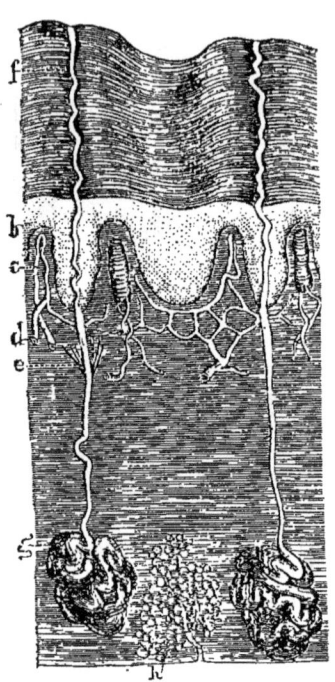

Fig. 87. — Coupe de la peau passant par deux glandes sudoripares et par quatre papilles dont deux sont vasculaires et deux contiennent des corpuscules du tact. — *a*, couche superficielle de l'épiderme; *b*, sa couche muqueuse; *c*, papilles du derme; *d*, vaisseaux qui s'y rendent; *e*, *f*, canaux excréteurs des glandes sudoripares; *g*, glande sudoripare; *h*, graisse; *i*, corpuscule du tact.

Chaque glande sudoripare est formée d'un long tube qui traverse l'épiderme, s'enfonce dans le derme et, se pelotonnant sur lui-même, avant de se terminer en cul-de-sac, forme dans la région superficielle du pannicule graisseux un *glomérule* (fig. 88, A) entouré d'un réseau vasculaire (fig. 88, B). Les dimensions de ces glomérules varient depuis 2 dixièmes de millimètre jusqu'à 2 ou 3 millimètres

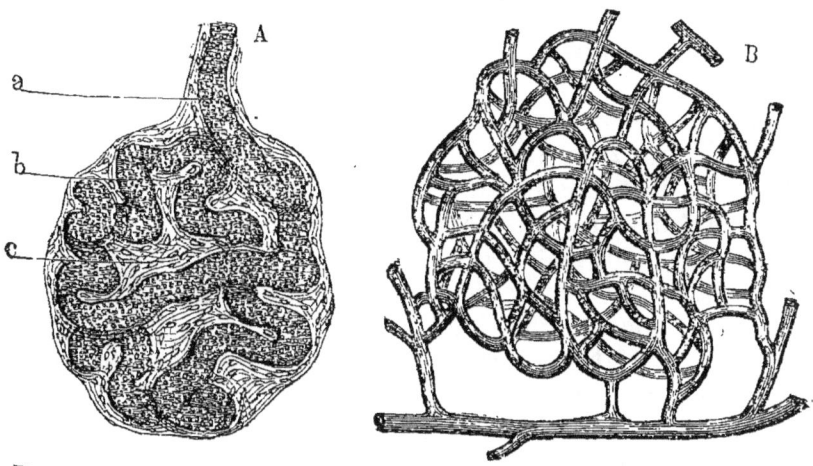

Fig. 88. — A, glande sudoripare de la peau de l'Homme. — B, réseau capillaire enveloppant une glande sudoripare. — *a*, canal excréteur; *b*, portion pelotonnée du tube glandulaire ; *c*, tissu conjonctif qui l'enveloppe.

de diamètre. Leurs canaux excréteurs peuvent avoir de 5 centièmes à 1 dixième de millimètre.

Les poils. — Les poils (fig. 86, *f*) existent, comme les

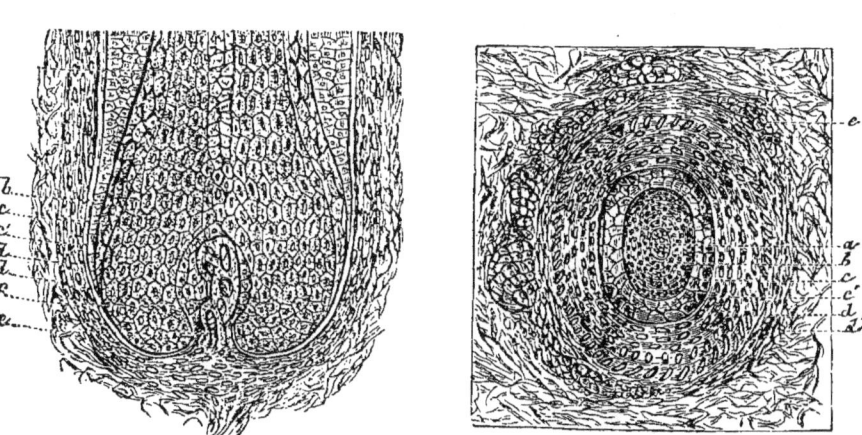

Fig. 89. — A, coupe verticale, et B, coupe transversale d'un follicule pileux. — *a*, moelle ; *b*, bulbe ; *c, c'*, couche épidermique ; *d, d'*, couche dermique ; *f*, papille vasculaire du bulbe; *e*, peau.

glandes sudoripares, sur toute la surface de la peau, mais leurs dimensions sont très variables. Tout le monde a présentes à l'esprit les différences qui existent entre les cheveux, les poils de la barbe ou des sourcils, les cils, les *vibrisses* du nez et les poils follets ou *duvet*. Beaucoup de ces derniers n'ont pas plus de 2 millimètres de long pour un diamètre de 10 à 20 millièmes de millimètre. Le nombre des poils follets est extrêmement considérable.

On doit distinguer dans un poil deux parties : le *poil proprement dit* et son *follicule*. On observe dans le *poil* trois couches concentriques (fig. 89, B) : La couche externe, ou épiderme du poil, est formée de petites lamelles plates, transparentes, imbriquées comme les tuiles d'un toit, les lamelles inférieures recouvrant les supérieures. La couche moyenne des poils, ou *substance corticale*, est formée de fibres tenant en dissolution la matière colorante qui donne aux poils leur teinte particulière. On y trouve aussi un pigment colorant spécial et, surtout dans les poils blancs, de nombreuses cavités contenant de l'air. Enfin la couche interne, ou moelle, contient de nombreuses bulles d'air.

Le *follicule* est une sorte de sac dans l'axe duquel se trouve implanté le poil. Au fond du cul-de-sac qui termine le follicule se dresse une papille (fig. 89 A, *f*) que vient coiffer la portion renflée et encore incolore du poil, à laquelle on donne le nom de *bulbe pileux*. Les vaisseaux qui nourrissent le poil entourent le follicule et pénètrent dans la papille. Un faisceau de fibres musculaires lisses relie la base de chaque follicule à la surface du derme. C'est la contraction de ce muscle qui fait saillir au-dessus de la peau les follicules pileux, sous l'action du froid et de quelques autres impressions, et produit le phénomène vulgairement connu sous le nom de *chair de poule*.

Ordinairement chaque poil est accompagné de deux *glandes sébacées*. Ce sont de petites glandes en grappe (fig. 86, *f*) qui sécrètent une humeur onctueuse, destinée à lubrifier le poil.

Les plumes. — Il n'y a pas de différence essentielle, au point de vue de la structure intime et du mode de formation, entre les plumes des oiseaux et les poils de mammifères, qui sont, du reste, assez souvent remplacés par des piquants rappelant l'axe d'une plume. Cet axe se divise en deux parties : le *tuyau*, qui est creux et s'implante dans la peau, et la *tige*, qui est pleine et porte de chaque côté des expansions.

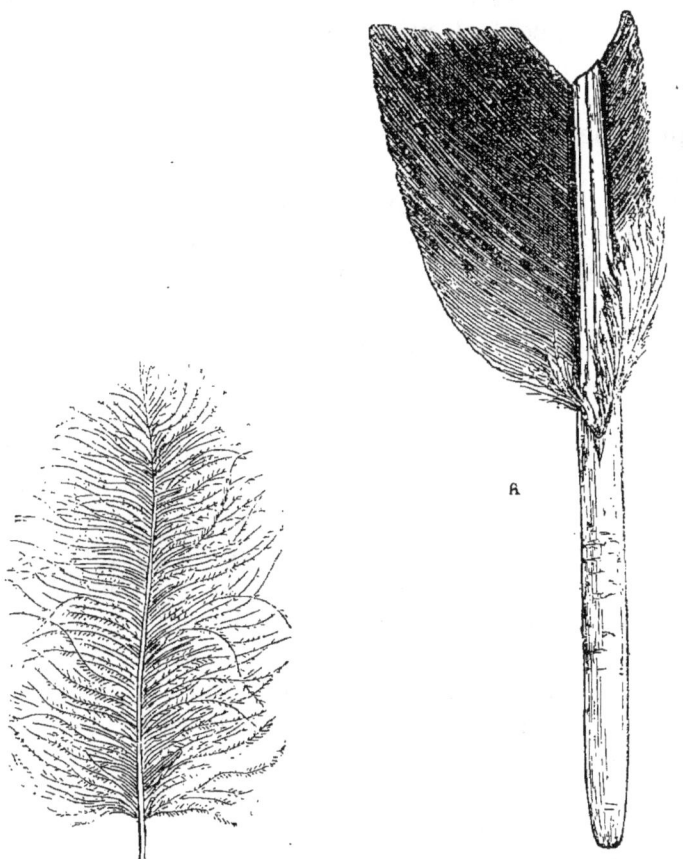

Fig. 90. — A, plume à barbes détachées. — B, penne à barbes unies.

les *barbes*, elles-mêmes recouvertes de *barbules* exclusivement formées de substance corticale. Ordinairement les barbes s'accrochent réciproquement par leurs barbules de manière à former une surface continue assez résistante, au moyen de laquelle les *pennes* de l'aile de l'oiseau peuvent frapper l'air. Quelquefois les barbes restent séparées, ce qui donne à la plume une légèreté, dont les plumes d'Autruche et surtout celles de Marabout peuvent donner une idée. Dans le *duvet,* les barbes restent aussi séparées ; de plus la tige conserve une grande souplesse ; les plumes qui le constituent, à la fois flexibles et élastiques, sont ainsi merveilleusement propres à la confection de coussins et d'édredons.

Les oiseaux manquent de glandes sébacées.

Fonctions de la peau. — Les couches superficielles de l'épiderme se renouvellent incessamment. Elles s'émiettent en petites plaques que le moindre accident emporte ou se détachent en une seule pièce comme chez les Serpents, qui sortent de leur épiderme comme d'un fourreau ; les poils et les plumes tombent aussi, parfois périodiquement, et sont remplacés ; les glandes sébacées ne cessent de verser sur la peau, déjà rendue moite par la sueur, leur sécrétion onctueuse ; on comprend donc que la peau joue un rôle important dans l'élimination. Il ne faut pas toutefois s'exagérer ce rôle. Divers physiologistes ont constaté que si l'on déposait une couche de vernis à la surface de la peau de Mammifères préalablement rasés, la mort ne tardait pas à arriver ; on cite l'histoire d'un enfant qu'on avait entièrement doré pour le faire figurer dans une calvacade et qui mourut durant la fête. On a voulu en conclure que l'élimination par la peau était très active et que la suppression de sa fonction éliminatrice entraînait l'empoisonnement de l'organisme. Mais il paraît aujourd'hui bien établi que la véritable cause de la mort des animaux vernis, comme de celle de l'enfant doré, est tout autre. Le vernis, comme la dorure, facilite singulièrement la déperdition de chaleur par la peau ; cette déperdition détermine un abaissement de la température interne suffisant pour amener la mort. Les animaux vernis que l'on enveloppe d'ouate continuent, en effet, à se bien porter.

Cela suffit à montrer de quelle importance est pour les animaux à température constante leur revêtement de poils ou de plumes. Les animaux à température variable sont les seuls dont le corps soit ordinairement recouvert d'*écailles.* Les écailles sont chez la plupart des Reptiles de simples papilles du derme revêtues d'une couche cornée ; mais chez quelques-uns de ces animaux le derme contient en outre des os, et les écailles des Poissons ne sont pas autre chose que des os dermiques.

Fourrures et laines. — Chez la plupart des Mammifères, les poils sont de deux sortes : les uns, raides et droits, constituent le *jarre ;* les autres, plus fins, plus courts, plus épais, demeurent cachés sous le jarre et forment à la surface de la peau une couche moelleuse de *bourre* ou de *duvet*.

Ces deux sortes de poils concourent à donner leurs qualités aux peaux que l'on emploie comme fourrures ; ces peaux doivent au jarre leur éclat lustré, à la bourre leur moelleux et leur épaisseur. Les plus belles fourrures nous sont fournies par les Rongeurs et les Carnassiers des pays froids, y compris les Phoques et les Otaries. La Sibérie et l'Amérique du Nord sont les véritables pays des fourrures ; les contrées du nord de l'Europe entrent cependant, dans le commerce des pelleteries, pour une somme d'environ 15 millions de francs.

Les poils des Castors, des Lièvres, des Lapins sont utilisés indépendamment de la peau qu'ils recouvrent. Ces poils sont rasés et soumis ensuite à des manipulations spéciales qui ont pour but de les entre-croiser de mille façons pour former un tissu compact, sans mailles, qui n'est autre chose que le *feutre*, si employé en chapellerie. Les poils du Castor, du Lapin et du Lièvre feutrent mal quand on les emploie seuls ; pour obtenir un meilleur résultat, on les mélange à de la laine d'agneau ou de vigogne. Les poils de laine, frisés ou ondulés, s'entrelacent plus facilement que les poils droits auxquels on les associe.

La *laine*, dans la toison des Moutons, représente la bourre des autres animaux ; le jarre est presque nul chez le Mouton domestique ; il est au contraire très développé chez les Chèvres, dont quelques races fournissent cependant une laine des plus estimées. La qualité de la laine de Mouton varie beaucoup suivant les races ; les laines les plus fines sont fournies par les Mérinos, les Southdown, les Dishley, les New-Kent. Les deux premières races fournissent des *laines courtes*, ondulées ou frisées, dont le brin ne dépasse pas 1 décimètre de long; les deux dernières races fournissent des *laines longues* dont le brin peut atteindre près de 3 décimètres. Les laines courtes servent à la fabrication des draps, molletons, feutres; les laines longues, à celle des étoffes dites mérinos, flanelles, etc. Non seulement les bonnes laines doivent être fines, mais elles doivent encore être souples, élastiques, extensibles, ré-

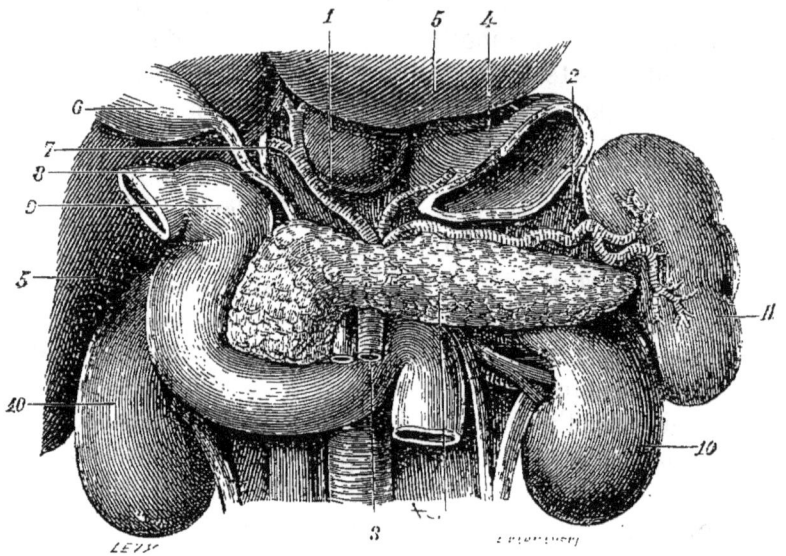

Fig. 91. — Les reins de l'Homme et les organes voisins. — 1, artère hépatique; 2, artère splénique; 3, artère mésentérique supérieure; 4, coupe du côlon transverse; 5, lobe gauche du foie; 6, vésicule du fiel; 7, canal hépatique; 8, canal cystique formant avec le canal hépatique le canal cholédoque; 9, duodénum; 10, reins et uretères; 11, rate; 12, pancréas.

sistantes. La laine est généralement enduite d'un corps gras, visqueux et odorant, qu'on nomme le *suint*.

On évalue à environ 100 millions de kilogrammes la quantité de laine produite en France.

Les reins. — La peau n'est qu'un appareil secondaire d'élimination. L'appareil qui joue sous ce rapport le premier rôle, celui dont l'action ne peut être suspendue sans faire courir à l'organisme les plus graves dangers, c'est l'appareil de la sécrétion urinaire, dont les organes principaux sont les *reins*. Les reins de l'Homme sont situés au-dessous du diaphragme, tout près de la colonne vertébrale (fig. 91). Le rein droit, un peu moins long, plus large et moins épais que le rein gauche, est en partie recouvert par le foie; le rein gauche par la rate. Leur longueur varie de 10 à 15 centimètres, leur largeur de 6 à 7, leur épaisseur de 2 à 3. Chaque rein pèse en moyenne 175 grammes chez la Femme et 170 chez l'Homme.

Ces organes ont sensiblement la forme d'un haricot et possèdent par conséquent un bord régulièrement convexe et un autre présentant une concavité plus ou moins étendue. Par cette cavité, ou hile de la glande, pénètrent à l'intérieur de celle-ci les gros vaisseaux qui y portent le sang et l'en ramènent, ainsi que les nerfs qui règlent la sécrétion. C'est aussi de ce point que naît pour chaque rein l'uretère qui conduit l'urine dans la vessie.

La couleur des reins est généralement d'un brun rougeâtre. Leur surface est lisse chez l'Homme et un très grand nombre de Mammifères; chez le Bœuf et quelques autres Ruminants, elle est marquée de sillons profonds, disposés en réseau, qui découpent sa surface en une sorte de mosaïque; la glande prend chez les Phoques et les Dauphins l'apparence générale d'une grappe de raisin (fig. 92). Même dans les espèces où la surface du rein est lisse, quand on vient à couper cet organe suivant son plan de symétrie, on reconnaît qu'il est constitué par un certain nombre de pyramides juxtaposées, entièrement confondues à leur base, mais dont les sommets, bien distincts les uns des autres, font saillie, comme des mamelons, à l'intérieur de l'organe (fig. 93). Les sommets des pyramides sont em-

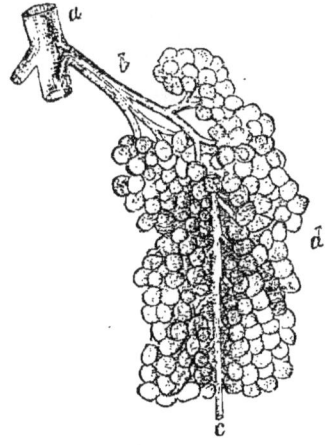

Fig. 92. — Portion du rein d'un Dauphin. — *a*, artère descendante fournissant l'artère rénale; *b*, artère rénale; *c*, grappe de lobules rénaux; *d*, uretères.

brassés par des espèces de courts entonnoirs membraneux, les *calices* (d), chargés de recueillir le liquide chargé d'urée qui perle à leur surface et de le porter dans un réservoir temporaire, le *bassinet* (e), contenu dans le rein lui-même. Du bassinet émerge l'uretère qui aboutit, comme nous l'avons dit, à la *vessie*.

Le microscope montre que les pyramides sont constituées dans la partie la plus voisine du sommet, qui est de couleur

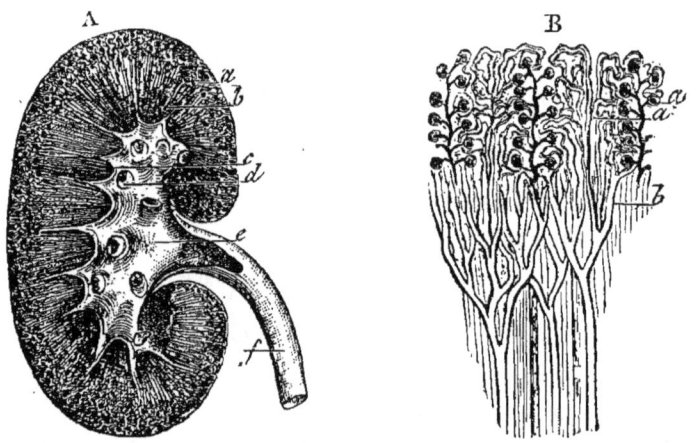

Fig. 93. — Structure des reins. — A, coupe d'un rein de Mouton : *a*, substance corticale; *b*, substance tubuleuse formée de tubes droites; *c*, pyramides; *d*, calices; *e*, bassinet; *f*, uretère. — B, substance glandulaire du rein plus grossie; *a*, corpuscules de Malpighi; *a'*, partie sinueuse des canalicules urinaires; *b*, partie rectiligne de ces tubes.

pâle, par des tubes légèrement ramifiés, suivant d'abord un trajet presque rectiligne. Arrivés dans la couche externe, plus colorée, qu'on appelle la *substance corticale* du rein, leurs faisceaux forment des traînées blanchâtres, désignées sous le nom de *rayons médullaires;* là, ces tubes s'infléchissent à droite et à gauche de chaque rayon, deviennent extrêmement sinueux et aboutissent chacun à un corpuscule sphérique visible à la loupe comme un point rouge (fig. 93, B). Ce sont ces corpuscules, appelés, du nom de l'anatomiste qui les a découverts, *corpuscules de Malpighi*, qui sont les organes essentiels de la sécrétion rénale (fig. 94).

Chaque rein donne naissance à un *uretère*. Ces conduits ont, chez l'Homme, la grosseur d'une plume d'oie; leur longueur est de 25 à 30 centimètres. Ils viennent s'ouvrir à la partie inférieure de la vessie, en traversant très oblique-

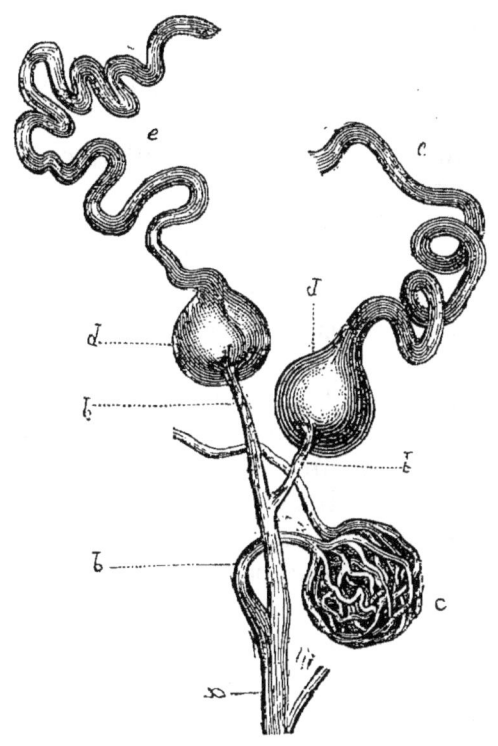

Fig. 94. — Terminaison des canalicules urinaires. — *a*, extrémité d'un rameau de l'artère rénale; *b*, artère afférente; *c*, corpuscule de Malpighi, dépouillé de son enveloppe et montrant le peloton de vaisseaux capillaires que forment, à son intérieur, les rameaux veineux et artériels qui y aboutissent; *d*, corpuscule entouré de sa capsule, formée par une dilatation du canalicule urinaire qui se réfléchit autour de lui de manière à l'envelopper complètement; *e*, tube urinifère; *f*, veinule rénale.

ment ses parois, disposition qui a pour effet de faciliter la fermeture de leur orifice et d'empêcher le reflux vers les reins du liquide contenu dans la vessie.

La *vessie*, où se rassemble le produit de la sécrétion des reins, est une poche ayant environ un volume d'un demi-litre quand elle est distendue. Ses parois contiennent une double couche de fibres musculaires lisses, qui déterminent la contraction de l'organe lorsqu'elle devient nécessaire.

Acides urique et hippurique; urée. — Goutte et maladies voisines. — Chez les Serpents et les Oiseaux les reins sécrètent, au lieu d'un liquide, une concrétion blanchâtre à demi solide, rejetée avec les excréments, et contenant une très forte proportion d'un acide particulier, l'*acide urique*.

Les principaux produits de désassimilation qu'éliminent les reins des mammifères sont de l'*acide urique*, de l'*acide hippurique* et surtout de l'*urée*. Ce sont là des substances azotées; la composition de l'urée est elle-même identique à celle du cyanate d'ammoniaque. Aussi sous l'action de la chaleur et sous celle de certains ferments se transforme-t-elle facilement en carbonate d'ammoniaque. De là l'odeur ammoniacale que répandent les déjections organiques putréfiées.

L'acide urique est surtout produit par les mammifères Carnivores, l'acide hippurique par les Herbivores. Ces deux acides sont éliminés ordinairement, combinés avec la soude, en compagnie de phosphates, de lactates et de chlorures ammoniacaux et alcalins, d'un peu de phosphate de chaux et de magnésie et même d'une très faible quantité de silice.

A la suite d'un régime trop exclusivement azoté, l'acide urique se forme souvent en quantité surabondante dans l'organisme. Les reins deviennent alors impuissants à l'extraire en quantité suffisante, et cet acide se dépose fréquemment dans les articulations, en compagnie de divers sels : telle est la cause des nodosités qui déforment les mains et les pieds des *goutteux*. Avant l'apparition de ces accidents, il arrive souvent que le liquide rénal, trop chargé de sels, en laisse déposer à l'état solide soit dans les reins, soit dans la vessie. La formation habituelle de ces *calculs* constitue l'affection connue sous le nom de *gravelle*, qui est intimement liée à la *goutte*. C'est la présence de semblables calculs dans les reins qui produit les coliques néphrétiques; leur expulsion de la vessie cause aussi de vives douleurs.

Quand un calcul séjourne longtemps dans la vessie, il

grossit souvent beaucoup trop pour qu'il en puisse naturellement sortir; sa présence peut alors causer de graves désordres, et l'intervention du chirurgien devient bientôt nécessaire. Autrefois on ne guérissait la *pierre* qu'en ouvrant les parois de l'abdomen et de la vessie pour aller chercher directement le calcul. C'était la grave et douloureuse opération de la *taille*. On sait aujourd'hui atteindre la pierre dans la vessie et la broyer en place sans avoir à faire aucune incision; l'expulsion des fragments a lieu naturellement, comme celle des petits calculs de la gravelle. Cette opération est la *lithotritie*.

En dehors des produits qu'ils éliminent normalement, les reins peuvent en extraire du sang beaucoup d'autres, qui varient avec tous les accidents de l'alimentation. Un très grand nombre de substances solubles non assimilables sont ainsi rejetées, soit qu'elles aient été introduites dans l'appareil digestif, soit qu'elles aient été simplement appliquées sur la peau et absorbées par elle. On a vu des sels appliqués sur la peau commencer, au bout de dix minutes, à paraître dans la vessie; il ne faut pas plus d'une minute au prussiate de potasse injecté dans le sang pour arriver dans la substance corticale des reins.

La sécrétion constante de sucre par les reins caractérise le *diabète sucré;* celle de l'albumine caractérise l'*albuminurie*. Le diabète sucré et l'albuminurie ne sont pas des maladies localisées dans les reins; ce sont le plus souvent des maladies de l'organisme tout entier, dont l'altération de la sécrétion rénale ne fait qu'indiquer l'existence. Sans toucher en aucune façon aux reins, Claude Bernard a pu rendre des animaux diabétiques en piquant avec une aiguille une région déterminée de leur cerveau.

Équilibre des fonctions de nutrition. — A l'état normal, la quantité de liquide extraite du sang en un jour, par les reins d'une personne de taille moyenne, est d'environ 1300 grammes, contenant 28 grammes d'urée et 14 grammes d'azote. Ces 14 grammes ne représentent qu'une partie de la perte en azote que fait quotidiennement l'organisme et qu'il lui faut réparer. La sueur élimine, en effet, en 24 heures,

10 grammes d'urée, c'est-à-dire 5 grammes d'azote, aussi on peut évaluer à une vingtaine de grammes la perte quotidienne de l'organisme en azote. Il s'établit, d'ailleurs, entre l'activité des reins et celle des glandes sudoripares, une sorte de balancement. Pendant l'été, où la sécrétion de la sueur est abondante, l'activité des reins diminue; le contraire a lieu pendant l'hiver.

Si l'on vient à tenir compte de tout ce qui est expulsé de l'organisme par les glandes digestives, par les poumons, par la peau et par les reins, on trouve qu'en un jour il sort, en moyenne, du corps humain :

310 grammes de carbone,
20 — d'azote,
2000 — d'eau.

Pour que le poids du corps ne s'amoindrisse pas, il faut que les aliments lui restituent une quantité de carbone et d'azote au moins égale à ces pertes ; c'est là ce qu'on appelle la *ration d'entretien*. Cette ration d'entretien est approximativement représentée par une nourriture composée de 1000 grammes de pain et 286 grammes de viande. C'est à peu près la ration qu'avait en France le soldat, il y a quelques années, et qui était ainsi composée :

Pain.................................. 1066 grammes.
Viande............................. 285 —
Légumes........................... 200 —

L'écart entre la ration d'entretien et la ration réelle du soldat était d'ailleurs plus grand qu'il ne paraît ici, car nous n'avons pas tenu compte du vin et du café dont il était fait chaque jour distribution.

Le travail modifie la quantité d'aliments qui doit être ingérée quotidiennement. Moleschott a calculé que les aliments consommés chaque jour par un ouvrier robuste devaient contenir :

Substances albuminoïdes	130	grammes.
Graisse	84	—
Corps transformables en graisse	404	—
Sels minéraux	30	—
Eau	2800	—
Total	3448	grammes.

Lorsque la quantité d'aliments fournis à l'homme tombe au-dessous de la ration d'entretien, la *faim* et la *soif* se font sentir, sensations singulières, mal expliquées, mal définies, dont le siège paraît être à l'estomac pour la faim, au gosier pour la soif, mais qui ne sont, comme la lourdeur des paupières chez un homme qui a sommeil, que l'indication d'un besoin général de l'organisme. Les effets d'une alimentation insuffisante varient naturellement beaucoup avec la nature et le degré d'insuffisance de cette alimentation. La privation totale d'aliments, observée dans les pays sujets à des famines, ou accidentellement chez nous, entraîne un amaigrissement rapide, suivi d'une diminution considérable du volume des muscles, de telle sorte que la peau semble, suivant une expression vulgaire, « se coller aux os ». L'individu se nourrit aux dépens de lui-même, si bien que ses excrétions prennent tous les caractères de celles des Carnivores. Plus tard, la muqueuse buccale, celles de l'œsophage et de l'estomac s'enflamment, la fièvre, le délire apparaissent, accompagnés d'une grande excitation nerveuse; un engourdissement survient contre lequel il est possible de lutter quelque temps encore en réchauffant l'inanitié; enfin la mort arrive lorsque l'homme ou l'animal a perdu environ les deux cinquièmes de son poids. La privation de certaines catégories d'aliments produit les mêmes effets que l'inanition pure et simple; l'organisme possède, du reste, des réserves qui peuvent modifier les résultats des expériences; l'une de ces réserves est la graisse, dont nous devons maintenant parler.

Sécrétion de la graisse. — Toutes les substances élaborées par les éléments organiques et qui n'entrent pas immédiatement dans la constitution de l'être vivant ne sont pas pour cela rejetées au dehors : un nombre assez considérable d'entre elles se déposent à l'intérieur même des tissus (fig. 95); parfois elles n'y séjournent qu'un certain temps et sont ensuite reprises, soit pour être expulsées définitivement, soit pour servir à la nutrition, à titre complémentaire. La formation de ces substances est, en somme, un phénomène de sécrétion qui ne diffère de ceux que nous venons d'étudier que par la persistance de la matière sécrétée à l'intérieur de l'organisme. C'est par ce procédé de sécrétion, très répandu dans le Règne végétal, que se forment et s'accumulent dans l'organisme des animaux, des substances d'une haute importance au point de vue physiologique, les *substances grasses*. Ces substances sont composées de carbone, d'hydrogène et d'oxygène, unis en proportions très variées. Chez les Vertébrés aquatiques, tels que les Poissons, les Cétacés, les Phoques ou même certains Oiseaux, elles sont généralement liquides à la température ordinaire et appartiennent par conséquent à la catégorie des *huiles;* chez les Vertébrés terrestres, elles sont solides ou demi-solides, au-dessus de 30 degrés, mais fondent à une température inférieure à 100 degrés; ce sont là les *graisses* proprement dites.

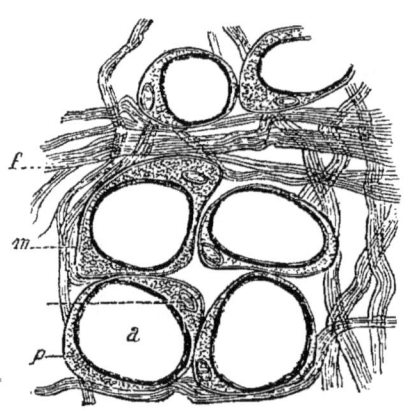

Fig. 95. — Portion de tissu, contenant des gouttelettes de graisse. — *f*, fibres; *a*, gouttelette de graisse à l'intérieur d'une cellule dont *m*, *p* et *n* sont les diverses parties.

On trouve de la graisse dans toutes les parties du corps; elle s'accumule souvent au voisinage des viscères importants, comme le cœur, les reins, autour desquels elle constitue un tissu protecteur. Il en existe une grande quantité en diverses régions du péritoine, surtout dans le grand épiploon; souvent elle forme aussi sous la peau une couche assez épaisse. La graisse se produit en quantité plus considérable pendant l'enfance et dans la seconde moitié de l'âge mûr que pendant la jeunesse et la vieillesse; elle est plus abondante proportionnellement chez les hommes des pays froids que chez les hommes des pays chauds.

Rôle de la graisse. — Ces conditions sont en rapport avec le rôle de la graisse dans l'économie. Si elle protège, dans une certaine mesure, les viscères importants, en les isolant des organes voisins, elle forme aussi autour du corps une enveloppe peu conductrice qui diminue la déperdition de chaleur par la peau. Cette déperdition est relativement plus grande chez l'enfant que chez l'adulte, en raison du moindre volume, à surface égale, de son corps ; elle est plus grande aussi chez les habitants des pays froids que chez les habitants des pays chauds, à cause du peu d'élévation de la température extérieure ; plus grande encore chez les animaux aquatiques que chez les aériens, à cause de la forte chaleur spécifique de l'eau. Aussi les animaux aquatiques produisent-ils des quantités d'huile proportionnellement énormes. Cette huile a d'ailleurs chez eux une autre importance, car elle allège leur poids relatif, et facilite par conséquent leurs mouvement dans l'eau.

Mais c'est surtout au point de vue de la nutrition que la graisse joue un rôle important. Elle n'est le plus souvent que temporairement emmagasinée dans les tissus. Lorsque, pour une raison quelconque, la consommation de l'organisme dépasse ce que les aliments lui fournissent de matière assimilable, la graisse est peu à peu reprise par le sang partout où elle est déposée, et l'être vivant trouve ainsi en lui-même un supplément d'alimentation. C'est ce qui arrive dans toutes les maladies qui portent sur les fonctions de nutrition et qui amènent un amaigrissement plus ou moins rapide ; c'est ce qui arrive aussi quand l'alimentation est insuffisante : la graisse, accumulée d'avance, permet de résister plus ou moins longtemps à l'inanition. Cette fonction de la graisse est, pour ainsi dire, régularisée chez les *animaux hibernants*, tels que les Ours, les Hérissons, les Marmottes, les Loirs, qui passent l'hiver dans un sommeil léthargique et qui par conséquent ne mangent pas. Au début de la saison froide, ils sont chargés d'une quantité considérable de graisse, qui, non seulement les nourrit pendant leur engourdissement, mais encore les protège contre un refroidissement trop rapide. Au printemps, leur provision de graisse est à peu près épuisée, mais alors ils redeviennent actifs et peuvent la reconstituer.

Engraissement des animaux. — On a cru longtemps que les Végétaux avaient seuls le pouvoir de former les substances grasses. Ces substances étaient, pensait-on, assimilées telles quelles par les animaux herbivores et déposées dans leurs tissus, où les trouvaient, à leur tour, toutes formées, les animaux carnivores. Huber avait cependant observé que les Abeilles, exclusivement nourries de sucre, n'en formaient pas moins de la cire. Cette observation a été confirmée par MM. Milne Edwards et Dumas; MM. de Lacaze-Duthiers et Riche ont montré, de leur côté, que les larves des Cynips, qui vivent dans les galles des arbres, font de la graisse avec les matières sucrées et la cellulose contenues dans ces excroissances. Les expériences en grand de Liebig sur l'engraissement des Oies, à l'aide du maïs, celles de M. Boussingault sur l'engraissement des animaux domestiques, ont mis hors de doute que la graisse pouvait très bien être formée, chez les animaux, à l'aide de substances féculentes ou sucrées, et, quoique le fait n'ait pas été établi d'une manière positive en ce qui concerne les substances organiques azotées, tous les physiologistes sont portés à admettre que ces dernières peuvent, tout aussi bien que les substances dépourvues d'azote, se transformer en substances grasses.

Une alimentation riche en matières grasses et féculentes favorise d'une façon toute particulière l'engraissement.

La formation de la graisse dans l'organisme réclame d'ailleurs certaines conditions. Il est évident que toute augmentation d'activité, amenant une consommation plus grande de substances alimentaires, tendra, toutes choses égales d'ailleurs, à diminuer la quantité de graisse qui se déposera dans les tissus. Aussi voit-on les animaux carnivores, qui dépensent plus d'énergie que les animaux herbivores, engraisser plus difficilement que ces derniers; les herbivores, à leur tour, engraissent d'autant plus vite qu'ils sont voués à un repos plus complet. Les éleveurs obtiennent ce résultat en séquestrant les sujets qu'ils veulent engraisser rapidement, en les maintenant, autant que possible, dans l'immobilité, et en les éloignant même de la lumière, de manière à les forcer à conserver une tranquilité aussi grande que possible.

Tous les animaux ne prennent pas la graisse avec une égale facilité; non seulement il est des espèces, comme le porc, qui sont plus faciles à engraisser que d'autres, mais, dans la même espèce, les divers individus présentent de notables différences. On choisit de préférence pour l'engraissement ceux dont les os sont petits, la peau fine, les jambes courtes, le dos plat, les formes presque carrées.

Formation du glycogène dans le foie. — Des éléments d'une autre catégorie préparent aussi une matière alimentaire particulière, qu'ils tiennent momentanément en réserve et qu'ils abandonnent au sang au fur et à mesure des besoins de l'économie : ce sont les éléments constitutifs du foie. La substance qu'ils sécrètent, voisine de l'amidon, capable de se transformer en sucre avec la plus grande facilité, a été nommée *glycogène* par Claude Bernard, qui a découvert cette importante fonction de la plus volumineuse des glandes de l'appareil digestif. Le fait même de l'accumulation dans le foie des substances sucrées est facile à démontrer par une simple comparaison de la composition du sang de la veine porte avec celle du sang ordinaire. Le sang artériel se montre, en général, moins riche en sucre que le sang de la veine porte, mais il est facile d'augmenter beaucoup cette différence; la richesse en sucre de la veine porte devient, en effet, très grande lorsqu'on nourrit un animal avec des matières féculentes; au contraire, même dans ce mode d'alimentation, la proportion de sucre contenue dans le sang artériel demeure ce qu'elle était auparavant; le sucre est donc absorbé sur le trajet de la veine porte; et comme le sang des veines sus-hépatiques n'est pas beaucoup plus riche en sucre que le sang artériel, il faut bien admettre que c'est dans le foie que le sucre est demeuré. Mais il n'y reste pas tout entier; une partie est entraînée dans la profondeur des tissus, où il disparaît du sang pour servir à la nutrition.

Le tissu du foie ne contient pas, comme on pourrait le croire, beaucoup de sucre proprement dit. On peut, par des injections d'eau répétées, épuiser presque complètement la quantité de ce corps contenue dans un foie encore frais; mais qu'on abandonne ce foie à lui-même et qu'on le lave de nouveau, on en extraira encore une quantité de sucre qui augmentera avec l'intervalle de temps laissé entre le dernier et l'avant-dernier lavage. Le sucre n'est donc pas tout formé dans le foie, il s'y forme peu à peu. Soumis à l'analyse chimique, le tissu du foie fournit, en effet, non pas du sucre, mais une substance que l'iode colore en violet, que l'acide acétique précipite à l'état gommeux de ses dissolutions, et dont la formule chimique est $C^{12}H^{10}O^{10} + 2HO$. C'est là le *glycogène*.

D'ailleurs, comme on extrait du sucre du foie, alors même que l'organe a été rendu complètement exsangue par des lavages, il est bien évident que le sucre abandonné provient, non pas du sang, mais de la substance du foie elle-même. Cette subtance peut fabriquer le glycogène de toutes pièces, ar chez les animaux nourris de chair, le sang des veines intestinales et de la veine porte qui se rend au foie, est moins riche en sucre que le sang des veines hépatiques qui en sortent, ou n'en contient pas du tout. Le foie abandonnant au sang plus de sucre qu'il n'en reçoit, il faut bien, de toute nécessité, qu'il en produise.

A ses fonctions dépuratrices et digestives, le foie, glande remarquable entre toutes, ajoute donc une fonction nouvelle et d'une nature toute particulière : il prépare et tient en réserve une substance qu'il restitue peu à peu au sang, et qui va, dans toutes les parties de l'organisme, servir à la nutrition des éléments anatomiques. C'est d'ailleurs aussi, en partie, dans le foie que se forme l'urée, qui est ensuite filtrée et rejetée par les reins.

Production du lait. — Une autre sécrétion importante, bien qu'elle ne soit pas utile à l'individu qui la produit, est le *lait* qui sert à nourrir les jeunes de tous les Mammifères et qui est, dans toute exploitation agricole, la source de profits considérables.

Les vaches, les brebis et les chèvres sont, dans nos pays, les véritables fournisseurs de la laiterie; on recommande pourtant quelquefois le *lait d'ânesse* à certains malades; et le lait des chamelles, celui des lamas, voire même celui des juments remplacent, chez divers peuples, le lait de nos trois espèces de Ruminants.

Le lait devant suffire à l'alimentation des jeunes animaux contient les trois catégories de matières nutritives qui entrent dans la composition de tous les aliments, savoir : 1º des matières sucrées; 2º des matières grasses; 3º des matières albuminoïdes. Les matières sucrées y sont surtout représentées par le *sucre de lait*, susceptible de se transformer en *acide lactique*, sous l'action d'un ferment particulier, analogue à la levure de bière. On dit alors que le lait aigrit. L'ébullition que l'on fait subir au lait pour le conserver a pour but de détruire les germes de ferment lactique qu'il peut contenir; mais cette pratique ne réussit complètement que si l'on place ensuite le lait dans des vases eux-mêmes complètement débarrassés, par un lavage récent *à l'eau bouillante*, de tout germe de ferment, et si on le maintient ensuite à l'abri des germes qui flottent dans l'atmosphère.

L'ébullition détruit non seulement les germes de ferment, mais encore les germes morbides que le lait peut contenir; il est établi aujourd'hui que le lait non bouilli fourni par des vaches phtisiques — elles le sont presque toutes dans les grandes villes — peut communiquer cette redoutable maladie. Il est donc prudent, à tous égards, de ne boire soi-même, et surtout de ne faire boire aux très jeunes enfants que du lait bouilli. C'est un préjugé de croire que ce lait a perdu de ses propriétés nutritives.

L'acide lactique du lait aigri détermine la coagulation de l'une des substances albuminoïdes les plus importantes que contienne le lait, la *caséine*. La caséine coagulée se précipite sous la forme de grumeaux blancs; quand elle apparaît ainsi, on dit que le lait est *caillé*. La caséine coagulée, recueillie à part et conservée plus ou moins longtemps, subit sous l'action de ferments nouveaux des modifications diverses, et constitue la substance des *fromages*.

Elle est ordinairement mélangée dans les fromages à une plus ou moins grande proportion de la substance grasse qui est particulière au lait et qu'on appelle le *beurre*. Dans le lait ordinaire, le beurre est divisé en une infinité de très petites gouttelettes, enveloppées d'une fine membrane de matière albuminoïde; il y est en *émulsion*. Ces gouttelettes tenues en suspension dans le lait lui donnent sa couleur blanche. Quand on laisse le lait se reposer, les gouttelettes de beurre montent peu à peu à la surface, où elles forment la *crème*. Il suffit de battre cette crème, préalablement mise à part, avec des verges ou une simple fourchette, pour rompre les vésicules qui enferment les gouttelettes graisseuses; ces gouttelettes, devenues libres, s'agglomèrent et forment une masse unique, qu'il faut ensuite laver pour en former le beurre du commerce. Le liquide qui reste quand on a enlevé au lait son beurre et sa caséine est le *sérum* ou *petit-lait*. Il est essentiellement formé d'albumine, d'eau et de sucre.

Le petit-lait peut fermenter et fournir, comme toute matière sucrée, une liqueur alcoolique. Le koumis des Cosaques, qui mousse comme du champagne, n'est que du lait de jument fermenté. On l'ordonne quelquefois comme aliment dans la phtisie.

Le lait de chèvre, le lait de brebis ne servent guère qu'à la fabrication des fromages; le lait de vache, outre qu'il en est directement consommé de grandes quantités, fournit la presque totalité du beurre qui approvisionne nos marchés. Toutes les vaches ne sont pas également bonnes laitières; en général, il y a un rapport inverse entre l'aptitude à engraisser et l'aptitude à fournir du lait.

Une bonne vache fournit assez souvent jusqu'à 3600 litres de lait par an, c'est-à-dire près de 10 litres par jour; mais une production moyenne de 6 à 7 litres par jour est déjà très satisfaisante. Cette production est d'ailleurs proportionnelle au poids de l'animal et à l'abondance de son alimentation. Une vache fournit un litre et demi de lait par 100 kilogrammes de son poids et 40 litres de lait par 100 kilogrammes de foin de première qualité. La richesse d'un lait en beurre et en caséine diminue d'ailleurs avec l'abondance de la lactation. Les vaches hollandaises fournissent 20 litres de lait par jour, les vaches anglaises du Hereford 12 1/2 seulement. Or les 20 litres des premières ne contiennent que 585 grammes de beurre et 620 grammes de fromage, tandis que les 12^{lit},50 des secondes donnent 715 grammes de beurre et 650 gr. de fromage.

Les races laitières les plus appréciées sont : la race d'Ayr, importée d'Angleterre en Bresse, en Bretagne, et répandue en diverses autres localités ; la race Bretonne, petite et tachée de noir et de blanc ; la race Normande, la race Hollandaise et sa voisine la race Flamande ; la race Jurassienne et la race de Schwitz.

Il existe en France près de 6 millions de vaches laitières, produisant annuellement pour 700 millions de lait, beurre ou fromage. L'importance de l'industrie laitière est donc énorme ; mais le rendement de cette industrie est subordonné, en raison de la grande altérabilité du lait, aux soins de propreté qu'on y apporte et au choix de l'alimentation qu'on fournit aux bêtes. Certaines plantes, telles que la grassette (*Pinguicula vulgaris*), rendent le lait visqueux et altérable ; la garance le colore en rouge ; enfin le lait prend quelquefois, après la traite, une couleur jaune ou bleue et un mauvais goût, qui sont dus à l'invasion de parasites microscopiques, de vibrions, dont on ne se débarrasse que par les soins de propreté les plus minutieux, une fois qu'ils ont envahi la laiterie.

CHAPITRE VIII

INNERVATION. L'AXE CÉRÉBRO-SPINAL CHEZ LES VERTÉBRÉS

Toutes les parties de l'organisme sont reliées par des conducteurs spéciaux, les *nerfs*, à un appareil central qui les tient sous sa domination, établit l'harmonie entre leurs fonctions et devient ainsi le régulateur de la vie. Cet appareil est formé de deux organes, eux-mêmes en continuité l'un avec l'autre : la *moelle épinière*, contenue dans la colonne vertébrale, et le *cerveau*, abrité par le crâne. L'ensemble formé par les nerfs, la moelle épinière et le cerveau constitue le *système nerveux*.

Moelle épinière. — La moelle épinière, dont la forme est sensiblement celle d'un cône (fig. 97), est contenue dans le *canal rachidien* (fig. 96), formé par la réunion des trous vertébraux, compris entre les disques et les arcs neuraux des vertèbres. Elle s'étend depuis le trou occipital jusqu'à la deuxième vertèbre lombaire chez l'adulte. Là elle se termine par un ensemble de nerfs destinés au bassin et aux jambes, et constituant ce qu'on appelle la *queue de cheval*. Un ligament, caché parmi les nerfs qui composent la queue de cheval, le *ligament coccygien*, l'unit au coccyx. Au-dessus du trou occipital, elle se continue dans le crâne avec la *moelle allongée*, qui s'implante elle-même sur le cerveau (fig. 96 et 97).

Les disques des vertèbres, leurs apophyses transverses et épineuses (fig. 96, E à I), constituent déjà, pour la moelle épinière, un appareil protecteur; trois membranes, les *méninges spinales*, que nous retrouverons autour du cerveau, viennent encore l'envelopper, en même temps qu'elles la fixent dans le canal rachidien; ce sont, de dehors en dedans : la *dure-mère*, l'*arachnoïde* et la *pie-mère*. Un liquide, le *liquide céphalo-rachidien*, sépare l'arachnoïde de la pie-mère.

INNERVATION. 187

Ce n'est, bien entendu, que d'une manière approximative

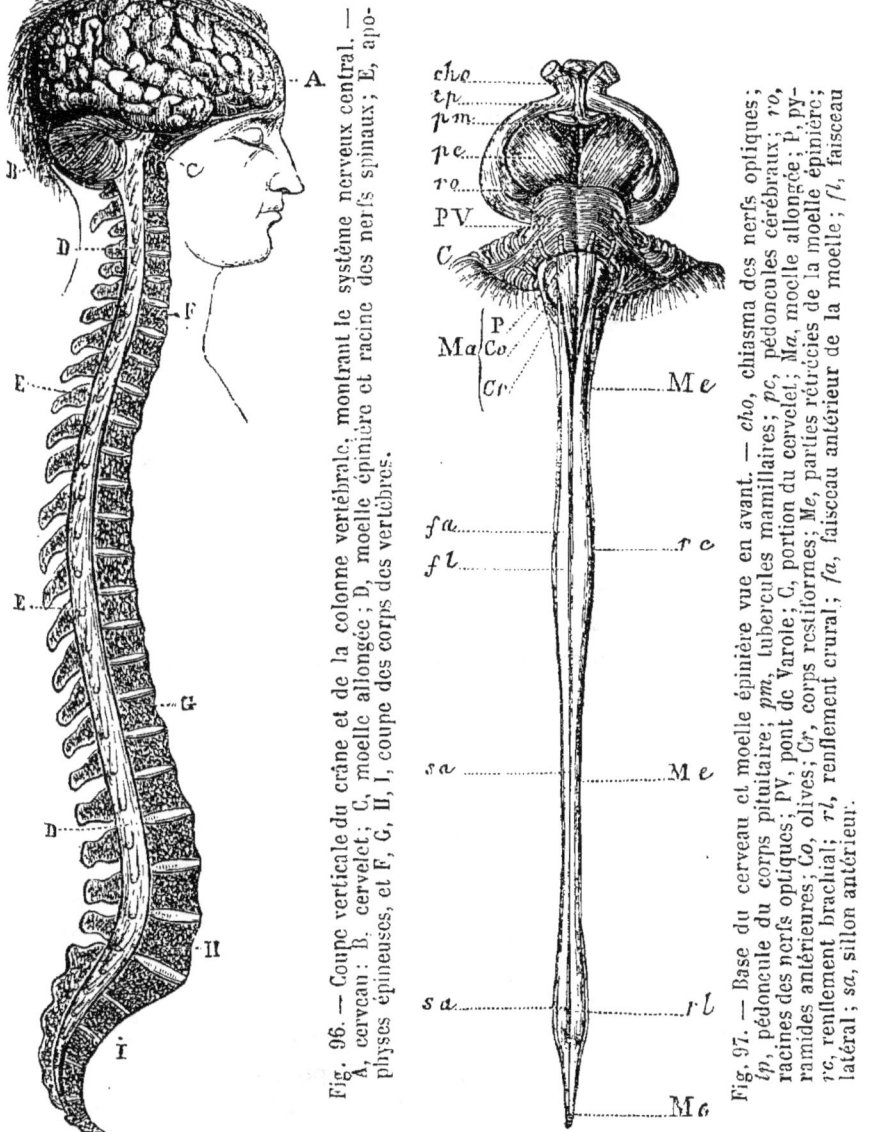

Fig. 96. — Coupe verticale du crâne et de la colonne vertébrale, montrant le système nerveux central. — A, cerveau; B, cervelet; C, moelle allongée; D, moelle épinière et racine des nerfs spinaux; E, apophyses épineuses, et F, G, H, I, coupe des corps des vertèbres.

Fig. 97. — Base du cerveau et moelle épinière vue en avant. — *cho*, chiasma des nerfs optiques; *tp*, pédoncule du corps pituitaire; *pm*, tubercules mamillaires; *pc*, pédoncules cérébraux; *ro*, racines des nerfs optiques; PV, pont de Varole; C, portion du cervelet; Ma, moelle allongée; P, pyramides antérieures; Co, olives; Cr, corps restiformes; Me, parties rétrécies de la moelle épinière; *rc*, renflement brachial; *rl*, renflement crural; *fa*, faisceau antérieur de la moelle; *fl*, faisceau latéral; *sa*, sillon antérieur.

qu'on peut attribuer une forme conique à la moelle épinière;
elle est un peu aplatie d'avant en arrière et se renfle en

deux régions, l'une comprise entre la troisième vertèbre cervicale et la deuxième vertèbre dorsale, l'autre entre les neuvième et onzième vertèbres dorsales. Ces deux renflements correspondent à l'origine des nerfs qui se rendent aux membres, et sont désignés sous les noms de *renflement brachial* et de *renflement crural*.

Tout le long de la ligne médiane de la moelle, aussi bien en avant qu'en arrière, on observe un sillon assez profond (fig. 97). Le sillon de devant est désigné sous le nom de *sillon médian antérieur*; l'autre sous le nom de *sillon médian postérieur*. Ces deux sillons partagent la moelle en deux moitiés symétriques. A 2 millimètres environ en dehors du sillon postérieur, on observe, de chaque côté, un autre enfoncement de la moelle, le *sillon intermédiaire postérieur*, qui s'efface au niveau des premières vertèbres; plus en dehors se trouve un autre sillon longitudinal plus profond, le *sillon collatéral postérieur*. Ces sillons limitent des *cordons* de la moelle, qui portent, suivant leur position, les noms de *cordon postérieur* et *cordon antéro-latéral*.

Cette division mérite l'attention. En effet, en face de chaque paire des trous de conjugaison des vertèbres, la moelle donne naissance à une paire de nerfs, qui émergent entre deux vertèbres consécutives, pour venir se ramifier dans les parois du corps ou dans les membres. Ces nerfs naissent tous par deux racines situées à peu près au même niveau : l'une de ces racines est fournie par le cordon postérieur, l'autre par le cordon antéro-latéral. La *racine postérieure* de chaque paire nerveuse s'unit à la *racine antérieure* avant de sortir du canal rachidien. Cette racine se renfle toujours, avant de s'unir à l'autre, en un petit ganglion qui permet de la reconnaître immédiatement sur une moelle coupée.

Nerfs rachidiens; plexus. — Le nombre des paires de *nerfs rachidiens* qui naissent ainsi est précisément égal à celui des intervalles vertébraux, et ce rapport est conservé même pour les nerfs de la queue de cheval qui correspondent aux paires de trous de conjugaison des lombes et du sacrum. Il suit de là que l'on peut considérer la moelle comme formée d'autant de segments qu'il existe de vertèbres bien développées. On appelle *nerfs cervicaux* les nerfs qui émergent entre les vertèbres du cou, *nerfs dorsaux*, *nerfs lombaires*, *nerfs sacrés*, ceux qui naissent dans les régions dorsale, lombaire et sacrée de la colonne vertébrale.

Les nerfs qui se rendent aux bras et aux jambes présentent une disposition particulière. Ils sont au nombre de cinq pour chaque membre, nombre qui est précisément égal à celui des doigts, comme si les membres résultaient de la soudure de cinq appendices ayant chacun leur nerf spécial, et qui seraient demeurés libres seulement à leur extrémité périphérique. Avant de pénétrer dans les membres, les cinq nerfs d'un même côté offrent de nombreuses anastomoses qui constituent ce qu'on nomme le *plexus brachial* et le *plexus lombaire*.

D'une manière générale, on nomme *plexus* un ensemble de nerfs qui sont unis réciproquement par des filaments nerveux, comme si leurs fibres s'enchevêtraient à la façon des fils d'un écheveau embrouillé.

Grand sympathique. — Outre les nerfs rachidiens, la moelle épinière donne encore naissance à un appareil nerveux d'une grande importance, dont les rameaux sont principalement destinés aux viscères et aux vaisseaux : c'est le *système du grand sympathique* (fig. 98), qu'on a longtemps considéré comme le système nerveux de la *vie organique*, l'ensemble des autres nerfs constituant le système nerveux de la *vie de relation*. Théoriquement, on peut considérer le grand sympathique comme formé par une double chaîne de ganglions, symétriques deux à deux, reliés à la moelle épinière par des rameaux nerveux qui s'accolent aux nerfs rachidiens, unis entre eux par des rameaux longitudinaux, et envoyant de toutes parts, dans les viscères, des rameaux qui s'anastomosent de la façon la plus complexe. On compte, en général, deux ou trois paires de ganglions cervicaux, onze ou douze de ganglions thoraciques, quatre ou cinq de ganglions abdominaux et quatre de ganglions sacrés.

Presque tous les nerfs rachidiens, qui naissent déjà de la moelle épinière par deux racines, sont accompagnés par un rameau du grand sympathique et possèdent ainsi une triple origine. Ce sont des *nerfs mixtes*.

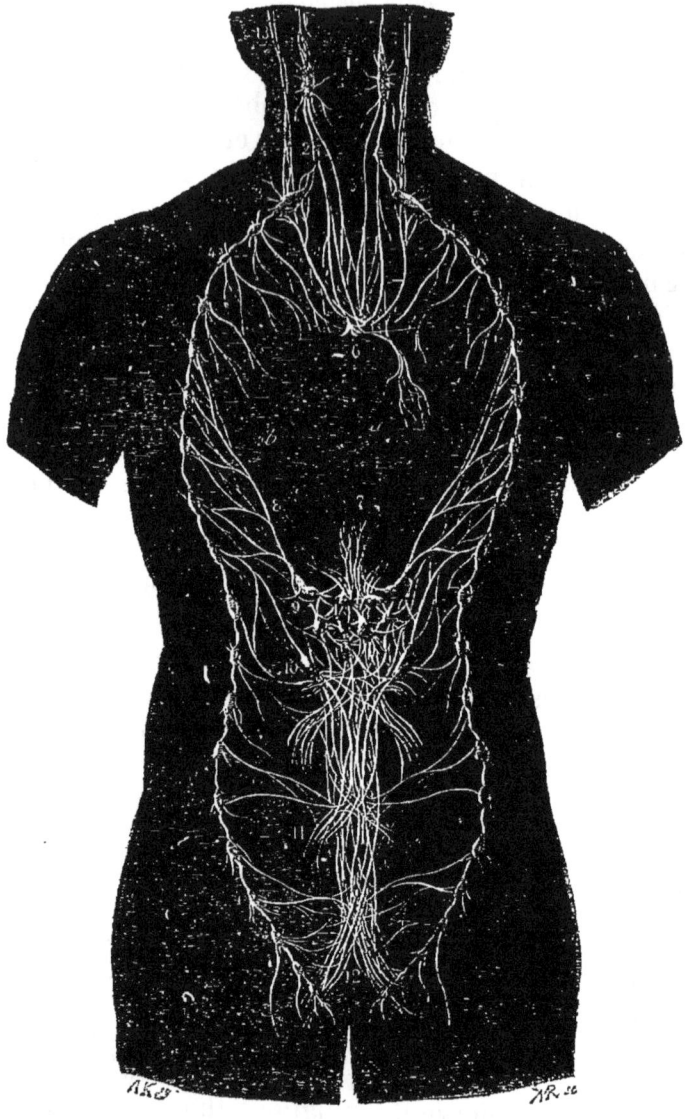

Fig. 98. — Vue de face du grand sympathique (figure demi-théorique). — 1, ganglion cervical supérieur; 2, ganglion cervical moyen; 3, ganglion cervical inférieur; 4, ganglions thoraciques et abdominaux; 5, branches viscérales du ganglion cervical supérieur; 6, plexus cardiaque; 7, plexus diaphragmatique inférieur; 8, grand nerf splanchnique; 9, ganglion semi-lunaire; 10, plexus solaire; 11, plexus lombo-aortique; 12, plexus hypogastrique; 13, nerf vertébral.

Description de l'encéphale; cerveau. — En pénétrant dans le crâne pour constituer la *moelle allongée*, la moelle épinière change peu de caractère : elle se renfle légèrement à mesure qu'elle remonte, de manière à présenter la forme d'une massue ; les quatre cordons principaux demeurent nettement distincts ; suivons d'abord les cordons postérieurs dans leur trajet.

Ces cordons commencent par s'écarter légèrement l'un de

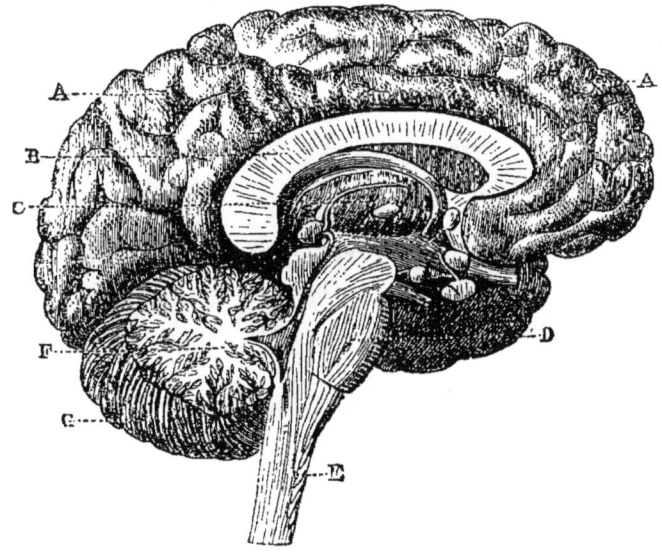

Fig. 99. — Coupe verticale du cerveau passant entre les deux hémisphères. — A, hémisphère gauche ; B, corps calleux ; C, couche optique ; D, protubérance annulaire ; E, moelle allongée ; F, coupe du cervelet montrant l'arbre de vie ; G, hémisphère gauche du cervelet.

l'autre ; leur intervalle rappelant un peu l'apparence d'un bec de plume, on lui a donné le nom de *calamus scriptorius*. En même temps qu'ils s'écartent, ils se redressent et pénètrent dans une masse nerveuse assez volumineuse, remarquable par les nombreuses stries transversales qu'elle présente et qui n'est autre que le *cervelet* (fig. 99, F). Dans cette partie de leur longueur, les cordons postérieurs de la moelle allongée sont appelés par les anatomistes *pédoncules postérieurs* du cervelet. Entre les deux pédoncules, le cervelet ne contracte aucune adhérence avec les parties de la moelle situées au-dessous de lui, de manière qu'un stylet que l'on dirige en avant, en le faisant glisser sur la partie enfoncée du *calamus scriptorius*, passe sous le cervelet et ressort en avant de cet organe, sans avoir rien déchiré.

Le cervelet (fig. 100) se compose de trois parties : deux latérales et symétriques, une impaire, située entre les deux autres, et constituant le *vermis médian* du cervelet. Les deux lobes latéraux du cervelet sont unis par un gros cordon fibreux qui passe en sautoir au-dessous de la moelle allongée, sur laquelle il s'applique, et qu'on appelle le *pont de Varole*

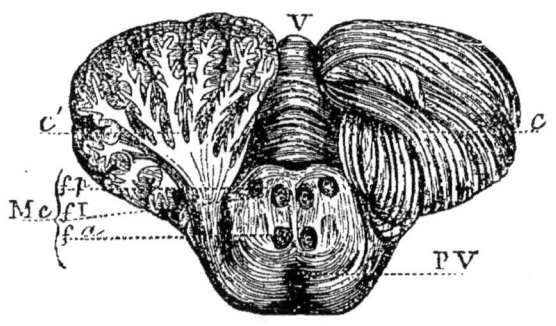

Fig. 100. — Cervelet et protubérance annulaire. — c, hémisphère droit du cervelet ; c', son hémisphère gauche, coupé et montrant l'arbre de vie ; V. vermis médian ; PV, pont de Varole ; Mc, coupe des faisceaux de la moelle allongée ; fa, ses faisceaux antérieurs ; fl, ses faisceaux latéraux ; fp, ses faisceaux postérieurs.

ou la *protubérance annulaire* (fig. 100, PV). Au niveau de la naissance du pont de Varole sortent du cervelet deux nouveaux cordons, qui croisent les pédoncules postérieurs, marchent l'un vers l'autre et forment les *pédoncules antérieurs* du cervelet ; une lamelle nerveuse les unit dans le voisinage de leur point de rencontre, c'est la *valvule de Vieussens*. Les pédoncules antérieurs du cervelet, une fois en contact l'un avec l'autre, passent au-dessous de quatre gros tubercules, symétriques deux à deux, les *tubercules quadrijumeaux*. Immédiatement en avant des tubercules quadrijumeaux antérieurs se trouve un corps ovoïde, la *glande pinéale*, qui a joui d'une certaine célébrité, parce que quelques philosophes du dix-septième siècle, considérant qu'elle occupait la partie centrale du cerveau, en avaient fait le siège de l'âme. Après avoir franchi les tubercules quadrijumeaux, les cordons nerveux, que nous suivons dans leurs transfor-

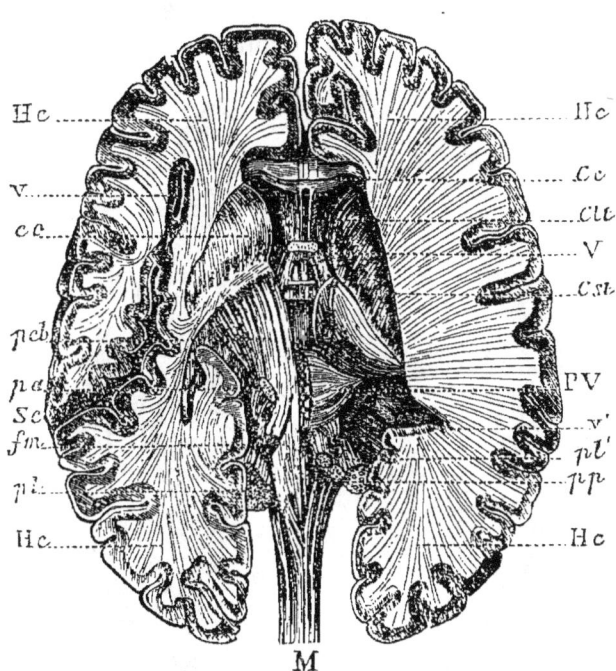

Fig. 101. — Coupe horizontale du cerveau. — Hc, hémisphères cérébraux coupés de manière à montrer la substance blanche intérieure et la substance grise extérieure; Cc, coupe de la partie antérieure du corps calleux; co, couche optique gauche; Cst, corps strié droit; Clt, cloison transparente; v, extrémité du ventricule latéral droit; V, coupe de la voûte à trois piliers; pcb, un des pédoncules cérébraux; pa, pédoncule antérieur du cervelet; pl, pl', pédoncules latéraux, contribuant à former le pont de Varole, PV ; pp, pédoncule postérieur du cervelet ; fm, faisceau médullaire moyen; Sc, scissure de Sylvius; v', partie postérieure du ventricule droit se prolongeant pour former l'ergot de Morand.

mations diverses, se croisent, et l'on perd leur trace dans le voisinage de deux paires de renflements dont ils paraissent indépendants, savoir : les *couches optiques* et les *corps striés*, qui embrassent extérieurement ces dernières et les dépassent, (fig. 101, co, Cst).

Les tubercules quadrijumeaux ne sont pas plus que le cervelet unis, dans leur région médiane, aux parties sous-jacentes de l'encéphale, constituées par l'épanouissement des cordons antérieurs. Il en résulte que, en passant sous la valvule de Vieussens, un stylet arrive également au-dessous d'eux sans rien déchirer, s'engage sous la glande pinéale et pénètre dans l'intervalle des couches optiques.

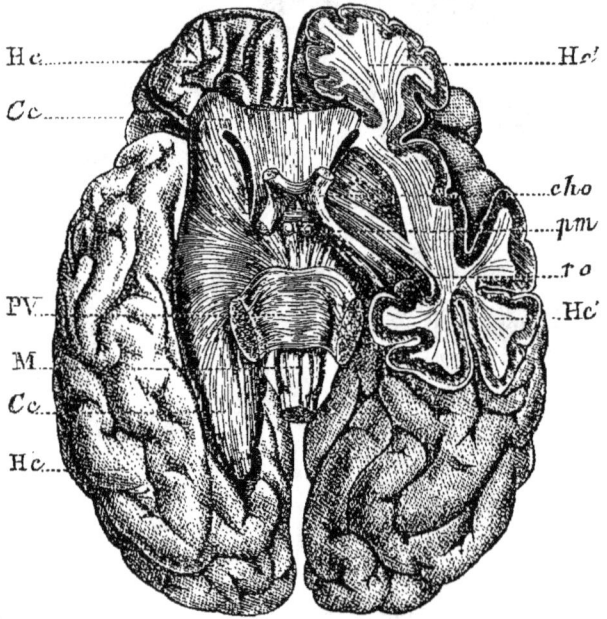

Fig. 102. — Cerveau humain vu en dessous. — Hc, hémisphère droit; Hc', hémisphère gauche, coupé pour montrer les rapports de la substance blanche et de la substance grise; Cc, corps calleux; PV, pont de Varole; cho, chiasma des nerfs optiques; pm, tubercules mamillaires; ro, racines des nerfs optiques ou corps genouillés; M, moelle allongée montrant le sillon médian et les olives.

Immédiatement en avant des corps striés, on voit remonter de la partie inférieure du cerveau, sur la surface libre de laquelle il forme une double saillie constituant les *tubercules mamillaires* (fig. 102, *pm*), un double cordon nerveux qui se recourbe au-dessus des parties que nous venons de décrire et s'étale en une voûte triangulaire, la *voûte à trois piliers*; en arrière, les deux sommets du triangle s'allongent et décrivent une sorte de volute, le *pied d'hippocampe*; puis la voûte tout entière se réfléchit en avant et forme une seconde voûte, plus large que la première, le *corps calleux*. Une mince cloison verticale, le *septum lucidum* ou *cloison transparente* (fig. 99 et 101, *Clt*), formée de deux membranes laissant entre elles un très petit intervalle, unit les parties médianes du corps calleux et de la voûte à trois piliers.

Le corps calleux est couvert de toutes parts par les deux *hémisphères cérébraux*, qu'il unit entre eux ; ceux-ci le débordent, entourent complètement les corps striés, et les couches optiques s'étendent en arrière au-dessus du cervelet, qu'ils masquent entièrement quand on regarde l'encéphale par en haut ; les tubercules quadrijumeaux compris entre le cervelet et les hémisphères cérébraux sont également cachés par eux.

Les cordons antérieurs de la moelle allongée se continuent avec les cordons semblables de la moelle épinière ; ils prennent le nom de *pyramides*, et leurs fibres s'entre-croisent de manière que celles de droite continuent leur trajet vers la moitié gauche du cerveau, et inversement. La moelle allongée, du côté antérieur, est nettement limitée par le pont de Varole, au-devant duquel on aperçoit les deux *pédoncules cérébraux*, prolongements des faisceaux antérieurs de la moelle, dont les fibres viennent, en divergeant, aboutir aux couches optiques et aux corps striés. Entre les deux pédoncules cérébraux se montre un corps pédonculé, logé dans cette excavation de l'os sphénoïde, qu'on appelle, à cause de sa forme, la *selle turcique ;* ce corps, remarquable par sa constance chez les Vertébrés, est l'*hypophyse* ou *corps pituitaire*.

De même que la voûte à trois piliers ne se soude pas exactement aux trois parties qu'elle recouvre et qui ne sont pas, à leur tour, accolées entre elles, de même les deux hémisphères cérébraux, en entourant le corps calleux et les diverses parties du noyau de l'encéphale, les laissent libres ; il existe encore, de chaque côté du *septum lucidum*, au-dessous de la voûte à trois piliers, entre les couches optiques et le *tuber cinereum*, ainsi qu'au-dessous des tubercules quadrijumeaux, un système de cavités communiquant entre elles et avec la gouttière du *calamus scriptorius;* ce système de cavités constitue les quatre *ventricules cérébraux;* un cinquième ventricule est compris entre les deux lames du *septum lucidum*.

Les hémisphères cérébraux (fig. 103) sont remarquables par le nombre et la disposition des replis, ou *circonvolutions*, qui marquent leur surface, et qui ne sont pas sans quelque ressemblance, tout extérieure, bien entendu, avec les cir-

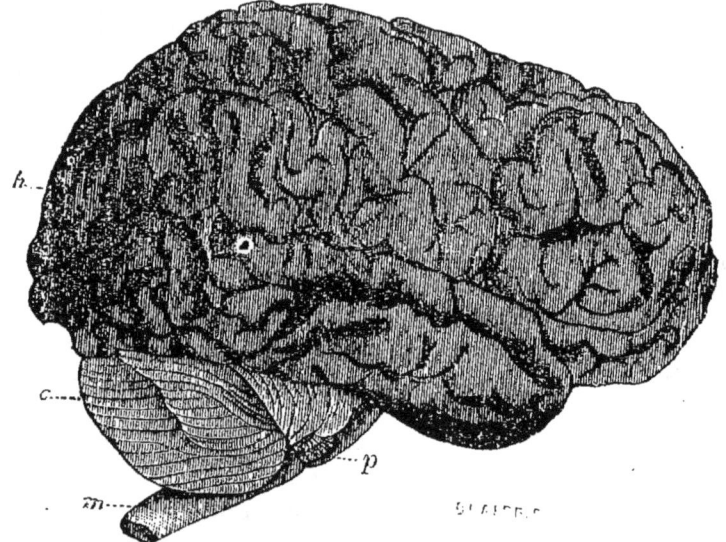

Fig. 103. — Cerveau humain vu de profil. — *h*, hémisphère droit; *c*, cervelet; *p*, pont de Varole; *m*, moelle allongée.

convolutions intestinales. Malgré leur irrégularité apparente, ces circonvolutions présentent une disposition assez constante dans chaque espèce, et on peut les désigner sous le nom de *frontales*, *pariétales* ou *occipitales*, suivant qu'elles sont plus directement en rapport avec les os de ce nom; un sillon profond, la *scissure de Sylvius* (fig. 101, Sc), sépare les circonvolutions frontales des circonvolutions pariétales.

Méninges cérébrales. — Nous savons déjà que les enveloppes de la moelle se prolongent autour de l'encéphale en conservant leurs caractères : les *méninges cérébrales* sont effectivement au nombre de trois : la *pie-mère*, membrane essentiellement vasculaire, qui pénètre jusque dans les ventricules, et suit dans leurs moindres replis les circonvolutions cérébrales ; l'*arachnoïde*, membrane séreuse, et la *dure-mère*, qui fournit aux parties principales de l'encéphale un appareil de soutien particulier ; entre le cerveau et le cervelet, elle envoie un repli horizontal résistant : la *tente du cervelet ;* un autre repli vertical, perpendiculaire à la tente du cervelet, la *faux du cerveau*, pénètre entre les deux hémisphères. Entre l'arachnoïde et la pie-mère se retrouve le *liquide céphalo-rachidien*, qui complète le système protecteur de l'encéphale.

Structure intime de l'encéphale ; substance grise et substance blanche. — La substance de l'encéphale se décompose, comme celle de la moelle, en *substance blanche* et *substance grise*. Dans la moelle, la substance grise est intérieure, la substance blanche extérieure ; la couche externe des hémisphères cérébraux et cérébelleux est, au contraire, exclusivement composée de substance grise, au-dessous de laquelle se trouve de la substance blanche. Cette substance est disposée, dans le cervelet, en arborescences élégantes, qui avaient vivement frappé les anciens anatomistes et avaient reçu d'eux le nom d'*arbre de vie* (fig. 99 et 100).

Nerfs cérébraux. — Comme la moelle épinière, le cerveau émet des nerfs ; mais ces nerfs, dont l'origine est toujours à la partie inférieure de l'encéphale, ne présentent pas, à leur naissance, des dispositions analogues à celles qu'on observe à la naissance des nerfs rachidiens ; leur racine n'est pas nécessairement bifurquée comme celle de ces derniers, et ils n'offrent pas entre eux la grande similitude que montrent les nerfs rachidiens.

Il existe douze paires de *nerfs cérébraux* ou *nerfs crâniens*, ce sont d'avant en arrière (fig. 104) :

1° Les *nerfs olfactifs*, qui se rendent à l'organe de l'odorat ;

2° Les *nerfs optiques*, qui aboutissent aux globes des yeux ;

3° Les *nerfs moteurs oculaires communs*, qui desservent le muscle releveur de la paupière supérieure et les muscles moteurs des yeux, sauf le grand oblique et le droit externe (voir page 241) :

4° Les *nerfs pathétiques*, qui animent les muscles grands obliques des deux yeux ;

5° Les *nerfs trijumeaux*, qui possèdent deux racines, l'une motrice, l'autre sensitive, et se divisent en trois branches : le *nerf ophtalmique*, le *nerf maxillaire supérieur* et le *nerf maxillaire inférieur*, d'où naît le *nerf lingual ;*

6° Les *nerfs moteurs oculaires externes* des muscles droits externes de l'œil ;

7° Les *nerfs faciaux*, dont les rameaux se distribuent à presque tous les muscles de la face ;

8° Les *nerfs acoustiques*, uniquement chargés de desservir l'appareil de l'ouïe ;

9° Les *nerfs glosso-pharyngiens*, qui fournissent des branches à la langue et au pharynx ;

10° Les *nerfs pneumogastriques* ou *nerfs vagues*, qui se ramifient sur les viscères cervicaux, thoraciques et abdominaux, où leurs fibres terminales s'accolent à celles du grand sympathique ;

11° Les *nerfs spinaux*, qui, après s'être unis aux pneumogastriques, innervent presque exclusivement le larynx et le pharynx ;

12° Les *nerfs grands hypoglosses*, qui se rendent principalement à la langue.

Les nerfs des cinq premières paires sont essentiellement des nerfs cérébraux ; ceux des sept paires suivantes naissent de la moelle allongée.

Les nerfs olfactifs ont pour origine deux lobes longitudinaux, allongés en forme de baguette au-dessous du cerveau. Ces lobes, peu développés chez les animaux supérieurs, prennent, au contraire, un volume énorme, presque aussi grand que celui des hémisphères, chez certains Vertébrés inférieurs : ils constituent le *rhinencéphale*.

Les nerfs optiques se montrent immédiatement après, en avant du *tuber cinereum* et de l'hypophyse. Au lieu de se rendre directement chacun à l'œil situé du même côté, ils s'entre-croisent partiellement et forment une espèce d'X,

INNERVATION. 199

qu'on appelle le *chiasma* des nerfs optiques. La moitié interne de la rétine de chacun des yeux est formée par les fibres et les terminaisons de la moitié du nerf optique, né de l'autre côté du cerveau; la moitié externe provient du nerf né du même côté. Cela explique pourquoi, lorsqu'une

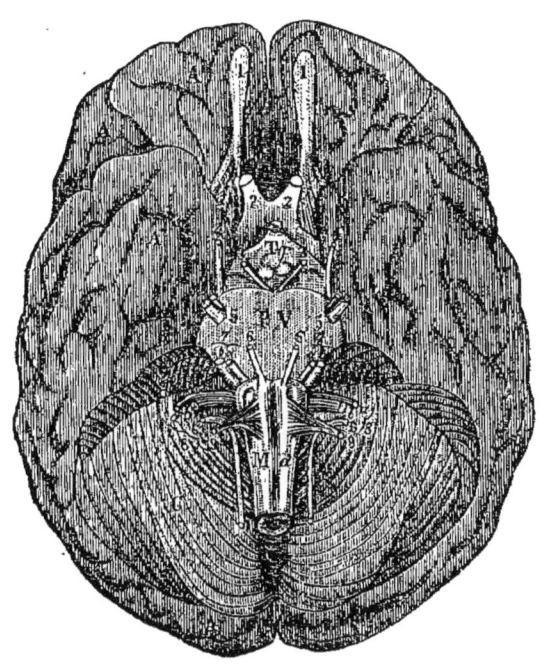

Fig. 104. — Cerveau humain vu en dessous et montrant les origines des nerfs cérébraux. — A, hémisphères cérébraux; C, cervelet; PV, pont de Varole; Ma, moelle allongée; Tp, corps pituitaire; 1, nerfs olfactifs; 2, nerfs optiques; 3, nerfs moteurs oculaires communs; 4, nerfs pathétiques; 5, nerfs trijumeaux; 6, nerfs moteurs oculaires externes; 7, nerfs faciaux et nerfs acoustiques; 8, nerfs grands hypoglosses; 9, nerfs glosso-pharyngiens, pneumogastriques et spinaux.

seule des racines des nerfs optiques se trouve malade, comme dans certaines migraines, les moitiés correspondantes des deux yeux deviennent insensibles simultanément; on ne voit plus alors que la moitié des objets, il y a *hémiopie*.

Les origines des autres nerfs ne présentent que des particularités dont il est facile de se rendre compte en étudiant avec soin la figure 104.

CHAPITRE IX

PHYSIOLOGIE DU SYSTÈME NERVEUX

Diverses sortes de nerfs; nerfs centripètes et nerfs centrifuges. — Les nerfs se rendent à des organes très différents : ce sont tantôt des organes de sensibilité spéciale, comme l'œil ou l'oreille ; tantôt des organes de sensibilité générale, comme la peau ; tantôt des organes de mouvement, comme les muscles; tantôt des glandes, tantôt des viscères. Il semble évident, *à priori*, que ces cordons dont les destinations sont si diverses ne sauraient tous avoir le même rôle.

Si l'on vient à couper le nerf optique, toute sensation visuelle disparaît, et cela quel que soit le point où la section ait eu lieu. Il n'y a donc aucune partie de la longueur de ce nerf qui puisse apprécier les impressions lumineuses. Le nerf optique ne peut être, en conséquence, qu'un intermédiaire chargé de transmettre à un autre organe les impressions produites sur l'œil par les rayons lumineux ; cet organe, seul capable de transformer ces *impressions* en *sensations* et d'en déterminer la nature, ne saurait être que le cerveau, auquel le nerf optique aboutit. L'impression lumineuse chemine donc de la rétine au cerveau, à travers le nerf optique ; nous désignerons la direction qu'elle suit, dans ce conducteur, sous le nom de *direction centripète*.

Considérons, au contraire, un autre nerf, le nerf facial, par exemple, qui se distribue aux muscles de la face, et coupons une de ses branches importantes. Aussitôt tous les muscles auxquels se rend cette branche sont soustraits à l'action de la volonté ; ils cessent de se mouvoir, ils sont complètement *paralysés*. Les parties de la face ainsi affectées conservent leur sensibilité ; mais aucun attouchement extérieur, aucune douleur même ne peut provoquer en elles un mouvement. La paralysie se manifeste, d'ailleurs, dans les muscles, quel que soit le point où le nerf ait été coupé : il n'y a donc aucune région du nerf que l'on puisse considérer comme étant la cause des mouvements musculaires; et puisque le nerf facial est, de même que le nerf optique, directement relié au cerveau, nous devons en conclure que c'est du cerveau qu'émane l'excitation qui fait contracter les fibres musculaires de la face; l'excitation chemine, cette fois, exactement en sens contraire de la précédente, elle va du cerveau aux muscles : elle suit une *direction centrifuge*.

Il nous faut donc déjà distinguer deux sortes de nerfs, que nous pourrions appeler, dans les cas que nous venons d'examiner, *nerfs sensitifs* et *nerfs moteurs*, il vaut mieux leur donner l'appellation plus générale de *nerfs centripètes* et de *nerfs centrifuges*, car tous les nerfs centripètes ne sont pas nécessairement sensitifs, et tous les nerfs centrifuges ne sont pas nécessairement moteurs.

Ch. Bell, le premier, a nettement démontré, en opérant sur le facial, qu'il existe des nerfs exclusivement moteurs. Mais la plupart des nerfs ne semblent pas ainsi spécialisés. Si l'on vient à couper un nerf rachidien à quelque distance de la moelle épinière, on abolit du même coup la sensibilité et le mouvement dans la région où ce nerf se distribue. Les nerfs rachidiens semblent donc être des *nerfs mixtes*, à la fois moteurs et sensitifs, centrifuges et centripètes. Ce n'est là qu'une apparence. En 1822, Magendie, sectionnant successivement les deux racines par lesquelles chaque nerf naît de la moelle, démontra que la section de la racine antérieure déterminait seulement l'abolition du mouvement, tandis que la section de la racine postérieure, celle qui porte un petit ganglion, ne détruisait que la sensibilité, le mouvement étant respecté. Il fallait, pour paralyser à la fois le mouvement et la sensibilité, sectionner simultanément les deux racines. Les nerfs qui naissent de la moelle épinière sont donc, en réalité, composés de deux nerfs superposés, l'un centripète, l'autre centrifuge, et l'on a pu s'assurer, par diverses observations, que les fibres nerveuses particulières à ces deux nerfs demeurent indépendantes de leurs voisines sur tout le trajet du nerf.

Moyens d'exciter artificiellement les nerfs. — Si l'on ne pouvait reconnaître les propriétés des nerfs que par l'emploi des excitations physiologiques ordinaires, dont on ne dispose pas toujours à volonté, l'expérimentation serait condamnée à se mouvoir dans un champ assez restreint. Heureusement, il est possible d'obtenir des résultats comparables à ceux qui se produisent dans les conditions normales, en faisant subir aux nerfs des excitations artificielles. Les plus fréquemment employées de ces excitations sont le pincement du nerf, les courants et les décharges électriques. Soumis à ces excitations, un nerf moteur fait contracter les muscles auxquels il se rend, comme il le ferait s'il avait eu à leur transmettre un ordre venu du cerveau; de même la galvanisation de la corde du tympan excite la sécrétion de la salive, tout comme le fait, par l'intermédiaire de ce nerf, la présence de quelques grains de sel sur la langue. Nous sommes donc en possession de moyens simples de provoquer à volonté l'action des nerfs et de déterminer leur mode d'action.

Le microscope ne révèle, entre les nerfs dont les propriétés semblent les plus éloignées, aucune différence correspondante de structure. A quoi peut donc tenir cette spécialisation apparente des cordons conducteurs? Une expérience ingénieuse, due à M. Vulpian, démontre *qu'on ne saurait trouver dans les nerfs eux-mêmes la cause des propriétés qui les distinguent.*

Le nerf lingual, branche du trijumeau, est un nerf sensitif; le nerf hypoglosse est un nerf moteur de la langue; l'excitation du premier de ces nerfs ne produit aucun mouvement à l'état normal. Coupez à la fois le nerf lingual et le nerf hypoglosse; unissez par un point de suture le bout central du nerf lingual avec le bout périphérique de l'hypoglosse : après quelques mois d'attente, les deux nerfs seront parfaitement soudés. Coupez alors, au-dessus de la suture, le nerf lingual qui a conservé ses relations avec le cerveau, et excitez le bout périphérique de ce nerf : aussitôt des mouvements se produisent comme si on avait excité l'hypoglosse lui-même. Les fibres des nerfs sensitifs transmettent donc les excitations aussi bien dans la direction centrifuge que dans la direction centripète; il n'y a aucune différence essentielle entre leurs propriétés. *Les fibres nerveuses sont donc, au point de vue de leur fonction, comme au point de vue de leur structure, toutes semblables entre elles; si, au premier abord, elles ne paraissent pas posséder les mêmes propriétés, cela tient à ce qu'elles aboutissent à des organes périphériques dissemblables et à des parties différentes des centres nerveux.* C'est seulement dans les centres nerveux que les excitations venues de la périphérie se transforment en sensations distinctes, que les ébranlements reçus par le nerf acoustique deviennent du son, que les ébranlements reçus par le nerf optique deviennent de la lumière, et ainsi des autres. C'est seulement dans les muscles que les excitations venues des centres nerveux se transforment en mouvement; dans les glandes qu'elles réveillent l'activité sécrétoire. *Conduire* ces excitations est le seul rôle des nerfs, et tous les conduisent sans les modifier aussi bien dans la direction centripète que dans la direction centrifuge. On a trouvé qu'une excitation parcourt environ 30 à 40 mètres de nerfs par seconde. Cette vitesse varie un peu suivant les nerfs que l'on considère; elle est même probablement variable suivant les individus.

Propriétés des ganglions nerveux; leur pouvoir réflexe. — Les nerfs séparés des centres nerveux céphalo-rachidiens ne possèdent plus aucune activité propre; ils sont incapables de percevoir une sensation ou de provoquer un mouvement. Quand les nerfs moteurs d'un membre sont coupés, les excitations portées sur ce membre, si douloureuses qu'elles soient, sont incapables de le faire réagir. Il n'en est plus de même lorsque, sur le trajet de ces nerfs, se trouve un ganglion (fig. 105) dans lequel peuvent venir se croiser les fibres d'un nerf centrifuge et celles d'un nerf centripète. Alors même qu'on isole complètement ce ganglion du système nerveux cérébro-spinal, les excitations qui se propagent le long du nerf centrifuge peuvent être réfléchies vers la périphérie par le nerf centripète et provoquer des phénomènes divers.

On doit donc considérer les ganglions nerveux comme des organes indépendants, de véritables centre nerveux, dans lesquels les excitations apportées de la périphérie par les nerfs centripètes sont élaborées, dans une large mesure, et transmises à des nerfs centrifuges qui vont, à leur tour, exciter des organes périphériques ou internes, activer la sécrétion des glandes, faire contracter les muscles, etc. La propriété de ces ganglions de changer la direction dans la-

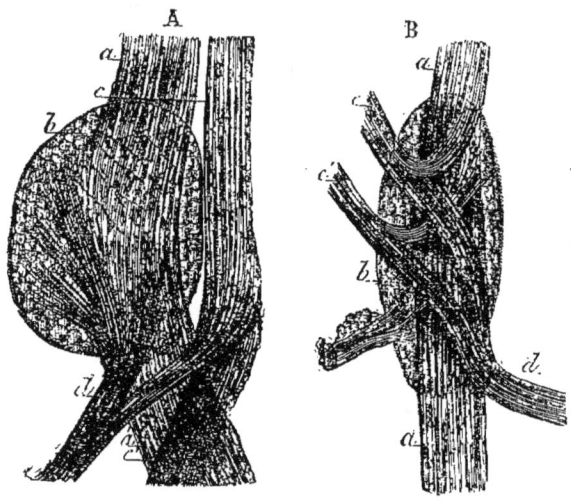

Fig. 105 — A, un ganglion des racines postérieures des nerfs rachidiens. — *a*, partie de la racine voisine de la moelle épinière; *b*, amas de cellules ganglionnaires; *c*, racine antérieure du nerf; *d*, anastomose entre les deux racines; *a'*, *c'*, prolongement des racines *a* et *c*. — B, un ganglion sympathique. — *a*, branche du grand sympathique; *b*, amas de cellules ganglionnaires; *c*, *c'*, rameaux des nerfs rachidiens s'anastomosant avec le nerf sympathique.

quelle se propagent les ébranlements nerveux est désignée sous le nom de *pouvoir réflexe*.

Un fait important à retenir, c'est que nous n'avons aucunement conscience de ce qui se passe dans les ganglions nerveux lorsqu'ils commandent ou arrêtent certaines actions. Nous n'avons nullement le désir de produire de la salive lorsque nous plaçons sur notre langue une substance sapide; la sécrétion se produit totalement en dehors de notre volonté et nous serions impuissants à l'arrêter. Nous sommes également sans action sur les battements de notre cœur, dont nous n'avons même conscience que dans des circonstances exceptionnelles. *Le domaine des ganglions est donc à peu près entièrement en dehors de notre conscience.*

Le plus grand nombre des actes physiologiques qui dépendent des fonctions de nutrition s'accomplissent, comme les battements du cœur, comme les sécrétions des glandes salivaires, sans aucune participation de notre volonté, sans que nous sachions même qu'ils sont exécutés en nous. Ils sont, en effet, sous la dépendance étroite de la série nombreuse des ganglions qui composent le *système du grand sympathique*, et c'est ici le lieu de préciser les fonctions de cet appareil compliqué, dont le rôle est si important.

Fonctions du grand sympathique et du pneumogastrique ; nœud vital. — *Le grand sympathique* partage avec le *pneumogastrique* la domination des principaux viscères. Le pneumogastrique envoie des rameaux au larynx, à l'œsophage, aux poumons, au cœur, à l'estomac, au foie. C'est en même temps un nerf centripète et un nerf centrifuge ; mais, dans la plupart des cas, aucune sensation ne nous avertit des excitations qu'il conduit vers les centres nerveux, ni des actes qu'il commande. C'est lui, par exemple, qui régit les mouvements péristaltiques de l'œsophage et de l'estomac, qui détermine le rythme des mouvements respiratoires, fait contracter les bronches capillaires et produit encore bien d'autres phénomènes dans lesquels l'action de notre volonté n'intervient pas. A ce point de vue, le pneumogastrique se conduit exactement comme le grand sympathique, il a comme lui les fonctions de nutrition sous sa dépendance. On ne saurait donc séparer son étude physiologique de celle de ce dernier.

L'action des nerfs pneumogastriques sur le cœur et sur les organes de la respiration est particulièrement remarquable. Ces nerfs descendent le long du cou vers le thorax ; il est facile de les découvrir dans le voisinage de la veine jugulaire interne et de l'artère carotide. Si on les coupe tous les deux, aussitôt les mouvements des viscères de l'appareil digestif s'arrêtent ; les bronches et le larynx deviennent également immobiles ; les mouvements du cœur sont profondément modifiés, et un trouble considérable se manifeste dans les mouvements respiratoires, dont le rythme et l'amplitude n'ont plus rien de réglé; à la suite de tous ces désordres, la mort survient au bout d'un temps variant de quelques jours à un mois.

On peut produire presque instantanément ce dénouement en portant une excitation même assez faible sur le lieu d'origine des nerfs pneumogastriques. Ces nerfs se détachent de la moelle allongée près de la pointe du *calamus scriptorius*. Si l'on enfonce une épingle en cet endroit, aussitôt l'animal tombe comme foudroyé. Aucune autre blessure des centres nerveux ne détermine une mort aussi prompte. Aussi Flourens avait-il désigné sous le nom de *nœud vital* ce point très limité de la moelle allongée. La mort arrive, bien entendu, parce qu'une telle blessure altère aussitôt l'organe directeur des mouvements du cœur et de l'appareil respiratoire. Deux grandes fonctions sont ainsi arrêtées d'un seul coup. C'est en déchirant la substance du nœud vital qu'on tue un Lapin par un coup donné sur l'occiput; on s'expose à produire cette déchirure et à déterminer une mort foudroyante quand on soulève un enfant par la tête; dans les pays où la pendaison est encore usitée, l'exécuteur, en pesant sur les épaules du patient, provoque une mort plus prompte par un mécanisme analogue.

De tous les mouvements si variés dans la production desquels intervient le grand sympathique, il en est de particulièrement importants, ce sont ceux des vaisseaux. Par l'intermédiaire des vaisseaux, le grand sympathique domine, en quelque sorte, tous les phénomènes intimes de la nutrition. Laisse-t-il les vaisseaux se dilater dans une glande, aussitôt les éléments, stimulés par l'afflux rapide d'un sang chargé d'oxygène et de matières nutritives, entrent en activité et produisent une abondante sécrétion. Permet-il à cette dilatation de se produire dans un muscle, le muscle mieux nourri se trouve en état d'exécuter le travail que lui commande la volonté. Quelque blessure nécessite-t-elle en un point de l'organisme un surcroît d'activité vitale, les vaisseaux se relâchent, et les tissus, à la faveur du supplément de substances alimentaires qui leur est ainsi fourni, se réparent rapidement. Nulle part, la circulation et, par conséquent, la vie ne se trouvent ainsi activées, sans qu'une élévation notable de la température se manifeste ; la chaleur produite est ensuite emportée par le torrent circulatoire et répartie dans l'organisme ; mais elle a été indirectement créée par l'action du grand sympathique, qui devient ainsi l'un des régulateurs de la chaleur animale.

Une autre conséquence non moins curieuse, c'est qu'en dehors de son action directe sur le cœur et sur les organes respiratoires, le grand sympathique domine encore ces organes par l'intermédiaire des *nerfs vaso-moteurs* et des artérioles dont ces nerfs peuvent modifier le calibre. Que les artérioles se contractent, la pression artérielle augmente, les battements du cœur se ralentissent ; que les artérioles se dilatent, les battements du cœur s'accélèrent ; mais alors il passe plus de sang dans les poumons, la respiration elle-même se précipite et peut aller jusqu'à l'essoufflement.

Pouvoir conducteur de la moelle épinière. — Le grand sympathique, aussi bien que les nerfs rachidiens, se relie à la moelle épinière, dont nous avons maintenant à déterminer les fonctions. Nous savons déjà que les nerfs rachidiens sortent de la moelle par deux racines, l'une dite *sensitive*, qui contient toutes les fibres centripètes, l'autre dite *motrice*, qui contient toutes les fibres centrifuges.

Par la première racine, les excitations périphériques sont portées jusqu'à la moelle ; mais qu'y deviennent-elles ? Par la seconde, les ordres de mouvement sont portés aux muscles ; mais d'où ces ordres partent-ils et comment arrivent-ils jusqu'à la racine motrice ? Telles sont les questions que nous avons à résoudre.

Les racines motrices des nerfs étant en rapport avec les cordons antérieurs de la moelle, les racines sensitives avec les cordons postérieurs, il est naturel de penser que les excitations motrices doivent se propager le long des cordons antérieurs, et que les cordons postérieurs jouent un rôle dans la transmission des impressions. Il est facile de s'assurer que cette conjecture est réalisée pour les cordons antérieurs. La section de ces cordons paralyse les muscles des parties du corps situées au-dessous de la section; on peut, au contraire, en excitant ces mêmes cordons, provoquer des mouvements. Si l'on ne coupe qu'un seul des cordons, la paralysie se produit du même côté que la section; mais l'excitation provoque quelquefois des mouvements des deux côtés, de sorte qu'elle est transmise, non seulement directement, mais aussi d'une façon croisée, ce que l'entre-croisement des fibres nerveuses médullaires dans la commissure blanche permettait de prévoir.

Les fibres nerveuses des cordons antérieurs et des cordons latéraux ne sont pas du reste les seuls conducteurs des excitations motrices, car l'altération morbide de la substance grise des cornes antérieures de la moelle amène une paralysie, puis une atrophie des muscles qui peut s'étendre à tout l'organisme, lorsque la substance grise de la moelle est atteinte dans toute sa longueur. La substance grise joue donc, elle aussi, un rôle dans la transmission des ordres de mouvement.

Tout autres sont les résultats en ce qui concerne les cordons postérieurs. La section de ces faisceaux laisse aux membres toute leur sensibilité, qui est même exagérée dans certains cas; il en est de même de la section des faisceaux antéro-latéraux. Au contraire, la section de toute la moelle, sauf les faisceaux postérieurs, abolit entièrement la sensibilité. On doit en conclure que l'intégrité de la substance grise est seule nécessaire à l'existence des sensations. Comme la sensibilité est abolie, quel que soit le point où a eu lieu la section de la moelle, il est évident que ce n'est pas dans la moelle, mais dans le cerveau qu'a lieu la perception des sensations; la substance grise agit donc ici comme un simple conducteur. Mais la transmission des excitations centripètes à travers la moelle se fait d'une façon irrégulière et sans suivre une route arrêtée d'avance: Brown-Séquard a vu la sensibilité persister après deux sections faites chacune à des hauteurs différentes dans les moitiés opposées de la moelle.

La moelle épinière fonctionne donc à la fois comme conducteur des excitations centripètes et centrifuges. Nous savons d'ailleurs que les premières ne sont perçues, ne se transforment en sensations et ne pénètrent dans la conscience que lorsqu'elles arrivent dans le cerveau.

Pouvoir réflexe de la moelle. — En dehors de son rôle de conducteur, la moelle possède une importante propriété, déjà indiquée en 1812 par Legallois, et qu'une expérience bien simple va mettre en relief. Coupez transversalement d'une manière complète la moelle épinière d'une Grenouille, en arrière des membres antérieurs : ceux-ci conserveront toute leur activité ; l'animal les retirera si vous les touchez légèrement ; il s'en servira pour ramper et essayera de fuir si vous l'effrayez ; les membres postérieurs demeureront, au contraire, complètement immobiles, la Grenouille n'en fera aucun usage. Mais pincez violemment ces membres ; ils se contracteront vivement, sans que du reste la Grenouille fasse aucun mouvement volontaire ; elle ne s'est pas aperçue du pincement, puisque son train antérieur, bien vivant, n'a pas bougé ; elle ne s'est pas davantage aperçue du mouvement de sa patte. Tout cela semble s'être passé en dehors d'elle. Mais une remarquable faculté de la moelle vient de se révéler : *la moelle possède, elle aussi, comme les ganglions, la propriété de réfléchir vers la périphérie les excitations centripètes qui lui parviennent.* Le pincement de la patte n'a pas été senti en tant que douleur, pas même en tant qu'attouchement ; mais l'excitation centripète qu'il a produite a ébranlé les cellules de la moelle, celles-ci ont à leur tour communiqué leur ébranlement aux fibres motrices des nerfs de la patte, et la patte s'est retirée. Un *mouvement réflexe* s'est ainsi produit.

Ces mouvements réflexes peuvent être assez complexes : au lieu de pincer la patte de la Grenouille, déposons sur elle une goutte d'acide sulfurique ou de tout autre acide énergique. La Grenouille commencera à agiter la patte comme si elle voulait se débarrasser de l'acide ; n'y parvenant pas, elle approchera, malgré sa moelle coupée, l'autre jambe de la goutte d'acide et s'efforcera de la chasser par ce nouveau moyen qui ne laissera pas de réussir. Il semble que l'animal ait *senti* la présence de l'acide et qu'il ait *voulu* faire cesser la douleur résultant du contact de la liqueur. Il n'en est rien : tandis qu'une Grenouille intacte se fût agitée de toutes ses forces, eût donné les signes de la plus vive frayeur, eût cherché à fuir, tandis que la Grenouille opérée elle-même eût essayé d'en faire autant si l'on avait placé l'acide sur ses membres antérieurs; dans l'expérience que nous avons faite, rien n'a bougé que les membres postérieurs : *la douleur n'a pas été sentie, le mouvement n'a pas été voulu.* Tout s'est passé dans la moelle, en vertu d'un mécanisme dont l'animal n'a pas conscience, qui agit sans l'intervention de sa volonté, uniquement sous l'influence des excitations venues de l'extérieur : les mouvements que nous avons observés, malgré leur parfaite coordination, malgré leur apparente finalité, étaient des mouvements entièrement automatiques.

L'importance de ces mouvements automatiques devient plus frappante encore si, au lieu de sectionner la moelle loin du cerveau, on enlève ce dernier organe. La Grenouille nous semble, au premier abord, n'éprouver aucune conséquence fâcheuse de la suppression de cet organe important. Elle se tient sur ses quatre pattes dans l'attitude ordinaire ; pincez une de ses pattes, elle la retire ; excitez-la plus vivement, elle saute à merveille, et renouvelle ses sauts pendant assez longtemps ; jetez-la à l'eau, elle se met à nager ; et tous ces mouvements s'accomplissent sans hésitation, sans gêne, absolument comme à l'état normal. Mais observez bien la patiente : une fois qu'elle a commencé à sauter, elle ressaute dès qu'elle touche le sol et ne cesse de bondir que si elle vient à butter contre quelque obstacle; une fois qu'elle a commencé à nager, elle nage tout droit devant elle et ne s'arrête que lorsqu'elle rencontre le fond ou les parois verticales du bassin, contre lesquelles elle vient donner de la tête sans chercher à les éviter. Il est évident que tous ces mouvements si compliqués se font, comme ceux de tout à l'heure, d'une façon tout à fait automatique, sans que l'animal en ait conscience, uniquement par suite des excitations extérieures. Seules ces excitations les provoquent et les arrêtent, la volonté de l'animal n'y est pour rien. Flourens a conservé plusieurs mois une Poule privée de son cer-

PHYSIOLOGIE DU SYSTÈME NERVEUX. 211

veau : rien ne paraissait changé dans ses allures ; mais elle était devenue incapable d'aucune initiative. Quelle que pût être sa faim, elle ne mangeait que si on lui mettait les grains au fond de la gorge, auquel cas les mouvements de déglutition avaient lieu inévitablement.

Ainsi toutes les parties de notre corps sont liées entre elles, grâce au système nerveux, de la façon la plus intime. Une étude attentive des phénomènes réflexes, dont le nombre et la complication deviennent chaque jour plus étonnants, montre qu'un nombre infini de relations, dont nous n'avons aucunement conscience, sur lesquelles notre volonté ne saurait exercer aucun contrôle, établissent une étroite solidarité entre tous nos organes ; ceux-ci réagissent les uns sur les autres, se mettent spontanément dans les conditions physiologiques les plus favorables à leur fonctionnement réciproque, et l'harmonie se maintient en nous, automatiquement, sous la seule action du réseau sans cesse vibrant des nerfs, dont nous ne percevons que certaines formes d'activité.

Tous les phénomènes automatiques que nous appelons *phénomènes réflexes* ne sont cependant pas, comme on pourrait le croire, en rapport immédiat avec la conservation de l'individu, et quelques-uns sont même manifestement nuisibles. Les convulsions des enfants sont des phénomènes réflexes, trop souvent mortels, habituellement provoqués par l'évolution des dents, et il en est ainsi de beaucoup d'autres.

Transformation des actes volontaires en actes réflexes. — Des phénomènes plus remarquables encore se manifestent si l'on tient compte de l'action du cerveau avec lequel la moelle épinière est en continuité. On constate alors ce fait curieux, que *le nombre des actes réflexes que peut accomplir un individu n'est pas constant dans tout le cours de son existence;* des mécanismes déjà organisés peuvent disparaître en lui et il peut aussi s'en créer de nouveaux. La locomotion, l'exercice de la parole supposent la coordination d'un nombre considérable de mouvements. Si nous pouvons à volonté marcher ou nous arrêter, parler ou nous taire, tous les muscles qui sont mis en action pour faire un pas ou prononcer une parole se contractent, sans que nous ayons besoin de commander à aucun d'eux d'une façon spéciale. Tout est coordonné d'avance pour répondre aux ordres généraux donnés par la volonté, et nul ne s'inquiète de savoir, dans le détail, par quel procédé ces ordres sont exécutés. Mais nous savons, à n'en pas douter, que cette coordination n'est pas primitive, qu'elle n'existait pas dans notre organisme au début de son existence. L'enfant sait téter en naissant, ce qui est déjà fort compliqué, mais il ne sait ni marcher ni parler. Par le fait d'une éducation passablement pénible, exigeant de sa part de nombreuses expériences et une attention plus ou moins prolongée, il acquiert ces deux facultés. Pendant toute cette période d'éducation, les mouvements accomplis sont dans le domaine de la volonté; c'est seulement peu à peu qu'ils en sortent, pour passer dans celui du mécanisme organique. Il est facile de démontrer d'ailleurs que ce passage est bien réel, et que les mouvements combinés de la marche, par exemple, deviennent bien des mouvements réflexes : l'apprentissage, en effet, peut être de très courte durée chez certains animaux où la coordination semble avoir été préparée d'avance ; il est nul chez la plupart des Mammifères herbivores, qui naissent capables de marcher, comme ils naissent capables de téter, et ne peuvent avoir, au moment de leur naissance, aucune conscience des actes qu'ils accomplissent. Le pianiste qui joue un morceau, l'homme qui écrit, n'arrivent à la rapidité d'exécution que l'on constate chez eux qu'en raison des mouvements réflexes qui se coordonnent dans leur organisme. L'existence de cette coordination est si réelle que, dans le cas de l'écriture, elle ne se produit en général que pour la main droite; tous les efforts de la volonté sont souvent impuissants à tirer de la main gauche les services que rend l'autre main, lorsque celle-ci vient à être subitement empêchée.

Quelques circonstances exceptionnelles peuvent faire apparaître, dans toute leur complication, les innombrables mécanismes qui se constituent dans notre système nerveux par suite de l'habitude. Dans certaines maladies nerveuses, nous avons déjà signalé ce fait, la conscience est subitement abolie pendant un temps plus ou moins long. Le malade va, vient, agit avec la même précision qu'à l'état normal ; mais il n'a aucune conscience de ce qu'il fait et n'en garde aucun souvenir : tout ce qui s'est passé pendant sa crise n'a jamais eu lieu pour lui ; son existence intellectuelle a été un instant suspendue ; il y a une lacune dans sa vie. Il est bien évident qu'ici la volonté n'est pas intervenue : tout ce qui a été fait, si compliqué que cela paraisse, a été fait automatiquement.

Les somnambules ordinaires sont, pendant leur accès, dans un état analogue.

On peut produire artificiellement, et avec la plus grande facilité, chez certaines personnes, un état voisin du somnambulisme, auquel on a donné le nom d'*hypnotisme*. Cet état a été exploité par les *magnétiseurs* du siècle dernier, qui prétendaient dominer, par leur volonté, la volonté des personnes qu'ils avaient soumises à l'action de leur « fluide », et leur donner, en les endormant, le pouvoir de deviner l'avenir.

Il résulte de ce qui précède que *le cerveau possède un pouvoir réflexe, analogue à celui de la moelle;* mais il est aussi le centre d'où partent tous les ordres de la volonté, où toutes les impressions sont transformées en sensations et en idées, où s'élaborent tous les phénomènes intellectuels. Il est donc important de l'étudier d'une manière plus approfondie.

Action croisée des hémisphères. — Il y a d'abord un point important à noter, c'est que *les lésions du pont de Varole et des hémisphères ont une action croisée et affectent le côté du corps opposé à celui où elles siègent;* cela s'explique par l'entre-croisement des fibres nerveuses que nous avons signalé dans les pyramides antérieures de la moelle allongée. L'action est, au contraire, directe sur la face qui reçoit ses nerfs du cerveau. Ainsi, lorsqu'une hémorragie se déclare dans l'hémisphère droit, ce sont les muscles du côté droit de la face et ceux du côté gauche du corps qui sont paralysés : il y a, comme on dit, *hémiplégie* du côté gauche. Les muscles du côté droit de la face ne réagissent plus, la tonicité musculaire entraine alors la bouche du côté gauche.

Dans l'hémiplégie, la sensibilité et le mouvement peuvent être détruits simultanément, ou à l'exclusion l'un de l'autre. Cela prouve que les *hémisphères cérébraux tiennent sous leur dépendance aussi bien les mouvements que les sensations.* Bien entendu, les mouvements volontaires sont seuls abolis : les réflexes subsistent tant que les muscles qui doivent les produire ne sont pas atrophiés. Des muscles inactifs tendent toujours à disparaître; dans les cas d'hémiplégie, il est important de prévenir cette disparition, car il arrive assez souvent que la fonction nerveuse se rétablisse spontanément, et la guérison ne peut être complète que si les nerfs retrouvent en état de santé les organes sur lesquels ils doivent agir. On obtient ce résultat en faisant contracter périodiquement les muscles paralysés, soit au moyen d'excitations qui les mettent en mouvement par voie réflexe, soit en les soumettant à l'action de décharges ou de courants électriques.

Mouvements de rotation produits par certaines lésions de l'encéphale. — La lésion asymétrique de certaines parties de l'encéphale produit de singuliers phénomènes de mouvements, qui ont été étudiés par de nombreux observateurs. *Après la section des fibres superficielles du pont de Varole, ou la section totale de l'un des pédoncules moyens du cervelet, l'animal opéré tourne irrésistiblement sur lui-même, en roulant autour de l'axe longitudinal de son corps.* Il fait quelquefois jusqu'à soixante tours par minute. Si c'est le côté droit qui a été lésé, la rotation a lieu de droite à gauche, l'œil droit est fixé en bas et en avant, l'œil gauche en haut et en arrière. On attribue ce résultat à la paralysie d'une moitié des muscles de la nuque et de la région dorsale, amenant une torsion du corps.

La section de l'un des pédoncules cérébraux détermine aussi un mouvement de rotation, mais d'une autre nature. L'animal, debout sur ses quatre pattes, tourne autour d'un axe vertical, comme s'il était enfermé dans un manège. Le cercle décrit est d'autant plus petit que la section est plus près du pont de Varole. La rotation a lieu de droite à gauche si c'est le pédoncule droit qui est coupé ; en sens inverse si c'est le pédoncule gauche. La section d'un pédoncule immédiatement en avant du pont de Varole n'amène pas de mouvement en manège, mais l'animal tombe aussitôt sur le côté opposé de son corps. Ces phénomènes paraissent dus à la paralysie des muscles adducteurs du membre thoracique droit et des muscles abducteurs du membre thoracique gauche, paralysie qui ne permet que certaines combinaisons de mouvements.

On a observé aussi des mouvements de rotation à la suite de l'ablation de l'un des tubercules quadrijumeaux ; la rotation a lieu du côté où le tubercule a été enlevé vers l'autre. Il en est de même lorsque l'une des couches optiques est lésée.

Tous ces mouvements si étranges s'expliquent simplement par la paralysie de certains groupes de muscles, et il faudrait bien se garder d'y voir la preuve de l'existence, dans le cerveau, de forces occultes poussant l'animal soit vers la droite, soit vers la gauche. C'est du reste simplement en qualité de conducteurs, que les organes dont nous venons de parler interviennent dans la production des mouvements.

Fonctions du pont de Varole. — Ces organes fonctionnent aussi comme centres de certaines perceptions. Lorsque, chez un animal, on supprime toute la partie de l'encéphale située au-dessus du pont de Varole, l'animal pousse des *cris plaintifs,* si l'on vient à le pincer ou à le piquer fortement. Ces cris sont tout différents du cri bref qui se produit en pareil cas lorsque le pont de Varole a été enlevé. Ce dernier est un simple *cri réflexe,* et il suffit d'avoir entendu l'un et l'autre pour se rendre compte que, dans le premier cas, la douleur a été réellement ressentie, tandis que, dans le second, il y a eu une réaction toute mécanique des muscles du larynx. *Le pont de Varole participe donc à la perception de la douleur.*

Les tubercules quadrijumeaux et la vision. — La suppression de toutes les parties de l'encéphale qui sont situées au-dessus des tubercules quadrijumeaux laisse aux animaux une entière sensibilité. Longet a conservé dix-huit jours un Pigeon ayant subi cette opération : l'animal se comportait absolument comme s'il avait été aveugle, se heurtait à tous les obstacles et ne fuyait pas quand on le menaçait; cependant ses organes de la vision étaient intacts : son iris se dilatait ou se contractait suivant qu'il était à l'ombre ou à la lumière ; sa tête suivait la lumière qu'on lui présentait, etc. Le contraste entre ces faits et l'allure de l'animal montre qu'il ne s'agissait là que de phénomènes réflexes, produits par l'excitation du nerf optique et nullement d'une véritable perception, soit de la lumière, soit des images.

L'ablation des tubercules quadrijumeaux rend les animaux aveugles : l'action de ces tubercules sur les yeux est croisée chez les Mammifères et les Oiseaux, directe chez les Batraciens ; ils fonctionnent donc, selon toute apparence, comme conducteurs des impressions lumineuses ; c'est un peu plus loin que ces sensations sont perçues. On sait fort peu de chose sur les fonctions des couches optiques des corps striés et des parties voisines de l'encéphale.

Fonctions du cervelet. — Le cervelet est une des parties de l'encéphale les plus volumineuses ; c'est aussi l'une de celles dont l'existence est le plus générale. On a fait sur lui de nombreuses expériences et encore plus de conjectures. Tout ce qu'il est possible de conclure des résultats obtenus, c'est que le *cervelet est nécessaire à la production harmonique des mouvements volontaires;* mais il partage cette fonction avec d'autres parties de l'encéphale, et son rôle particulier demeure encore très obscur. Ajoutons cependant que la piqûre d'une région voisine, celle du plancher du quatrième ventricule, a révélé à Claude Bernard une action inattendue de l'encéphale sur la nutrition. Des Lapins qui ont subi cette opération rendent des quantités notables de sucre dans leur urine ; ils deviennent *diabétiques*.

Les hémisphères cérébraux et la locomotion. — Les lésions des hémisphères passent, avec juste raison, comme de la plus haute gravité chez l'Homme ; il arrive parfois qu'une blessure légère de cette région du cerveau entraîne la mort, et l'on a vu des individus entièrement paralysés de tout un côté pour une affection toute superficielle et très limitée de ces organes.

Lors même qu'on prend toutes les précautions pour causer à l'animal le moins de trouble possible, l'ablation d'une partie des hémisphères cérébraux est de même rapidement mortelle chez les Mammifères, comme si ces organes, où siège l'intelligence, prenaient chez eux une plus grande part à la direction des phénomènes vitaux. Chez les Oiseaux, les Reptiles, les Batraciens et les Poissons, l'ablation des hémisphères est infiniment moins dangereuse. Nous avons vu qu'une Grenouille décapitée nage comme auparavant et se soustrait, comme si elle avait encore une volonté, aux contacts qui sont gênants pour elle. Flourens a conservé pendant dix mois une Poule qu'il avait privée de ses hémisphères et qui se tenait parfaitement perchée, changeait de patte, comme si elle se sentait fatiguée, lissait spontanément ses plumes, battait des ailes quand on la lançait en l'air et se mettait à courir quand on la poussait brusquement. L'intégrité de la faculté de locomotion était donc absolue ; mais tous ces mouvements peuvent s'expliquer par des actions réflexes : la Poule de Flourens ne changeait pas de place sans y être forcée, elle ne recherchait pas sa nourriture, ne faisait aucun effort pour s'en emparer quand on la lui présentait ; en un mot, elle avait perdu la possibilité de faire le moindre mouvement volontaire. Elle remuait sous l'influence d'incitations directes, mais rien ne lui faisait venir l'idée de se mouvoir. La volonté intervient d'autant plus souvent et d'une façon d'autant plus directe dans la production des mouvements que les animaux sont plus intelligents ; on comprend donc que les lésions des hémisphères soient plus graves chez les plus élevés que chez les autres.

On a réussi d'ailleurs, dans ces dernières années, à provoquer des mouvements par l'excitation directe des circonvolutions cérébrales et, contre toute attente, ce sont les circonvolutions voisines de la scissure de Sylvius et les circonvolutions antérieures qui se sont montrées les plus dociles à cette excitation. *Chacun des membres semble* du reste *avoir son centre locomoteur spécial;* cela résulte déjà de ce fait, que chacun d'eux peut être isolément paralysé.

Les hémisphères cérébraux et les sensations. — De même qu'elle n'abolit pas la possibilité de se mouvoir, l'ablation des hémisphères n'abolit pas davantage la perception des sensations spéciales. La Poule de Flourens, le Pigeon de Longet avaient conservé les impressions visuelles, puisque leur iris se contractait à la lumière et que leur tête suivait le mouvement de celle-ci. M. Vulpian a constaté également qu'un Rat mutilé de la même façon tressaillait au moindre bruit : ce Rat avait donc conservé les impressions auditives. Cependant ces animaux se comportaient, à cela près, comme s'ils étaient aveugles, comme s'ils étaient frappés de surdité : la Poule et le Pigeon se buttaient aux obstacles, le Rat ne s'effrayait pas du bruit et demeurait en place après avoir tressailli. Évidemment les liens physiques de l'œil et de l'oreille avec le reste de l'organisme étaient conservés. Les sensations *lumière* et *bruit* étaient-elles reconnues par l'animal? Nul ne pourrait le dire; ce qui est certain, c'est qu'elles n'éveillaient plus en lui aucun souvenir, aucune idée, aucune volonté. Les sensations, si tant est qu'elles existaient, étaient incapables de se transformer en actes intellectuels. De même que les mouvements, c'est donc par les côtés où elles touchent aux phénomènes de l'intelligence que les sensations sont modifiées par la disparition des hémisphères : c'est surtout par ce lien nouveau, qu'ils établissent entre les excitations centripètes et les excitations centrifuges, que les hémisphères cérébraux se distinguent des autres centres nerveux; par leur intermédiaire, les sensations donnent naissance aux *idées*, les idées aux *jugements*, les jugements à la *volonté*. Ces opérations laissent elles-mêmes en nous une trace durable qui constitue ce que nous nommons la *mémoire* et la *conscience*.

Les hémisphères cérébraux et l'intelligence. — On reconnaît en effet que, d'une manière générale, plus les hémisphères cérébraux sont développés par rapport aux autres parties du cerveau, plus l'intelligence est étendue, sans qu'il soit cependant possible d'établir entre eux quelque chose qui ressemble à une proportionnalité. On connaît le poids du cerveau d'un certain nombre d'hommes de génie; pour plusieurs d'entre eux, ce poids s'est trouvé notablement au-dessus de la moyenne. Le poids moyen du cerveau de l'Homme est de 1250 grammes; or le cerveau de Dupuytren pesait 1436 grammes; celui de Schiller, 1750 grammes; celui de Cuvier, 1829 grammes. Au contraire, celui d'une

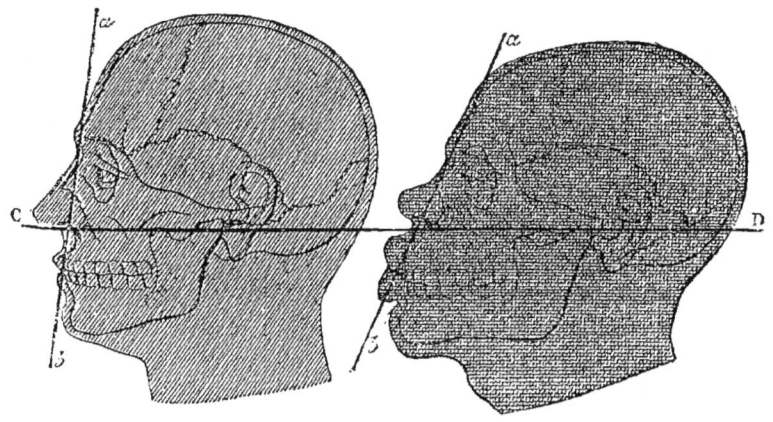

Fig. 106.— Comparaison de l'angle facial chez un Européen et chez un Nègre.

femme australienne possédant l'intelligence de sa race n'a été trouvé que de 907 grammes, celui d'une Boschismane, de 872 grammes. Il peut donc y avoir entre les cerveaux humains un écart supérieur à celui du simple au double.

Sauf dans les cas d'hydrocéphalie, le volume de la tête peut permettre d'apprécier celui du cerveau; toutes les mesures qui ont été prises de cette façon accusent une supériorité marquée du volume cérébral dans les catégories de personnes qui se livrent habituellement à la réflexion. On peut apprécier d'une manière assez exacte le degré de développement relatif du front et de la face au moyen de ce que Camper a nommé l'*angle facial*. Cet angle est celui que font entre elles deux lignes droites passant, l'une par le point le plus saillant du front et le bord des incisives supérieures, l'autre par l'extrémité inférieure du nez et le trou auditif. Plus le cerveau est volumineux, plus le crâne est développé, plus le front est saillant relativement à la face, de sorte que l'angle facial est, dans une certaine mesure, un élément d'appréciation de l'intelligence. On trouve effectivement qu'il est plus aigu dans les races humaines inférieures que dans les races élevées (fig. 106). Il ne varie, dans la plupart des races, qu'entre des limites assez restreintes. Il est de 70 à 72 degrés chez le plus grand nombre des Nègres, de 75 degrés chez les Chinois, de 80 à 85 degrés chez les Européens. Dans la race blanche, il se rapproche donc de 90 degrés, sans cependant atteindre cette valeur; les Grecs avaient instinctivement donné un caractère de haute intelligence à la physionomie de leurs dieux en exagérant la valeur de l'angle facial. Cet angle dépasse 90 degrés dans l'Apollon du Belvédère et dans le Jupiter olympien.

On a cru longtemps que l'intégrité des facultés intellectuelles exigeait une égalité parfaite des deux hémisphères cérébraux. Les physiologistes citent souvent, comme une sorte de piquante ironie, ce fait que Bichat, l'un des défenseurs les plus convaincus de cette opinion, a été trouvé, à l'autopsie, possesseur d'un cerveau dont un hémisphère était singulièrement plus petit que l'autre.

Tentatives de localisation cérébrale; phrénologie. — Telles sont les considérations générales auxquelles peut donner lieu la comparaison du développement du cerveau et du développement de l'intelligence; mais on a voulu aller plus loin. L'intelligence présente de nombreuses modifications. Certains hommes comprennent vite et s'assimilent facilement ce que d'autres ont beaucoup de peine à saisir; il en est qui font avec une extrême rapidité ce qui demande beaucoup d'efforts et de peine à de moins bien doués; chacun de nous a des penchants qui l'entraînent à exécuter de préférence certains actes; l'un aime ce que l'autre déteste. On a pensé trouver dans ces aptitudes diverses, dans ces particularités dont l'existence est incontestable, la preuve que l'intelligence était la somme d'un certain nombre de *facultés* distinctes, qu'on a définies et auxquelles on a donné des noms : l'*amativité* est devenue le penchant à l'affection ; la *constructivité*, l'aptitude à élever des constructions, etc., etc. Gall comptait 27 facultés intellectuelles ; la plupart de ses disciples en reconnaissent 37. Ces facultés une fois définies, on a cherché pour chacune d'elles un organe spécial dans les hémisphères cérébraux. Gall enseignait que chaque partie d'une circonvolution était le siège d'une faculté particulière, et il avait ainsi dressé une sorte de *topographie psychologique* du cerveau. Le crâne se moule sensiblement sur le cerveau, qu'il protège ; il en résulte que les circonvolutions très développées sont marquées extérieurement sur lui par une saillie, par une *bosse* d'autant plus prononcée que la circonvolution est plus volumineuse ; si les prémisses de Gall étaient exactes, on pourrait donc reconnaître les facultés prédominantes d'un individu, rien que par l'examen des saillies et des dépressions de sa boîte crânienne.

Cette thèse était ingénieuse et n'avait rien d'absurde en soi ; elle a eu d'illustres partisans, mais aussi de redoutables adversaires. Flourens a même conclu de ses opérations que l'ablation d'une partie déterminée du cerveau diminue en bloc toutes les facultés intellectuelles : « Dès qu'une perception est perdue, dit-il, toutes le sont ; dès qu'une faculté disparaît, toutes disparaissent. Il n'y a donc point de sièges ni pour les diverses facultés, ni pour les diverses perceptions. » Les physiologistes ne peuvent aujourd'hui souscrire à une affirmation aussi absolue.

Nous avons vu qu'il existe réellement dans le cerveau des centres incitateurs propres et nettement définis des mouvements des membres. Une singulière maladie, capable de revêtir des formes très diverses, est venue démontrer qu'il existait quelque chose d'analogue pour le langage articulé. Cette maladie, qu'on appelle l'*aphasie*, consiste en ce que les individus qui en sont atteints, tout en conservant d'une façon complète la netteté de leurs idées, deviennent incapables de les exprimer.

Les cas d'aphasie que l'on a pu observer sont aujourd'hui nombreux. On a fait l'autopsie de beaucoup de malades morts dans cet état, et l'on a trouvé dans la plupart des cas une altération de la troisième circonvolution frontale gauche. Les exceptions qui ont été signalées s'expliquent soit parce que la perte de la parole observée n'était pas toujours une aphasie véritable; soit parce qu'il y aurait lieu de distinguer la perte de la faculté de s'exprimer, l'*aphasie*, de la perte de la mémoire des mots, l'*amnésie;* soit parce que les liens que les diverses parties du cerveau peuvent avoir les unes avec les autres amènent, par une sorte de réaction sympathique, l'arrêt des fonctions de certaines parties éloignées de celles qui semblent seules endommagées.

L'organe législateur de la parole, l'organe de la *faculté du langage articulé*, est donc nettement localisé. Mais sa localisation présente cette particularité étonnante qu'elle est asymétrique : de même que nous ne nous servons que de notre main droite pour écrire, nous ne nous servons que de notre hémisphère cérébral gauche pour parler ; comme notre main droite est, elle aussi, sous la domination de cet hémisphère, et que nous nous servons d'elle plus volontiers non seulement pour écrire, mais encore pour faire toutes les choses qui demandent plus d'adresse et de précision, il en résulte que c'est à l'aide de la moitié gauche de notre cerveau que nous commandons la plupart des actes de la vie de relation qui affirment le plus hautement notre intelligence.

Ces faits, combinés avec les observations d'atrophie relative de l'un des hémisphères, tendent à prouver que *chacune des moitiés du cerveau peut agir indépendamment de l'autre et que toutes deux peuvent parvenir à se suppléer*.

Là se borne ce que nous savons de positif sur les rapports du cerveau et de l'intelligence. Analyser plus complètement l'intelligence, chercher quelles sont les facultés secondaires et irréductibles l'une à l'autre qui la constituent est l'œuvre de la *psychologie;* mais cette œuvre est loin d'être terminée, et l'étude des facultés mentales des animaux, trop longtemps négligée, commence à peine à jeter des clartés nouvelles sur la nature et les liens réciproques de quelques-unes des facultés humaines.

CHAPITRE X

ORGANES DES SENS

LE TOUCHER, LE GOUT ET L'ODORAT

Généralités sur les organes des sens. — On donne le nom d'*organes des sens* à des organes aptes à être impressionnés par les corps qui nous environnent, de manière à nous faire distinguer en eux des qualités diverses, grâce auxquelles nous pouvons définir ces corps, les reconnaître et apprécier leurs rapports réciproques. Les notions que nous acquérons ainsi servent ensuite de base à nos idées et à nos jugements. Ces notions peuvent être ramenées à cinq catégories distinctes, à chacune desquelles correspond ce que nous nommons un *sens*.

L'Homme et les animaux supérieurs possèdent cinq sens, qui sont : le *toucher*, le *goût*, l'*odorat*, l'*ouïe* et la *vue*.

Personne n'ignore que le sens du toucher s'exerce par la *peau*, et que les autres sens sont localisés dans des organes spéciaux : la *langue* et quelques autres parties de la bouche sont le siège du goût ; les *fosses nasales*, celui de l'odorat ; les *oreilles* perçoivent les sons ; les *yeux*, la lumière.

Tous les organes des sens présentent un caractère commun : ils se composent de parties accessoires et d'une partie essentielle, la seule *impressionnable*, qui est une dépendance du système nerveux. Cette partie impressionnable est formée par la terminaison de fibres nerveuses, dont l'ensemble constitue les nerfs qui relient les organes des sens au cerveau ou à la moelle épinière. Chez l'Homme et les Vertébrés supérieurs, les organes des sens spéciaux sont portés par la tête : tous sont directement reliés au cerveau par les nerfs dont ils renferment les terminaisons ; chez beaucoup d'Invertébrés, les *ganglions cérébroïdes* situés au-dessus de l'œsophage tiennent sous ce rapport la place du cerveau.

Du toucher.

Terminaison des nerfs dans la peau. — C'est en raison de la grande quantité de nerfs qui viennent s'y terminer que la *peau doit être considérée comme l'organe du toucher*. Les terminaisons des nerfs dans la peau ont été étudiés avec beaucoup de soin non seulement chez l'Homme, mais encore chez beaucoup d'animaux. Ces terminaisons présentent une grande diversité.

Les plus remarquables sont les *corpuscules du tact* (fig. 107, surtout abondants dans la paume de la main; ils sont situés à l'intérieur de papilles du derme qui se distinguent de leurs voisines en ce qu'elles ne contiennent pas de vaisseaux. Meissner, qui a découvert ces corpuscules, a constaté que dans la troisième phalange de l'index une étendue de 2 millimètres carrés contenait 400 papilles, dont 108 étaient pourvues de corpuscules. La même étendue de la plante du pied ne contenait que 8 corpuscules. Ces chiffres sont bien en rapport avec l'hypothèse que ces remarquables petits organes servent à percevoir les impressions tactiles.

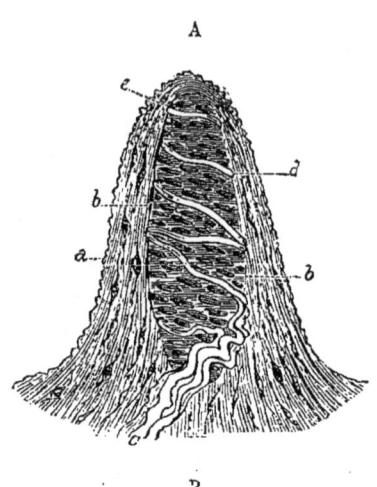
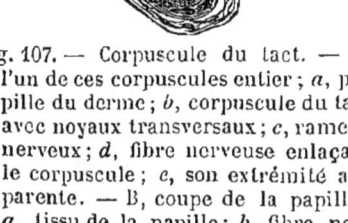

Fig. 107. — Corpuscule du tact. — A, l'un de ces corpuscules entier; *a*, papille du derme; *b*, corpuscule du tact avec noyaux transversaux; *c*, rameau nerveux; *d*, fibre nerveuse enlaçant le corpuscule; *e*, son extrémité apparente. — B, coupe de la papille : *a*, tissu de la papille; *b*, fibre nerveuse; *c*. enveloppe du corpuscule renfermant des noyaux; *d*, contenu finement granuleux du corpuscule. (Grossissement, 300 diamètres.)

Chez un grand nombre d'animaux, les poils prennent également part à l'exercice du sens du toucher. Des fibres nerveuses viennent se ramifier près de leur follicule, et forment souvent autour d'eux de véritables colliers; de sorte que le poil ne peut être ébranlé sans que son ébranlement se transmette aussitôt au nerf qui lui correspond. On trouve de semblables *poils tactiles* chez les Chauves-souris, les Taupes, les Rats, tous animaux renommés pour l'exquise délicatesse de leur toucher.

Diverses notions fournies par le sens du toucher. — Les notions que nous pouvons acquérir par le sens du toucher sont de plusieurs sortes. Ce sens nous renseigne non seulement sur la présence des objets qui viennent toucher notre corps, mais encore sur leur forme, leurs dimensions, leur dureté, leur poli, leur température, leur poids et jusque sur l'état d'activité ou de repos de nos muscles, ce qui a donné lieu à l'hypothèse de l'existence d'un *sens musculaire*. Il semble même que ces diverses sortes d'impressions n'agissent pas indifféremment sur toutes les fibres nerveuses : la sensation du contact, par exemple, peut se trouver abolie sans que celle de la température soit altérée, ou inversement.

Les indications qui nous sont ainsi fournies sont naturellement dominées par la connaissance que nous possédons de la position relative des parties de notre corps et par l'habitude que nous avons d'interpréter les impressions qu'elles ressentent. Ainsi, lorsque nous touchons une bille simultanément avec l'index et le majeur normalement rapprochés, chacun de ces doigts nous apporte une sensation particulière; mais nous savons, par une longue expérience antérieure, que ces deux sensations simultanées sont dues à un même objet de forme sphérique, et nous n'hésitons pas à affirmer, malgré la sensation double qui se produit nécessairement, que nos doigts ne touchent qu'une seule et même bille. Croisons maintenant ces deux doigts l'un sur l'autre et touchons de nouveau la bille simultanément avec leurs deux extrémités croisées, les impressions éprouvées ne sont plus perçues dans l'ordre habituel et nous avons la sensation de la présence de deux billes. L'appréciation du nombre et de la forme des objets dépend d'ailleurs étroitement du degré de sensibilité des diverses régions du corps.

Finesse du toucher. — H. Weber a fait à ce sujet des recherches fort curieuses, et il a pu mesurer en quelque sorte le degré de sensibilité de chaque région de la peau, par une méthode des plus ingénieuses. Une personne ayant les yeux bandés, on applique successivement sur diverses parties de son corps les pointes ouvertes d'un compas. La personne doit dire si elle perçoit la sensation d'une seule pointes ou de deux. On constate alors qu'il existe une certaine ouverture de compas au-dessous de laquelle la personne qui se prête à l'expérience croit toujours n'avoir été touchée que par une seule pointe; mais la distance des pointes qui prête à cette illusion est très-variable avec la région du corps que l'on considère. Sur l'avant-bras, par exemple, la sensation double n'apparaît pas encore quand les pointes sont écartées de 3 centimètres : le dos de la main distingue des pointes écartées de 5 ou 6 millimètres; à l'extrémité des doigts, un écart de 2 millimètres est sensible; la pointe de la langue présente le maximum de sensibilité : elle distingue déjà des pointes écartées de 1 millimètre. Weber a de même cherché à apprécier la finesse de notre sensibilité dans l'appréciation des poids et des températures. On arrive assez facilement à savoir apprécier le poids approximatif d'un corps; avec de l'habitude on reconnaît, par des essais très rapprochés, une différence de 15 grammes sur 600 grammes; on peut encore distinguer quel est le plus chaud des deux liquides dont la température ne diffère que de 1/5 de degré; mais ces données sont loin d'être applicables à tout le monde, et la même personne peut, par l'éducation, modifier profondément ses divers ordres de sensibilité tactile.

Importance de la main. — La sensibilité n'est pas la seule condition que doive remplir un organe du toucher. Un tel organe doit encore posséder une grande mobilité qui lui permette de multiplier les contacts simultanés ou d'empêcher les contacts successifs avec les objets dont il doit reconnaître la forme. Ces conditions se trouvent réalisées dans la main de l'Homme, dont la structure est remarquablement compliquée. Si ce n'est pas la partie du corps où la sensibilité est maximum, c'est celle qui, par le nombre et la mobilité de ses articulations, peut s'adapter le mieux à la surface des objets qu'elle touche, et nous en faire connaître la forme et la nature. C'est pourquoi on s'accorde à considérer la main comme l'organe du tact par excellence.

Du goût.

Papilles linguales. — Le sens du goût doit, comme le sens du toucher, s'exercer au contact des corps dont il nous révèle la saveur. Son siège est très limité ; la langue et quelques autres parties de la bouche paraissent seules capables d'apprécier si les corps sont sapides ou non ; encore n'est-on d'accord, en ce qui concerne la langue, que sur ce point, à savoir que la base et la pointe de cet organe sont certainement les parties les plus sensibles aux impressions gustatives, sinon les seules.

Nous connaissons déjà les muscles qui donnent à la langue son extrême mobilité. Sa surface est couverte de papilles nombreuses, que l'on peut rapporter à trois sortes. Tout à fait à la base de la langue on en voit de 6 à 12, très grosses, larges, entourées d'une sorte de collerette, aplaties et même légèrement évidées sur leur surface libre, ce qui les a fait appeler *papilles caliciformes* (fig. 110, d); ces papilles sont généralement disposées sur une sorte

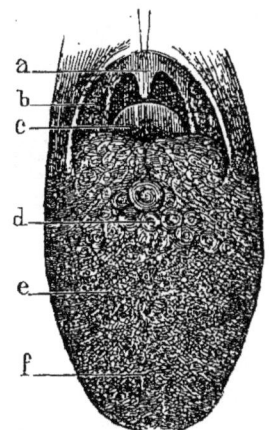

Fig. 110.— Langue de l'Homme. — a, luette; b, amygdale: c, épiglotte; d, papilles caliciformes; e, papilles fongiformes; f, papilles filiformes.

de V à sommet antérieur. Les autres papilles sont irrégulièrement disséminées. Les *papilles fongiformes* (e) ressemblent à un petit bouton élargi et plus ou moins longuement pédonculé. Les *papilles filiformes, coniques* ou *corolliformes* (f) sont divisées en houppes à leur sommet. Ce sont les plus longues et les plus nombreuses. Il existe enfin, à la surface de la langue, une multitude de petites éminences hémisphériques qui ne sont, en définitive, que de toutes petites papilles. Tous ces organes peuvent être facilement distingués à l'œil nu.

Nerfs de la langue. — La langue reçoit des nerfs de

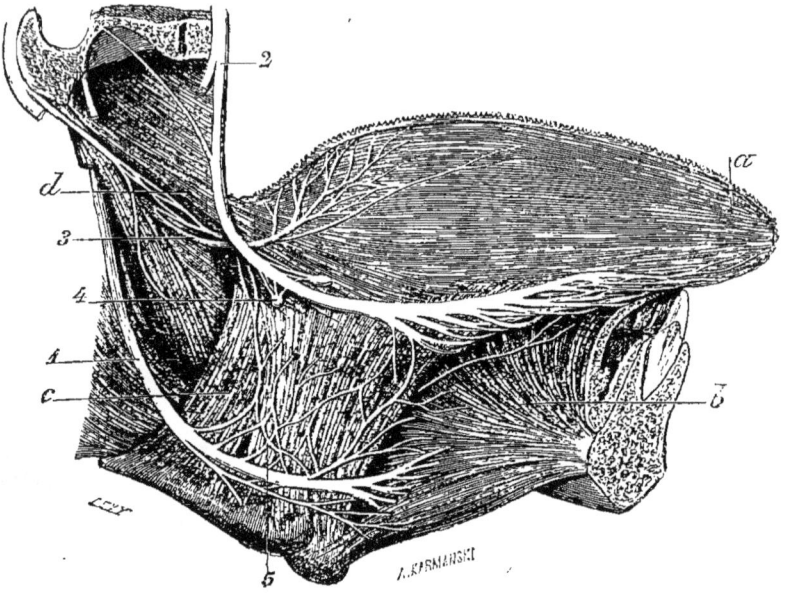

Fig. 111. — Muscles et nerfs de la langue. — *a*, faisceau musculaire provenant du lingual supérieur, du palato-glosse et du pharyngo-glosse ; *b* muscle génio-glosse ; *c*, muscle hyoglosse ; *d*, muscle styloglosse ; 1, nerf grand hypoglosse ; 2, nerf lingual et, en arrière, corde du tympan ; 3 nerf glosso-pharyngien ; 4, ganglion sous-maxillaire ; 5, anastomoses des branches du grand hypoglosse.

quatre origines différentes. De ces nerfs; le *glosso-pharyngien* et le *trijumeau* (fig. 111) paraissent seuls transmettre les impressions gustatives. Les nerfs du goût viennent se terminer dans des organes spéciaux situés principalement sur les papilles caliciformes et qu'on appelle les *bourgeons du goût*. Ce sont de petites masses arrondies, formées de longues cellules épithéliales, entre lesquelles sont disposées les cellules nerveuses terminales. Chacun de ces bourgeons est contenu dans une petite poche communiquant avec la surface de la langue par un lobe spécial.

De l'odorat.

Les fosses nasales. — Les organes du sens de l'odorat se trouvent placés dans les fosses nasales, et par conséquent sur le passage de l'air qui se rend aux voies respiratoires. C'est l'air, en effet, qui apporte avec lui les particules des corps odorants qui doivent impressionner les nerfs olfactifs et qui agissent, par leur contact, comme les particules sapides.

Les fosses nasales (fig. 112), au nombre de deux, séparées sur la ligne médiane par une cloison verticale se prolongeant en arrière jusqu'à l'arrière-bouche, où elles se confondent, forment ainsi une cavité qui communique largement avec le pharynx. En avant et inférieurement, elles se prolongent avec la cavité des *narines* situées à la partie inférieure du nez. La totalité des fosses nasales est revêtue par une membrane muqueuse, dite *pituitaire*.

Le nez est soutenu à sa base par les *os nasaux*, prolongés inférieurement par une série de cartilages qui recouvrent des muscles spéciaux et la peau. Une cloison cartilagineuse sépare les narines l'une de l'autre et fait suite à la cloison des fosses nasales. Celles-ci présentent postérieurement des anfractuosités formées par les cornets de l'ethmoïde et les cornets inférieurs; la muqueuse pituitaire se replie autour de ces anfractuosités, tapissant ainsi trois méats qui communiquent avec les cavités ou cellules postérieures de l'ethmoïde, le sinus maxillaire et le sinus frontal. Toutes ces cavités peuvent donc être considérées comme des annexes des fosses nasales qui communiquent encore avec la cavité de l'orbite et avec l'une des cavités de l'oreille; de sorte que toutes les cavités dans lesquelles sont logés les sens supérieurs se trouvent en rapport étroit les unes avec les autres. Si complexe que soit chez l'Homme la cavité des fosses nasales, elle le devient encore plus chez les Mammifères doués d'un odorat plus subtil, tels que le Chien. Les cornets du nez prennent alors un développement extraordinaire, évidemment destiné à multiplier les contacts de la muqueuse avec l'air chargé de particules ou de vapeurs odorantes.

Des poils raides, longs et gros, nommés *vibrisses*, protègent l'entrée des narines contre l'introduction de corps étrangers trop volumineux. Un liquide spécial, sécrété par une multitude de glandes muqueuses en grappes, humecte constam-

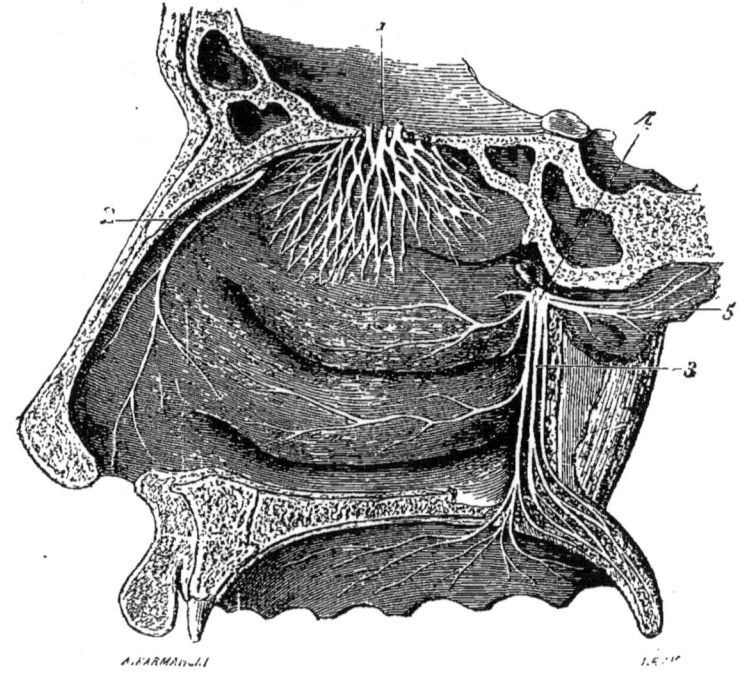

Fig. 112. — Coupe des fosses nasales pour montrer les nerfs qui s'y rendent. — 1, branches du nerf olfactif; 2, rameau du nerf nasal; 3, nerfs palatins; 4, ganglion sphéno-palatin; 5, nerf vidien.

ment la pituitaire et, en dissolvant les particules odorantes, leur permet d'agir plus directement sur les nerfs olfactifs.

La membrane olfactive. — La région de la pituitaire, douée d'une sensibilité spéciale, est assez limitée : elle occupe la partie supérieure de la cloison et des parois externes des fosses nasales et par son aspect se distingue assez nettement des régions voisines de la muqueuse. Elle contient les terminaisons du *nerf olfactif* (fig. 112), chargé de recevoir l'impression des effluves odorants. La membrane olfactive est d'une sensibilité des plus remarquables. Valentin a calculé que deux millionièmes de milligramme de musc suffisent pour l'impressionner ; c'est déjà une sensibilité très supérieure à celle du spectroscope. Que doit être dès lors la sensibilité olfactive des animaux qui perçoivent les odeurs avec une netteté suffisante pour suivre leur proie à la piste, ou éventer à plusieurs centaines de mètres la présence d'un ennemi ?

Cette exquise sensibilité s'émousse avec une surprenante rapidité. Il suffit de demeurer quelques instants dans une atmosphère chargée d'effluves odorants, pour que les odeurs, d'abord vivement perçues, s'affaiblissent et arrivent à n'être plus senties ; mais un courant d'air pur suffit pour rendre à notre odorat toute sa sensibilité. On peut encore suspendre momentanément la perception des odeurs en s'abstenant de respirer par le nez.

Le goût et l'odorat, concourent simultanément à nous faire connaître les qualités de nos aliments, de sorte qu'il est parfois difficile de distinguer chez eux ce qui est odeur et ce qui est saveur. Quand on empêche certains aliments d'exercer leur action sur l'odorat, ils deviennent méconnaissables ; c'est ce qui arrive en particulier pour les vins, dont le *bouquet* caractéristique impressionne beaucoup plus notre muqueuse nasale que notre muqueuse buccale.

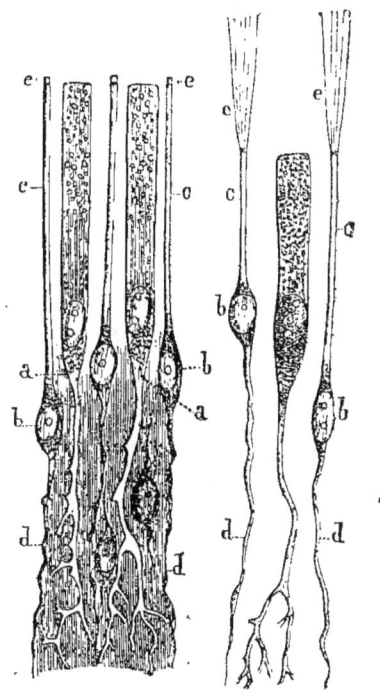

Fig. 113. — A, terminaison des nerfs olfactifs dans la membrane pituitaire du Chien ; *a*, cellule épithéliale avec prolongement ramifié ; *b*, cellule olfactive ; *c*, bâtonnet qui la termine ; *d*, prolongement de la cellule en continuité avec un filament nerveux. B, terminaison des nerfs olfactifs chez la Grenouille : mêmes lettres ; *e*, cils vibratiles des cellules olfactives. (D'après Frey.)

CHAPITRE XI

ORGANES DES SENS (Suite).

L'OUÏE ET LA VUE

De l'ouïe.

Description de l'oreille externe. — Le goût et l'odorat nous révèlent certaines qualités des corps dont quelques particules, au moins, sont en contact avec notre organisme; les organes du toucher peuvent être impressionnés soit par le contact direct des corps, soit par les mouvements qu'ils communiquent aux milieux dans lesquels ils sont plongés, comme c'est le cas pour la chaleur. Ce sont seulement des vibrations de l'air ou de l'éther des physiciens qui impressionnent notre oreille et notre œil. Dans l'oreille humaine, nous distinguons trois parties : l'*oreille externe*, l'*oreille moyenne*, exclusivement formées toutes deux de parties accessoires, et l'*oreille interne*, qui contient les éléments impressionnables de l'appareil de l'ouïe, les terminaisons nerveuses.

L'oreille externe (fig. 114) comprend deux régions : le *pavillon* et le *conduit auditif externe*.

Le pavillon se décompose en plusieurs parties. L'une d'elles, la *conque*, est creuse, entoure les parties postérieure, supérieure et inférieure de l'orifice auditif, puis s'étale en une surface à peu près plane qui se replie en avant tout le long de son bord, de manière à former une sorte d'ourlet, l'*hélix*, limitant une gouttière ouverte en avant. Un rebord de la conque, sensiblement parallèle à l'hélix, porte le nom d'*anthélix*; ce rebord présente une saillie, l'*antitragus*, opposée au *tragus*, qui forme une éminence en avant de l'orifice auditif.

Le pavillon (fig. 114, A) est soutenu par un cartilage auquel vient s'attacher inférieurement le *lobule* charnu qui complète l'oreille et auquel les dames attachent des bijoux. Une peau fine recouvre toutes ces parties, et des muscles les relient soit entre elles, soit au crâne, leur donnant, chez beaucoup d'espèces animales, une mobilité qui, chez l'Homme, est toujours très limitée et le plus souvent complètement nulle.

Le conduit auditif externe (fig. 114, B) s'enfonce dans l'os temporal; il présente plusieurs sinuosités qui contribuent à empêcher l'introduction de corps étrangers dans l'oreille. Des poils couverts d'un enduit spécial, jaune, amer, ayant une consistance cireuse, le *cérumen*, sécrété par des glandes

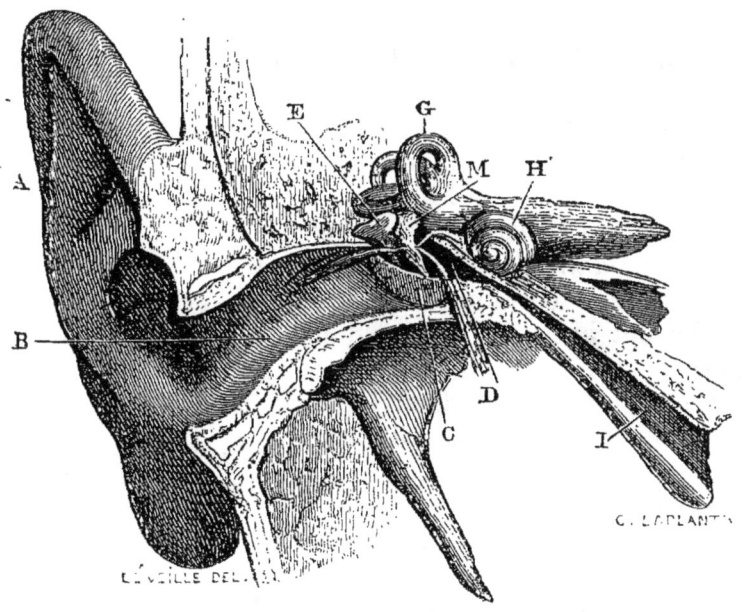

Fig. 114.— Coupe de l'oreille. — A, oreille externe; B, canal auditif externe; C, tympan; D, caisse du tympan; E, enclume; G, canaux semi-circulaires; H, limaçon; I, trompe d'Eustache; M, marteau.

en grappe assez volumineuses, défendent encore l'entrée du canal. Le conduit auditif externe est séparé de l'oreille moyenne par une membrane tendue obliquement de haut en bas et de dehors en dedans. Cette membrane, un peu concave extérieurement, est le *tympan* (C); elle est tendue sur un anneau osseux, le *cadre du tympan*, qui est encore distinct chez les très jeunes enfants, mais se soude de bonne heure à l'os temporal.

L'oreille moyenne est essentiellement constituée par la *caisse du tympan* (D), cavité irrégulière, remplie d'air, entièrement tapissée de cils vibratiles et communiquant inférieurement avec l'arrière-cavité des fosses nasales, par un conduit spécial toujours ouvert, la *trompe d'Eustache* (I). On remarque dans la caisse du tympan trois orifices fermés par des membranes : le plus grand est en avant, il est oblitéré par le tympan; les deux autres, beaucoup plus petits, situés à peu près sur la face opposée de la caisse, sont la *fenêtre ovale*, et, au-dessous d'elle, la *fenêtre ronde*.

Entre le tympan et la membrane de la fenêtre ovale se trouve une chaîne irrégulière de quatre osselets (fig. 115), que l'on appelle le *marteau* (M), l'*enclume* (E), l'*os lenticulaire* (L) et l'*étrier* (K), à cause d'une certaine ressemblance qu'ils ont avec les objets dont ils portent les noms. Le manche du marteau est engagé dans la partie centrale de la membrane du tympan; l'enclume s'articule d'une part avec la tête du marteau, de l'autre avec l'os lenticulaire; le sommet de l'étrier est en contact avec ce petit os, et sa base, celle qui correspond à la partie de l'étrier qui supporte le pied, appuie sur la membrane de la fenêtre ovale, sur laquelle elle est exactement moulée.

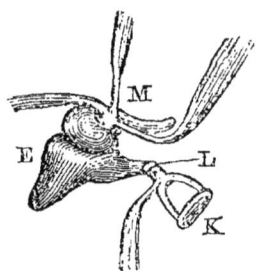

Fig. 115. — Osselets de l'oreille et muscles qui s'y attachent. — E, enclume; M, marteau; L, os lenticulaire; K, étrier.

De petits muscles font mouvoir ces os, tendent plus ou moins la chaîne solide qu'ils forment, et les forcent à tirer sur le tympan ou à presser sur la membrane de la fenêtre ovale. Il en résulte que ces membranes peuvent s'accorder de manière à vibrer à l'unisson de toutes les ondes sonores qui viennent les frapper; en même temps leurs vibrations sont transmises à travers toute la caisse du tympan par une chaîne de corps solides, les osselets eux-mêmes, et l'on sait que les corps solides transmettent beaucoup mieux les vibrations sonores que les liquides et les gaz.

Oreille interne. — L'oreille interne comprend un système de cavités creusées dans le rocher et dans lesquelles se trouvent des poches membraneuses exactement moulées sur leurs parois. Une mince couche d'un liquide spécial, la *périlymphe*, sépare des parois osseuses les poches membraneuses de l'oreille interne; un liquide beaucoup plus important, l'*endolymphe*, remplit ces poches. La complication des cavités de l'oreille interne a fait désigner par le nom,

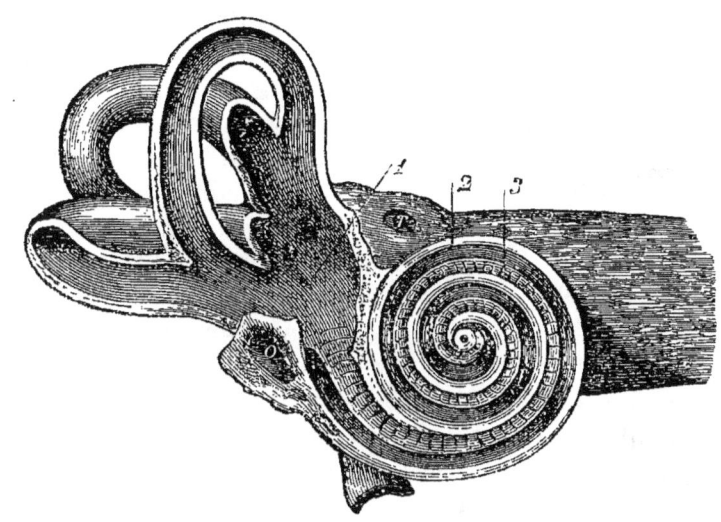

Fig. 116.— Coupe du labyrinthe perpendiculaire à l'axe du limaçon. — 1, vestibule; 2, rampe externe du limaçon; 3, sa rampe interne; *l*, limaçon; *o*, fenêtre ovale; *r*, fenêtre ronde; *s*, canaux semi-circulaires.

souvent usité, de *labyrinthe* cette portion de l'appareil auditif. Le labyrinthe (fig. 116) se compose de trois parties: le *limaçon*, le *vestibule* et les *canaux semi-circulaires*.

Le limaçon (fig. 117) est, comme son nom l'indique, une cavité tubulaire, enroulée en spirale et formant trois tours de spire; l'axe creux, ou *columelle*, autour duquel se fait l'enroulement, contient une des branches les plus importantes du nerf acoustique, la *branche cochléenne*. Une lame en spirale, mi-partie osseuse, mi-partie membraneuse, partant de la columelle et se dirigeant vers la paroi du limaçon, divise sa cavité tubulaire en deux cavités superposées, les deux *rampes* du limaçon. L'une de ces rampes, la *rampe tympanique*, aboutit à la fenêtre ronde; l'autre, la *rampe vestibulaire*, au vestibule. Les deux rampes communiquent sous la coupole du limaçon, par suite de la suppression de la cloison qui les sépare. Avant d'arriver à la paroi externe du limaçon, la partie membraneuse de la lame spirale, qui divise en deux sa cavité, se dédouble, et ses deux moitiés s'écartent sous un angle assez ouvert pour aller rejoindre la paroi; il en résulte la formation d'une troisième cavité, comprise entre les deux autres : c'est le *canal cochléaire*, dans lequel se trouvent le plus grand nombre des terminaisons du nerf acoustique qui contribuent à former l'important *organe de Corti*.

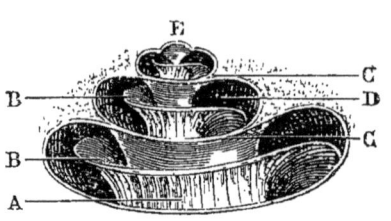

Fig. 117.— Coupe oblique du limaçon.— A, lame spirale extérieure; B, lame spirale intérieure portant les terminaisons du nerf acoustique; C, lame séparant les tours du limaçon; D, rampe vestibulaire; E, sommet du limaçon.

Le vestibule fait suite au limaçon; il est formé de deux sacs membraneux communiquant entre eux, le *saccule* et l'*utricule*. Le saccule est sphérique, et son diamètre est d'environ 1 millimètre et demi; l'utricule est de forme oblongue; son grand axe a environ 3 millimètres, et son petit axe 2. Il porte les *canaux semi-circulaires*.

Ces derniers sont trois tubes creux (fig. 116), courbés en arcs de cercle assez réguliers et orientés d'une façon remarquable : deux d'entre eux sont verticaux et disposés suivant des plans perpendiculaires, le troisième est horizontal. Les canaux semi-circulaires commencent dans le vestibule chacun isolément par une partie renflée en ampoule; ils se réunissent en un seul canal commun au moment de s'ouvrir de nouveau dans l'utricule. Les nerfs qui s'y terminent paraissent être le point de départ d'actions réflexes grâce auxquelles le maintien de notre équilibre est assuré.

D'innombrables ramuscules du nerf acoustique s'engagent dans l'épaisseur de la partie osseuse de la lame spirale et, arrivés au canal cochléaire, se terminent dans l'organe de Corti ; les autres branches se rendent à l'utricule, au saccule et aux canaux semi-circulaires.

Dans l'utricule et le saccule on remarque une tache blanchâtre dans la région où s'épanouissent les branches du nerf acoustique qui leur correspondent. Sur ces *taches acoustiques* se trouve régulièrement distribuée une poussière calcaire, l'*otoconie*, formée de corpuscules réguliers de 9 à 11 millièmes de millimètre de longueur. Ces corpuscules calcaires comptent parmi les éléments les plus constants de l'appareil auditif : on les appelle, lorsqu'ils sont plus gros, des *otolithes*.

Rôle des différentes parties de l'appareil auditif. — On a attribué au pavillon de l'oreille un assez grand nombre de fonctions différentes ; la seule qui soit parfaitement établie, c'est qu'il nous permet de juger, dans une certaine mesure, de la direction des sons, en renforçant ceux qui viennent le frapper normalement, condition qu'on peut toujours lui faire remplir en tournant convenablement la tête. Le canal auditif se trouvant rempli d'air, c'est par l'intermédiaire de ce gaz que les vibrations sont transmises à la membrane du tympan. La forme en entonnoir de cette membrane lui donne, au point de vue de la transmission des sons, des aptitudes particulières. Une membrane plane tendue régulièrement n'entre en vibration que pour un son déterminé, celui qu'elle produit elle-même lorsqu'on vient à l'ébranler. Il n'en est plus de même d'une membrane en entonnoir : ses différents points présentent alors des tensions très variables du fond de l'entonnoir à sa circonférence ; elle devient ainsi capable de vibrer pour des sons très différents, et par conséquent de servir à leur transmission. A ces qualités inhérentes à sa forme, la membrane du tympan en ajoute une autre, due aux rapports qu'elle présente avec la chaîne des osselets de l'oreille moyenne ; ces osselets peuvent, à leur tour, la tendre très différemment, et augmentent par cela même son aptitude à la transmission des sons.

De la membrane du tympan les sons sont transmis de deux façons différentes à l'oreille interne au travers de l'oreille moyenne. D'abord tous les mouvements de cette membrane sont communiqués à la chaîne des osselets, qui, alternativement entraînée en bloc dans une direction et dans la direction opposée, vient frapper, comme une baguette de tambour, la membrane de la fenêtre ovale et transmet ainsi directement les vibrations sonores au liquide de l'oreille interne. En plus, l'air contenu dans l'oreille moyenne entre à son tour en vibration, et vient faire vibrer la membrane de la fenêtre ronde.

Pour que la membrane du tympan et celle de la fenêtre ronde ne soient pas gênées dans leurs vibrations, il est essentiel que la tension de l'air contenu dans la caisse du tympan soit maintenue égale à la pression atmosphérique. Ce résultat est réalisé grâce à la présence de la trompe d'Eustache, qui permet à l'air trop comprimé de s'écouler dans l'arrière-bouche, et laisse passer de nouvelles quantités d'air lorsque la caisse du tympan n'en contient pas assez. La trompe d'Eustache est habituellement fermée, mais elle s'ouvre lors des mouvements de déglutition. On répète machinalement ces mouvements toutes les fois que le besoin s'en fait sentir, et on rétablit ainsi l'équilibre lorsqu'il vient à être rompu. On a pu constater les utiles conséquences de tels mouvements lorsqu'on a éprouvé le sentiment de tension particulier qui fait dire que « l'oreille est bouchée ».

L'oreille moyenne est donc la partie qui accommode, en quelque sorte, l'appareil de l'ouïe, de manière à lui permettre de percevoir le plus grand nombre de sons possible. Le degré différent de tension que peuvent prendre les membranes qu'elle présente contribue en outre directement à atténuer beaucoup les sons dont l'intensité serait un danger pour l'oreille.

Il existe d'ailleurs des limites, — très éloignées à la vérité, — au delà desquelles les sons cessent d'être perceptibles. Savart dit avoir perçu des sons graves de 7 ou 8 vibrations; mais la limite inférieure admise en musique correspond à 30 vibrations par seconde. Des sons de 30 000 vibrations par seconde sont encore perceptibles pour l'oreille, mais ils causent une sensation très nettement douloureuse.

De la vue.

Organes accessoires de l'appareil de la vision. — Les yeux sont accompagnés de parties accessoires plus nombreuses encore que celles qui prennent part à la constitution de l'appareil de l'ouïe. Organes délicats entre tous, ils sont entourés d'appareils protecteurs que nous devons faire connaître tout d'abord, afin de ne pas séparer l'exposé des phénomènes de la vision de la description de l'organe visuel proprement dit.

Les yeux sont logés dans les *cavités orbitaires*, situées au-dessous du front, de chaque côté de la racine du nez. Chacune de ces cavités a une forme pyramidale, et son orifice est sensiblement quadrangulaire. Un grand nombre d'os prennent part à la constitution des cavités orbitaires. Ce sont le *frontal* en haut, l'*os malaire* en bas et en dehors, les *maxillaires supérieurs* en bas et en dedans, les *os lacrymaux* à l'angle interne et inférieur, le *sphénoïde* et l'*ethmoïde* en dedans, les *palatins* en bas et en arrière. Au fond, une ouverture irrégulière livre passage au nerf optique ; à l'angle externe, une gouttière comprise entre l'os lacrymal et le maxillaire supérieur communique avec le canal nasal et contient le *canal lacrymal*.

Au-dessus de l'orbite, l'os frontal présente une légère saillie que recouvre une peau épaisse, couverte de poils droits, raides, dessinant les deux lignes plus ou moins régulièrement arquées des *sourcils* (fig. 119).

Deux voiles verticaux se continuent, l'un avec la peau du front, l'autre avec celle des joues, et peuvent s'étendre sur les yeux en se rapprochant l'un de l'autre ; ils constituent les *paupières*. Un *muscle élévateur* spécial relève la paupière supérieure (fig. 120, *h*). La fermeture des paupières est obtenue par la contraction des fibres d'un muscle circulaire : l'*orbiculaire des paupières* (*g*). Chacune d'elles est soutenue par un arc cartilagineux, le *cartilage tarse*, et présente deux faces d'aspect bien différent. La face externe a l'apparence ordinaire de la peau ; la face interne est tapissée par une muqueuse de couleur rougeâtre qui, après être remontée assez haut dans la cavité orbitaire, se rabat au-devant du globe de l'œil, y devient complètement transparente et forme le revêtement externe de la partie antérieure de l'œil; c'est la *conjonctive*, membrane délicate, sujette à des inflammations qui peuvent acquérir une gravité suffisante pour compromettre la vision. Le bord des paupières est garni de poils ou *cils*, généralement plus forts que ceux qui constituent les sourcils. Des glandes en grappes régulièrement disposées dans l'épaisseur des paupières, les *glandes de*

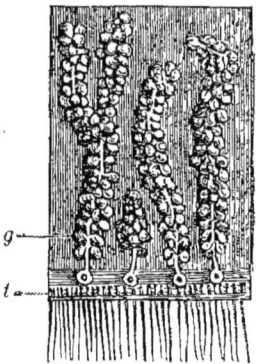

Fig. 118. — Fragment de la paupière, préparé de manière à montrer le cartilage tarse (*t*) et quatre glandes de Meibomius (*g*).

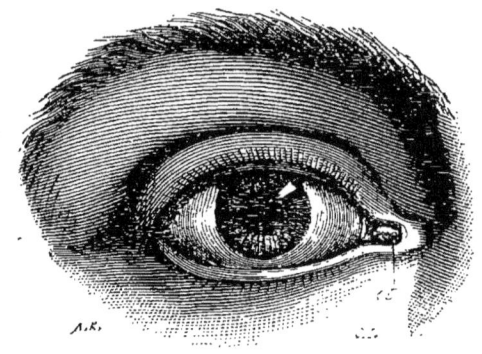

Fig. 119. — L'œil et ses annexes. *a*, caroncule lacrymale.

Meibomius (fig. 118), sécrètent une humeur qui lubrifie les cils; en outre, chacun de ces derniers est muni à sa base de glandes analogues aux glandes sébacées et dont la sécrétion normale, semblable à celle des glandes de Meibomius, constitue la chassie lorsque, à la suite d'une inflammation, elle est devenue trop abondante.

Les deux paupières se réunissent à leurs extrémités sous un angle aigu. Dans l'angle externe, un repli membraneux, en forme de croissant, le repli *semi-lunaire*, représente une troisième paupière rudimentaire, qui se développe chez certains animaux, les Oiseaux, par exemple, chez qui elle porte le nom de *membrane nyctitante*. A l'angle opposé, une petite éminence glandulaire, présentant quelques poils fins, la *caroncule lacrymale* (fig. 119, *a*), est comprise entre les deux branches du *canal lacrymal*, par lequel les larmes s'écoulent dans les fosses nasales et qui s'ouvrent au-dessus et au-dessous de la caroncule par deux petits orifices, les *points lacrymaux*. Les larmes passent de ce canal horizontal, en forme d'Y, dans le *sac lacrymal*, qui est vertical, et de là dans le *canal nasal*, qui s'ouvre dans le méat inférieur des fosses nasales.

Il existe dans chaque orbite une *glande lacrymale;* elle est placée au-dessus et en dehors du globe de l'œil, et pré-

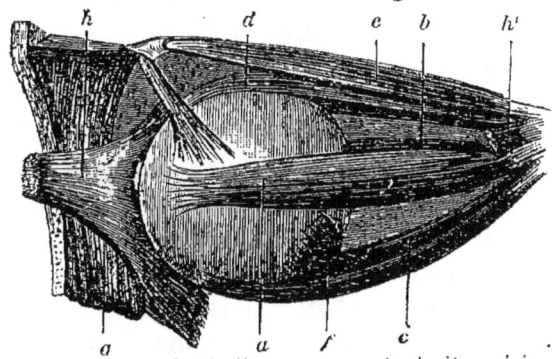

Fig. 120. — Muscles moteurs de l'œil — *a*, muscle droit supérieur; *b*, muscle droit inférieur; *c*, muscle droit externe; *d*, muscle droit interne; *e*, muscle grand oblique; *f*, muscle petit oblique; *g*, muscle orbiculaire des paupières; *h*, *h'*, muscle élévateur de la paupière supérieure.

sente à peu près le volume d'une noisette. C'est une glande compacte, du type des glandes en grappe, qui émet de trois à cinq canaux, garnis de glandules sur leur trajet, et s'ouvrant dans l'angle de réflexion de la conjonctive de la paupière supérieure sur le globe de l'œil. Les larmes, versées sur une largeur assez considérable, sont réparties par le clignement des paupières à la surface libre du globe de l'œil, qu'elles ne cessent d'humecter. Quand leur quantité est normale, elles sont recueillies par les canaux lacrymaux et s'écoulent entièrement dans les fosses nasales, mais chacun sait que des émotions diverses peuvent activer leur sécrétion; elles ruissellent alors sur les joues.

Il faut enfin ranger parmi les annexes de l'appareil de la

16

vision, les muscles qui font mouvoir le globe de l'œil. Ces muscles sont au nombre de six pour chaque œil, et leur disposition est parfaitement régulière (fig. 120). Cinq d'entre eux vont s'insérer tout au fond de la cavité orbitaire, et divergent de là pour aller s'attacher au globe de l'œil ; quatre se dirigent vers l'œil en ligne droite, ce sont : le *droit supérieur* (a), le *droit inférieur* (b), antagonistes l'un de l'autre, et dont le premier porte l'œil vers le haut, le second vers le bas ; le *droit externe* (c) et le *droit interne* (d), également antagonistes, s'attachant l'un au côté externe du globe de l'œil, qu'il fait tourner en dehors, l'autre au côté interne de ce globe, qu'il tire en dedans. Le cinquième muscle partant du fond de l'orbite est le *grand oblique* (e) ; il présente une disposition des plus remarquables. Marchant d'abord en ligne droite jusqu'à la partie antérieure de l'orbite, il traverse un anneau, moitié fibreux, moitié cartilagineux, attaché à l'os frontal, et se réfléchit alors vers l'œil, qu'il contourne en dedans pour venir s'attacher à sa partie externe et postérieure. Il en résulte qu'il fait tourner le globe de l'œil autour d'un axe horizontal et antéro-postérieur. Son antagoniste, le sixième des muscles moteurs de l'œil, est le *petit oblique* (f), qui s'insère à la partie interne de l'orbite et au-dessous du grand oblique, à la partie externe et postérieure du globe de l'œil. Grâce à cet appareil musculaire si complet, l'œil se dirige avec une égale facilité vers tous les points de l'espace qu'il peut avoir à explorer.

Description de l'œil. — L'œil a une forme sphéroïdale (fig. 121). Il est constitué extérieurement par une membrane épaisse, résistante, de couleur blanche, la *sclérotique*, qui présente une perforation postérieure pour laisser passer le nerf optique, et une perforation antérieure, beaucoup plus large, fermée par une membrane dont la courbure est plus forte que celle de la sclérotique et dont la transparence est parfaite : c'est la *cornée transparente*. Une autre membrane circulaire, plane, tendue verticalement derrière la cornée transparente et diversement colorée suivant les individus, constitue l'*iris*. L'iris est percé à son centre d'une ouverture circulaire, nommée *pupille* ; comme il est formé de fibres musculaires, les unes rayonnantes, les autres circulaires et concentriques à la pupille, cette dernière peut être agrandie ou diminuée, suivant que les muscles rayonnants ou que les muscles circulaires se contractent.

L'espace compris entre l'iris et la cornée porte le nom de *chambre antérieure* de l'œil; l'espace compris entre l'iris et le cristallin, le nom de *chambre moyenne*: ces deux chambres sont remplies d'une humeur très fluide, l'*humeur aqueuse*.

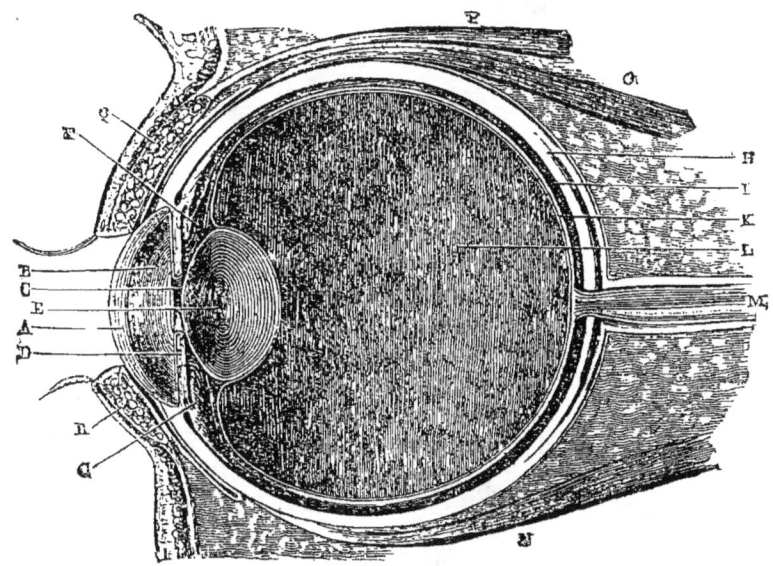

Fig. 121. — Coupe verticale de l'œil. — A, cornée transparente; B, humeur aqueuse; C, pupille; D, iris; E, cristallin; F, procès ciliaires; G, canal de Petit; H, sclérotique; I, choroïde; K, rétine; L, humeur vitrée; M, nerf optique; N et O, muscles droits inférieur et supérieur; P, muscle élévateur de la paupière supérieure; R, paupière inférieure.

Au-dessous de la sclérotique se trouve une membrane qui la tapisse de toutes parts et qui est particulièrement riche en vaisseaux (fig. 121, I), c'est la *choroïde*. Cette membrane, qui est déjà revêtue extérieurement d'une couche pigmentée, est recouverte intérieurement d'un plan unique de corpuscules hexaédriques dont la substance est colorée en noir très foncé; cette couche de corpuscules se continue sur la face postérieure de l'iris. Chez quelques animaux, la choroïde présente une région fibreuse extrêmement bril-

244   PHYSIOLOGIE ANIMALE.

lante devant laquelle ces cellules noires cessent d'être colorées ; cette région est le *tapis*, qui donne aux yeux de divers

Fig. 122.— Œil dont les membranes ont été déchirées pour montrer leur disposition. — *a*, cornée transparente ; *b*, iris ; *c*, canal de Fontana ; *d*, choroïde renversée ; *e*, un des troncs vasculaires de la choroïde ; *f*, rétine ; *g*, corps vitré ; *h*, corps cristallin ; *i*, nerfs ciliaires entourant le nerf optique et allant surtout à l'iris.

Mammifères l'aspect chatoyant que tout le monde connaît.

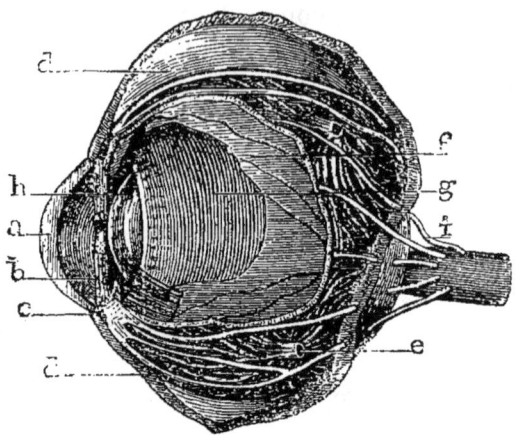

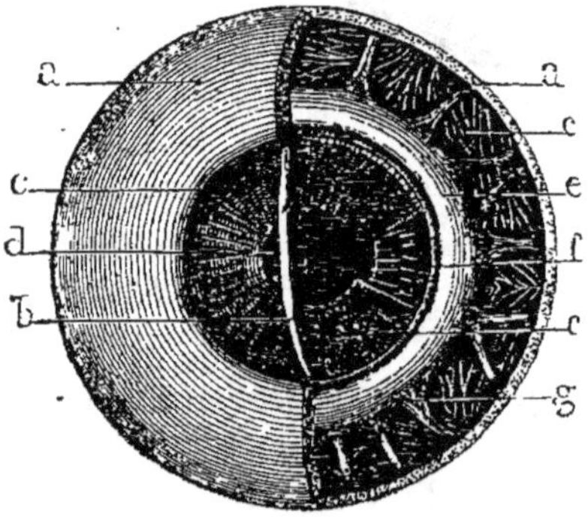

Fig. 123 — Coupe de la partie antérieure de l'œil parallèle à l'iris. — *a*, sclérotique ; *b*, cornée transparente ; *c*, iris ; *d*, pupille ; *e*, muscle tenseur de la choroïde ; *g*, ses expansions ; *f*, procès ciliaires.

Un peu avant d'arriver au pourtour de l'iris, la choroïde se fronce régulièrement, et les plis qu'elle forme ainsi ont été nommés *procès ciliaires* ; ils entourent un corps lenticulaire, transparent, dont l'axe est placé exactement derrière le centre de la pupille : c'est le *cristallin*, qui est enfermé dans une capsule membraneuse spéciale par laquelle il est formé. De même que la choroïde tapisse exactement la sclérotique, elle est tapissée, à son tour, par une fine membrane de couleur blanchâtre qu'on appelle la *rétine*; cette membrane est à peu près exclusivement formée par les fibres et les éléments terminaux du nerf optique. Elle limite la cavité interne du globe de l'œil et présente, vue à l'œil nu, deux points remarquables : l'un, nommé *punctum cæcum*, correspond à l'extrémité du nerf optique et se distingue par la disposition des vaisseaux qu'on en voit diverger (fig. 124, *d*); il est insensible à la lumière ; l'autre, situé un peu en dehors et sur la même ligne horizontale, est une tache mal limitée, la *tache jaune* (*e*), ainsi nommée à cause de la belle teinte qu'elle présente et qui est la région de l'œil la plus sensible à la lumière.

La cavité du globe de l'œil est remplie par une humeur très transparente, filante, ayant une consistance analogue à celle du blanc d'œuf et qu'on appelle l'*humeur vitrée*. Cette humeur est contenue dans la *membrane hyaloïde*, mince et transparente, qui l'emprisonne dans ses mailles et vient en outre

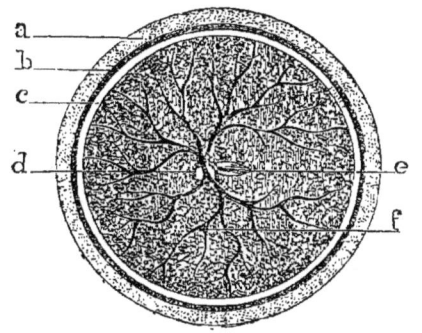

Fig. 124. — Le fond de l'œil. — *a*, sclérotique; *b*, choroïde; *c*, rétine; *d*, *punctum cæcum*; *e*, tache jaune; *f*, vaisseaux divergeant du *punctum cæcum*.

recouvrir la rétine, sur laquelle elle s'applique exactement. En arrivant à une petite distance des bords du cristallin, les éléments de la rétine disparaissent, et les deux membranes sont continuées par une zone transparente, facile à distinguer, la *zone de Zinn*.

Tout autour de la capsule du cristallin, immédiatement au-dessus des procès ciliaires, se trouve le *ligament ciliaire* qui maintient en place le cristallin, et auquel fait suite, dans la région où la choroïde s'unit à l'iris, un petit muscle circulaire, à fibres rayonnantes, qu'on a appelé le *tenseur de la choroïde*, et dont la découverte est due à M. Ch. Rouget. Ce petit muscle diminue, en se contractant, la traction exercée par le ligament ciliaire sur tout le pourtour du cristallin et permet à ce dernier de prendre une courbure plus grande lorsqu'il doit s'accommoder à la vision à courte distance.

Marche des rayons lumineux dans l'œil. — La rétine, dont la structure est fort compliquée, est la seule partie sensible de l'œil; toutes les autres parties servent à la protéger ou à diriger sur elle les rayons lumineux; pour comprendre leur rôle, il est nécessaire de faire appel à quelques notions d'optique géométrique. La lumière qui tombe sur la cornée n'arrive sur la rétine qu'après avoir traversé l'humeur aqueuse, le cristallin et l'humeur vitrée. Elle subit donc

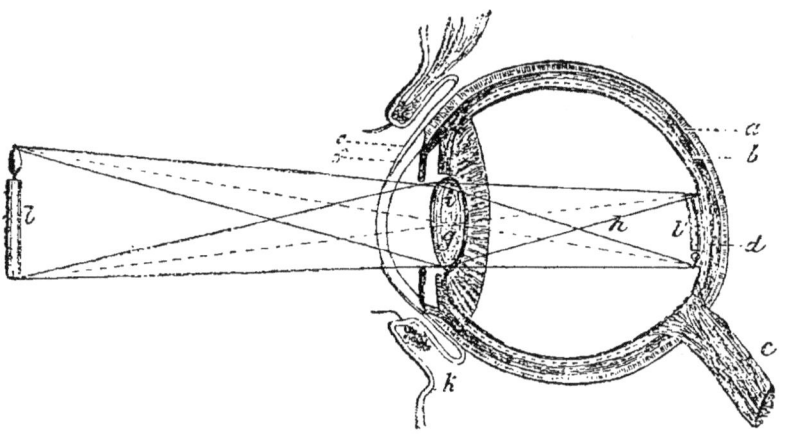

Fig. 125. — Marche des rayons lumineux dans l'œil. — a, sclérotique; b, choroïde; c, nerf optique; d, rétine; e, conjonctive; f, cornée; g, centre optique de l'œil; h, humeur vitrée; i, cristallin; k, paupière inférieure; l, l', un objet et son image.

une série complexe de réfractions; mais le calcul démontre que, dans le cas spécial de l'œil, tout se passe approximativement comme s'il n'existait qu'une seule lentille réfringente, dont le centre optique serait placé un peu en arrière du centre optique du cristallin. L'œil se comporte donc à peu près comme une chambre noire derrière l'ouverture de laquelle se trouverait une lentille, et les constructions connues qui permettent de déterminer la position des images, dans ce cas simple, sont applicables en ce qui le concerne. Pour trouver l'image d'un point, il suffira de joindre ce point au centre optique (fig. 125, g), puis de chercher le réfracté quelconque. L'ensemble des images des différents points d'un objet constitue l'image de cet objet. Or on sait que les images données par une lentille biconvexe sont toujours *réelles et renversées* pour un objet placé au delà de son foyer. Il se formera donc toujours, au delà de notre cristallin théorique, des *images renversées et réelles*, c'est-à-dire qu'il sera possible de recueillir et de faire apparaître sur un écran. Il est facile de reconnaître, sur l'œil d'un Bœuf fraîchement sacrifié, dont on a enlevé une partie de la sclérotique, qu'il s'y produit effectivement de telles images. La distance à laquelle se forment ces images, en arrière du cristallin, dépend de la courbure de cet organe et de la distance des objets qu'ils représentent; mais la courbure du cristallin peut être modifiée par le muscle tenseur de la choroïde; ce muscle peut donc faire varier la position des images et il les amène, sans que nous ayons besoin de nous en préoccuper, à se former sur la rétine elle-même.

Accommodation de l'œil; myopie; presbytie. — L'œil *s'accommode* ainsi à la distance des objets, de manière à en obtenir une image aussi nette que possible. Mais cette faculté d'accommodation a des limites; quand on approche graduellement de l'œil une page d'un livre, il devient absolument impossible, à une certaine distance, d'en distinguer les caractères; la distance à partir de laquelle les caractères commencent à devenir lisibles est ce qu'on appelle la *distance de la vision distincte*. Pour la plupart des personnes, elle est environ de 12 à 15 centimètres, et la vue est alors une *vue normale*. Quand un objet est suffisamment volumineux, il arrive, à une certaine distance, que nous n'en distinguons plus les détails, quoique, en général, son contour nous apparaisse distinctement jusqu'au moment où l'objet lui-même s'efface tout à fait. Nous voyons nettement, en effet, les contours de la lune, malgré l'énorme distance qui nous en sépare, et les étoiles elles-mêmes nous apparaissent comme des points lumineux. Si l'œil normal ne peut s'accommoder à une très petite distance, il peut donc s'accommoder, au contraire, à une distance infinie.

Mais il n'en est pas toujours ainsi, et il est des yeux, ceux des *myopes*, qui ne voient nettement les contours des objets qu'entre des distances plus ou moins rapprochées; d'autres, ceux des *presbytes*, qui ne distinguent pas les objets rapprochés et ne commencent à pouvoir s'accommoder qu'à une distance assez grande. Les causes de ces défectuosités sont faciles à découvrir. Dans l'œil myope, la longueur du diamètre antéro-postérieur de l'œil est trop grande, et les images, au lieu de se former exactement sur la rétine, se forment en avant. C'est le contraire pour un œil presbyte.

De là peuvent se déduire les caractères de ces deux genres de vue.

Quand un point lumineux se rapproche d'une lentille, son image s'en éloigne; il en résulte que plus un objet sera rapproché d'un œil myope, plus son image sera voisine de la rétine, et les myopes réussissent, en effet, à accommoder leurs yeux de manière à voir des objets situés à une petite distance. Mais les limites entre lesquelles la vision nette est possible pour eux peuvent devenir extrêmement restreintes.

Quand un objet s'éloigne d'une lentille, son image s'en rapproche. Plus un objet s'éloignera d'un œil presbyte, plus son image se rapprochera, par conséquent, de la rétine, et les presbytes réussissent, en général, à accommoder leurs yeux de manière à voir les objets éloignés, mais ne peuvent voir ceux qui sont rapprochés.

Souvent la myopie diminue avec l'âge; la presbytie est, au contraire, une infirmité habituelle des vieillards et atteint même les personnes dont la vue a été la meilleure. L'une et l'autre peuvent se corriger au moyen de lunettes. On sait, en effet, que les myopes portent des lunettes biconcaves, qui ont pour effet d'éloigner les images du cristallin et de les rejeter sur la rétine. Les presbytes aident leur cristallin, en quelque sorte, en le doublant de lunettes biconvexes qui accroissent la convergence insuffisante des rayons lumineux et ramènent les images sur la membrane sensible.

Il existe encore d'autres défauts d'accommodation de l'œil qui n'ont été bien étudiés que récemment.

Conditions de netteté de la vision. — Les lentilles ne font sensiblement converger vers le même point que les rayons lumineux les plus voisins de leur axe. Il en résulte que l'image qu'elles fournissent d'un point n'est pas rigoureusement un point, mais un petit cercle. Lorsque les cercles correspondant à des points voisins se superposent en partie, ces points ne sauraient être nettement distingués les uns des autres, et l'image de l'objet dont ils font partie est confuse. Naturellement, plus le cercle formé par chaque point ou foyer de la lentille est grand, plus la confusion augmente.

Les lunettes, les télescopes et les microscopes, en augmentant l'angle des rayons lumineux qui arrivent à l'œil, ne font qu'écarter les cercles-images qui se superposeraient en partie dans nos yeux privés de leur secours. Si les objets vus à travers ces instruments nous paraissent grossis, cela tient simplement à ce que nous reportons instinctivement leur image à la distance où nous voyons habituellement leur contour d'une façon distincte et nous leur attribuons la grandeur qu'aurait, à cette distance, un objet capable de fournir directement cette image.

L'œil humain ne sépare pas des rayons lumineux qui ne font entre eux qu'un angle de deux ou trois secondes; cela permet encore de distinguer, dans de bonnes conditions de distance et d'éclairage, des traits creusés sur du verre et distants les uns des autres de 7 millièmes de millimètre. L'intervalle de ces traits correspond à une image sur la rétine ayant un peu moins de 2 dix-millièmes de millimètre.

Au contraire, les menus détails d'objets bien éclairés apparaissent nettement, alors même qu'ils sont invisibles à l'œil nu, lorsqu'on les examine à travers une carte percée d'un trou d'aiguille, parce que ce trou ne laisse passer que des rayons voisins de l'axe du cristallin et dont la convergence est presque rigoureuse. Dans les instruments d'optique, on obtient ce résultat en plaçant devant les lentilles des écrans qui ne laissent passer que les rayons tombant sur leur région centrale. C'est, en partie, le rôle que remplit l'iris. Mais il est avantageux, lorsqu'un objet est faiblement éclairé, que la plus grande quantité possible des rayons qu'il émet arrive à la rétine; sans cela, les terminaisons nerveuses pourraient n'être pas suffisamment impressionnées, et l'objet ne serait pas vu ; d'autre part, la lumière émise par un objet très brillant, arrivant en trop grande quantité dans l'œil, pourrait l'incommoder. L'iris pare encore à ces deux difficultés : son ouverture centrale s'élargit beaucoup lorsque la lumière est faible ; elle se rétrécit, au contraire, beaucoup lorsque la lumière est vive, et ces mouvements s'accomplissent comme ceux qui déterminent l'accommodation, sans que la volonté ait, en aucune façon, à intervenir, sans que nous en ayons la moindre conscience, sous la seule action des rayons lumineux qui entrent dans l'œil. Ces variations de dimension de la pupille sont surtout remarquables chez les animaux nocturnes, tels que les Chats. Lorsque la lumière est trop vive, les paupières elles-mêmes prennent part à la protection de l'œil : elles se rapprochent et ne laissent entre elles qu'une fente étroite, qui diminue encore l'espace praticable à la lumière.

La vision serait également gênée si les rayons qui arrivent au fond de l'œil pouvaient y être réfléchis. Il se produirait alors un éclairement de l'œil par lequel seraient noyées les images peu lumineuses, comme la clarté des étoiles est noyée dans celle du soleil. Le pigment noir de la choroïde empêche cet inconvénient de se produire, en absorbant d'une façon complète les rayons lumineux qui traversent la rétine. La lumière n'est réfléchie en partie que chez les animaux qui possèdent un tapis.

Irradiation. — L'action exercée sur l'œil par les rayons lumineux semble se propager au delà des points frappés par la lumière ; cette propagation apparente de l'ébranlement de la rétine, autour des points directement impressionnés par la lumière, constitue les phénomènes de l'*irradiation*. Que l'on place côte à côte deux cercles ou deux carrés, exactement de même grandeur, l'un blanc sur fond noir, l'autre noir sur fond blanc, le blanc paraîtra toujours empiéter sur le noir, de sorte que le carré blanc sur fond noir paraîtra sensiblement plus grand que le carré noir sur fond blanc. De même, des cercles blancs réciproquement tangents ou presque tangents, disposés sur un fond noir, prendront pour l'œil l'apparence d'hexagones, l'irradiation ayant pour effet de réduire au minimum et de faire apparaître comme des lignes les petites places noires qui les séparent.

Durée des impressions lumineuses; fatigue rétinienne. — L'impression produite par la lumière sur les éléments sensibles de la rétine ne disparaît pas instantanément. Lorsqu'on fait tourner rapidement devant l'œil un charbon lumineux, l'œil n'a pas la sensation d'un point brillant unique qui occupe successivement des places différentes, mais celle d'un cercle lumineux continu ; cela suppose évidemment que les images successivement formées sur les différents points de la rétine par le charbon brillant ne se sont pas encore effacées lorsque le charbon revient à son point de départ.

C'est l'inverse qui se produit lorsqu'un objet obscur se meut rapidement, devant l'œil, sur un fond lumineux. Cet objet n'est pas aperçu : on ne voit pas les rayons d'une roue qui tourne très vite ; on ne voit pas ordinairement un obus qui traverse l'air, même à faible distance. C'est que l'illumination de l'œil par le fond brillant n'a pas eu le temps de s'éteindre pendant le court instant où elle a été interrompue par le passage de l'objet obscur ; la lumière est revenue dans l'œil alors que dure encore l'ébranlement causé par le dernier rayon lumineux qui a frappé la rétine, avant le passage du rayon de la roue ou celui de l'obus.

Plusieurs jouets d'enfants, bien connus, sont basés sur cette *persistance des impressions lumineuses* sur la rétine. Le *stroboscope* (fig. 126) est formé de deux disques fixés par leur centre sur un même axe auquel on peut imprimer un rapide mouvement de rotation. L'un de ces disques est plein, et sur sa surface, tournée vers l'œil, sont dessinées des images représentant un certain nombre des positions successives que doit prendre une personne, ou un objet mobile, pour effectuer un mouvement donné ; l'autre disque est percé de fentes correspondantes à chacune de ces images. A travers ces fentes, on regarde, pendant qu'il tourne, le disque qui porte les dessins ; ceux-ci, venant successivement se peindre au même point de l'œil, font apparaître l'objet comme s'il effectuait réellement le mou-

252   PHYSIOLOGIE ANIMALE.

vement dont on a représenté les phases successives. Ainsi, les dessins de la figure 93 donneraient l'illusion d'un pantin unique qui saute à la corde; on croirait voir tourner sa corde et remuer ses membres.

On a utilisé en physique cette persistance des impressions lumineuses pour rendre sensibles à l'œil les vibrations d'un diapason ou d'un corps sonore quelconque.

Non seulement les impressions lumineuses durent sur

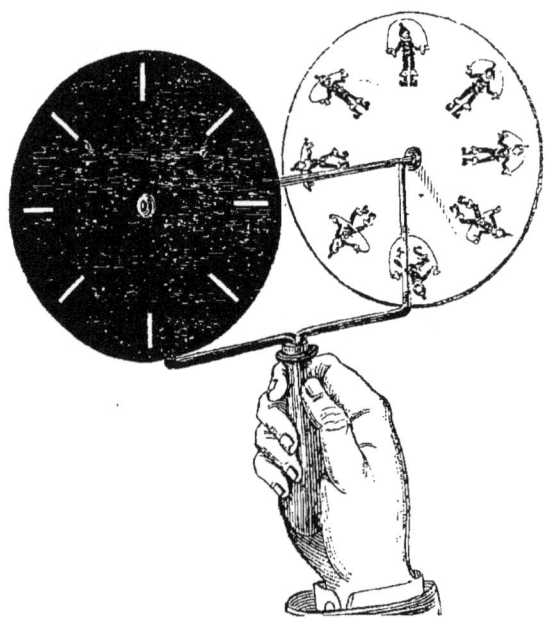

Fig. 126 — Stroboscope.

la rétine, mais quand un point de cette membrane a été vivement impressionné, il perd, pour un temps, la faculté d'être impressionné de nouveau et devient partiellement aveugle. Tout le monde sait qu'après avoir un instant fixé le soleil ou une brillante lumière électrique, on devient incapable de voir pendant quelques instants; on dit alors qu'on est *ébloui*. Quand l'éblouissement a cessé, si, après avoir regardé le soleil, pendant qu'on marche sur une route poussiéreuse, on jette les yeux sur la route, on voit l'image sombre de l'astre se projeter sur elle pendant assez longtemps.

Cette espèce de fatigue de la rétine se produit, à un degré moindre, toutes les fois qu'on a regardé un objet quelque peu éclairé. On peut s'en assurer en plaçant sur une feuille de papier blanc un morceau de carton noir qui la recouvre entièrement et qui présente à son centre une ouverture circulaire, carrée ou triangulaire, peu importe la forme, pourvu qu'elle soit facilement reconnaissable. On regarde fixement, pendant un instant, la figure blanche qui apparaît à travers l'ouverture du carton, puis on enlève le carton, autant que possible sans déplacer l'œil. On voit alors la figure se dessiner en gris sur le fond blanc du papier; la lumière blanche est donc incomplètement perçue par la portion de la rétine qui a été déjà impressionnée.

Quand la sensibilité de la rétine a été ainsi émoussée, nous sommes incapables de distinguer les objets faiblement éclairés; c'est ce qui nous arrive lorsque, venant de la pleine lumière, nous entrons dans un endroit obscur, une cave, par exemple. Il nous faut un certain temps avant de discerner ce qui nous environne. Inversement, quand l'œil s'est habitué à un faible éclairement, il a peine à supporter un éclairement plus intense et il est ébloui par une lumière dont il ne tarde pas à supporter facilement l'éclat.

La rétine nous donne, dans certaines circonstances, la sensation d'images qui ne correspondent à aucun objet pouvant actuellement l'impressionner; ces images trahissent seulement un état particulier de notre œil, si bien qu'on les aperçoit les yeux fermés, et c'est même là une des meilleures conditions pour les distinguer nettement. Il n'est personne à qui il ne soit arrivé, après avoir regardé une fenêtre vivement éclairée, d'en apercevoir encore l'image quelque temps après avoir fermé les yeux, à la condition toutefois de les fermer immédiatement et sans avoir regardé un autre objet capable d'effacer l'impression gardée par l'œil.

On aperçoit encore, les yeux fermés ou dans une grande obscurité, d'autres images qui n'ont plus aucun rapport avec l'action antérieure de la lumière sur la rétine et qui nous font croire à l'existence de cet agent, alors même qu'il est totalement absent. Un coup frappé sur l'œil nous fait apercevoir des milliers d'étincelles; il suffit souvent d'éternuer pour éprouver cette sensation qui a donné lieu à la locution : *voir trente-six mille chandelles;* quelques personnes croient voir dans une obscurité profonde des vapeurs lumineuses flotter dans l'air. Toutes ces apparitions lumineuses, auxquelles on donne le nom de *phosphènes*, sont dues à des actions mécaniques portant sur la rétine, et qui proviennent soit de l'extérieur, soit même de l'intérieur; le passage du sang dans les vaisseaux des membranes intérieures de l'œil paraît suffire pour occasionner les lueurs flottantes et indécises dont nous parlions en dernier lieu.

En raison des maladies nombreuses dont l'œil peut être atteint, des blessures auxquelles il est exposé, il a été possible de recueillir un certain nombre de données relativement aux effets produits sur la rétine par les excitations les plus diverses. Le résultat constant des observations qu'on a pu faire a été que toutes les formes possibles d'excitation de cette membrane étaient perçues sous forme de sensations lumineuses; une piqûre de la rétine ne produit pas de la douleur, elle produit un vif éclair : l'œil semble créer de la lumière aux dépens de toutes les actions qui s'exercent sur lui.

Vision des couleurs. — Nous avons considéré jusqu'ici les phénomènes de la vision, abstraction faite des couleurs que les objets peuvent présenter; la vision des couleurs donne lieu, à son tour, à beaucoup de considérations intéressantes. Lorsqu'on vient à faire tomber un rayon de lumière blanche sur un prisme triangulaire de cristal, ce rayon est dévié; il s'étale parallèlement aux arêtes du prisme et fournit ainsi une bande lumineuse, perpendiculaire à ces arêtes, dans laquelle on distingue habituellement les sept couleurs suivantes :

rouge, orangé, jaune, vert, bleu, indigo, violet.

Cette bande est ce qu'on nomme le *spectre solaire.*

Nous appelons *blanc* la couleur qui résulte de la réunion de tous les rayons lumineux compris entre le rouge et le violet inclusivement; le *noir absolu* correspond à l'absence de toute lumière.

Le mélange des couleurs du spectre donne d'ailleurs un résultat imprévu et qu'on n'obtient pas en mélangeant ensemble des substances colorées, parce que la teinte de ces substances n'est jamais identique aux teintes spectrales. Certaines de ces couleurs, prises deux à deux, produisent, par leur mélange, non pas la sensation d'une teinte mixte, mais celle du blanc. On nomme ces couleurs, toujours séparées par une certaine distance dans le spectre, des *couleurs complémentaires*. Les principaux couples de couleurs complémentaires sont les suivants : *rouge* et *vert bleuâtre*, *orangé* et *indigo*, *jaune verdâtre* et *violet*.

Deux couleurs complémentaires l'une de l'autre sont situées dans deux parties du spectre séparées par une zone moyenne, comprenant toujours celle du vert pur. Le vert proprement dit ne possède donc pas de couleur complémentaire. On peut toutefois le ramener, lui aussi, au blanc en le mélangeant avec deux autres couleurs : le rouge et le violet. Ainsi la somme de ces trois couleurs : *rouge, vert* et *violet*, équivaut à la somme de deux couleurs complémentaires quelconques; ces deux couleurs peuvent être considérées l'une comme une moyenne entre le rouge et le vert, l'autre comme une moyenne entre le vert et le violet. Puisqu'il est possible d'obtenir toutes les teintes par le mélange, en proportions diverses, de couleurs complémentaires, on voit qu'une teinte quelconque pourra toujours être considérée comme un mélange de rouge, de vert et de violet; aussi ces trois couleurs ont-elles été désignées sous le nom de *couleurs fondamentales*. Ces couleurs fondamentales sont bien différentes des *couleurs simples* des peintres et des teinturiers : le *rouge*, le *jaune* et le *bleu*. Les *couleurs matérielles*, que l'on nomme habituellement ainsi, sont, en effet, complexes et permettent de reproduire toutes les autres par leur mélange.

Daltonisme. — La zone de la rétine qui avoisine le cristallin est totalement insensible au rouge. Chez un assez grand nombre de personnes, environ 1 à 3 pour 100, l'insensibilité pour le rouge s'étend à toute la surface de la rétine : cette infirmité constitue le *daltonisme*, du nom du physicien Dalton, qui en était affecté et qui l'a décrite le premier. Les daltoniens voient évidemment les objets tout autrement que nous : ils ne distinguent pas, par exemple, un fruit rouge au milieu du feuillage. « Pour eux, dit pittoresquement Arago, les cerises ne sont jamais mûres. » Souvent, cette incapacité à discerner les couleurs est difficile à déterminer, parce que ceux qui en sont atteints savent par la conversation de tous les jours quelle doit être la couleur des objets et en parlent assez justement. Les daltoniens n'en sont pas moins totalement impropres à certains services : dans la marine, dans les compagnies de chemins de fer, où l'on fait un grand usage de signaux colorés pour indiquer aux trains si la voie leur est ouverte ou guider les navires, des mécaniciens ou des marins incapables de distinguer les couleurs pourraient causer involontairement les plus grandes catastrophes. Il est donc indispensable, avant de confier à un homme de pareils services, de s'assurer de son aptitude à distinguer les couleurs.

Le rouge est la couleur sur laquelle porte le plus fréquemment le daltonisme ; mais il y a aussi des daltoniens pour le vert. L'œil normal est même dans ces conditions pour une zone de la rétine encore plus voisine du cristallin que celle qui ne distingue pas le rouge.

Contrastes successif, mixte et simultané des couleurs. — La rétine conserve l'impression des couleurs, comme elle conserve celle des images lumineuses simples ; mais la persistance de l'impression produite par les couleurs se traduit par des phénomènes remarquables qui peuvent modifier profondément notre façon d'apprécier celles-ci, et dont M. Chevreul a signalé, le premier, les importantes conséquences. Ces phénomènes sont ceux qu'il a désignés, en 1828, sous les noms de *contraste successif* et de *contraste mixte* des couleurs.

Placez sur une feuille de papier gris un cercle de papier

vivement coloré en rouge, par exemple, et regardez fixement le cercle pendant quelques instants, puis enlevez-le, sans cesser de regarder le papier gris, vous verrez à sa place un cercle d'un beau vert. Remplacez le cercle rouge par un cercle orangé, la couleur qui apparaîtra sera le bleu; au jaune succéderait du violet, et inversement.

Une loi simple résume ces faits : *quand la rétine a été quelque temps impressionnée par une certaine couleur, les surfaces blanches ou grises lui apparaissent avec une teinte complémentaire de cette couleur.* Comme le blanc et le gris sont formés du mélange de deux couleurs complémentaires, cela revient à dire que l'œil impressionné quelque temps par une couleur devient incapable de la discerner et ne voit plus, dans le blanc ou le gris, que les rayons pour lesquels sa sensibilité est demeurée intacte. C'est en cela que consiste le *contraste successif*.

Si l'œil, après avoir regardé une surface d'une certaine couleur, se porte sur une surface d'une couleur différente, il ne voit plus cette couleur avec sa teinte habituelle; la modification que subit cette dernière est un phénomène de *contraste mixte*; il est facile de définir en quoi elle consiste. Toute surface colorée envoie à l'œil, en même temps que de la lumière colorée, de la lumière blanche. Or, d'après ce que nous savons du contraste successif, cette lumière blanche ne sera pas vue avec sa teinte naturelle par l'œil ayant déjà regardé une surface d'une certaine couleur; elle sera vue avec la teinte complémentaire de la couleur qui a déjà impressionné la rétine. L'œil ajoutera donc, à la couleur de la surface regardée en second lieu, la couleur complémentaire de celle qui a été regardée d'abord. C'est pourquoi le rouge paraît plus vif quand on vient de regarder du vert; il paraîtrait orangé si l'on venait de regarder du bleu.

Les teintes si variées que l'on peut obtenir en plaçant des cartons découpés, de diverses couleurs, sur une toupie tournant rapidement, sont des phénomènes de *contraste mixte*. On peut étudier par ce procédé, de la manière la plus complète, tout ce qui concerne les effets du mélange des couleurs, aussi bien que si ce mélange avait lieu réellement.

Il est enfin un phénomène plus remarquable peut-être; c'est celui du *contraste simultané*. Au milieu d'une feuille de papier vert, placez un petit cercle de papier blanc, recouvrez le tout d'une feuille de papier blanc demi-transparent. Toute personne non prévenue à qui vous montrerez le petit cercle blanc, à travers la feuille de papier, lui attribuera une teinte rose. Si vous substituez au papier vert du papier d'une autre couleur, c'est toujours la couleur complémentaire qui apparaîtra sur le cercle blanc. Ainsi lorsqu'une surface blanche est juxtaposée à une surface colorée, l'œil voit cette surface blanche avec une teinte complémentaire de celle de la surface colorée. Si à la surface blanche on substitue une surface colorée, la teinte complémentaire de celle de la surface voisine vient se mêler à la sienne propre, pour la modifier.

Ceci a une importance pratique considérable pour tous les arts décoratifs. Il est évident en effet que, toutes les fois qu'on placera l'une près de l'autre, dans des tentures, dans des costumes ou dans des tableaux, des couleurs complémentaires, ces couleurs se rehausseront réciproquement, se feront valoir. Toutes les fois qu'on juxtaposera des couleurs peu différentes, ces couleurs se modifiant réciproquement par les complémentaires perdront, au contraire, de leur éclat. Enfin deux couleurs voisines ne seront jamais vues avec la teinte qu'elles présentent lorsqu'elles sont isolées. C'est un fait que l'on ne devra jamais oublier, quand on tiendra à produire un effet de couleur déterminé.

Vision binoculaire. — Nous avons jusqu'ici expliqué les phénomènes de la vision, sans nous préoccuper de ce qu'il existe deux yeux. Il est évident cependant qu'il se forme une image dans chaque œil, et l'on peut se demander comment les objets ne sont pas vus doubles.

Nous ferons d'abord remarquer, à cet égard, que les images qui se produisent dans nos yeux sont renversées : non seulement le haut des objets vient se peindre en bas sur notre rétine, mais encore leur partie droite vient se peindre à gauche, tout comme dans les chambres noires ordinaires. Il y a donc lieu de se demander aussi pourquoi nous voyons les objets dans leur position naturelle au lieu de les voir renversés. Ces deux phénomènes ont une explication commune. Les images qui impressionnent nos yeux ne prennent une signification que lorsque nous nous sommes renseignés, à l'aide de nos autres sens, sur la forme, le nombre et la position des objets qu'elles nous représentent. Chacun sait que cette éducation ne se fait pas d'un coup et que le jeune enfant est bien longtemps incertain, avant de savoir tirer parti des notions qui lui sont fournies par le sens de la vue : il cherche à saisir les objets éloignés, aussi bien que ceux qui sont proches, et sa main ne se porte directement à ces derniers qu'après une longue période de tâtonnements infructueux.

C'est donc par un véritable travail intellectuel, par une sorte de raisonnement inconscient, que nous apprenons à nous servir des sensations visuelles pour reconnaître, sans hésiter, le nombre, la position et la forme des objets; nous posséderions trois yeux ou un nombre plus considérable de ces organes que les choses ne se passeraient pas autrement. Il ne se forme dans nos yeux que des images, et c'est le jugement qui intervient pour nous dire quelle est la signification de ces images.

Cela est si vrai que les plus légers changements dans la façon dont nos yeux se comportent d'habitude, suffisent pour modifier notre appréciation et nous faire voir doubles des objets qui sont, en réalité, simples. Quand nous dirigeons simultanément nos deux yeux sur un point lumineux situé à la distance de la vision distincte, les images de ce point viennent se former sur des parties de la rétine parfaitement déterminées l'une par rapport à l'autre; nous savons par expérience que, lorsque ces parties sont simultanément affectées, l'impression double qui en résulte est causée par un objet unique, nous voyons le point simple; les parties des deux rétines ainsi liées l'une à l'autre sont dites *points correspondants*. Mais pressons légèrement sur un des deux yeux, de manière à déplacer tant soit peu son axe optique : les deux images ne se formeront plus sur deux points correspondants; les deux rétines seront affectées autrement qu'elles ne le sont, dans les conditions ordinaires, par un point lumineux unique, ce point nous paraîtra double.

Un objet, avons-nous dit, ne nous paraît simple que lorsque ses deux images se forment sur deux points correspondants de la rétine; mais cette condition n'est réalisée que pour l'objet sur lequel les deux yeux se dirigent simultanément; il s'ensuit que, lorsque nous fixons cet objet, tous les objets situés au delà ou en deçà de lui devraient nous paraître doubles. Nous les considérons cependant comme simples. Il est facile de prouver que c'est là une affaire d'habitude. Avec un peu d'attention, on reconnaît tout de suite que ces objets nous paraissent réellement doubles, et c'est seulement par une sorte de jugement involontaire que nous rectifions notre impression. Si l'on tient un crayon verticalement à quelque distance des yeux, en face d'une fenêtre, et qu'on fixe un barreau de cette fenêtre, le crayon paraîtra double dès qu'on portera l'attention sur les images qu'il forme dans chaque œil, sans cesser de regarder le barreau de fenêtre; inversement, si l'on fixe le crayon, c'est le barreau de la fenêtre, situé au delà du point fixé, qui paraîtra double à son tour. Ces images doubles, que nous négligeons habituellement, ont cependant pour nous une importance : quand nous promenons nos regards sur un paysage, les images de tous les objets nous paraissent successivement simples ou doubles à mesure que nos regards s'éloignent; nous n'en avons pas conscience, mais nous n'en savons pas moins par là quels sont les objets placés dans le plan sur lequel nos yeux s'arrêtent, et quels sont ceux qui n'y sont pas; les notions que nous avons sur la forme et la grandeur de ces objets nous aident ensuite à distinguer ceux qui sont en deçà et ceux qui sont au delà; cette distinction devient impossible dès que ces renseignements complémentaires nous manquent.

Des considérations analogues expliquent comment nous pouvons arriver à nous rendre compte du relief des corps. Nos deux yeux ont de chacun des objets qu'ils regardent une image différente, comme le montre la figure 114 : certaines parties visibles pour l'un ne le sont pas pour l'autre, et c'est en combinant les sensations résultant de ces images différentes avec les notions que nous possédons d'ailleurs sur la forme et les dimensions des objets, que nous arrivons à nous rendre compte de leur relief.

Le *stéréoscope* fournit de cette explication une démonstra-

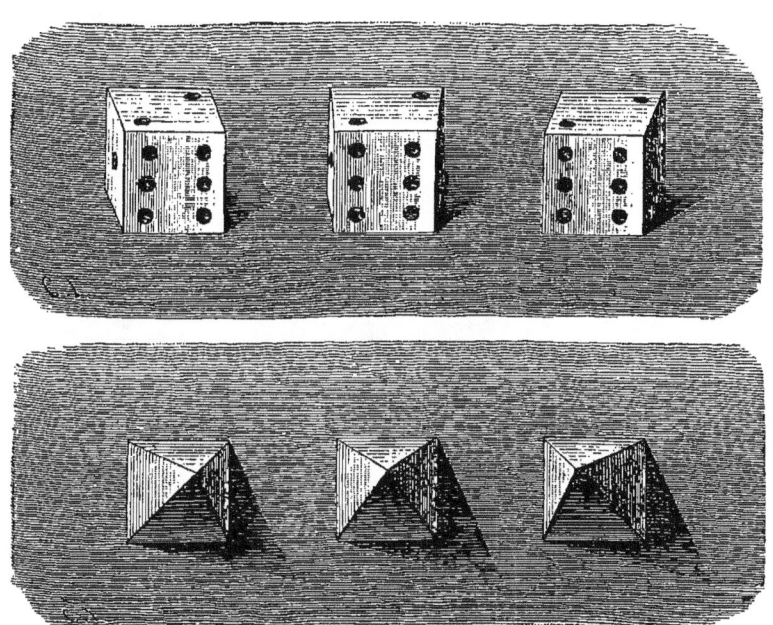

Fig. 108. — Un dé et un octaèdre vus, celui de gauche, l'œil droit étant fermé, celui de droite, l'œil gauche étant fermé ; celui du milieu, les deux yeux étant ouverts.

tion expérimentale. Chacun sait quels reliefs étonnants on obtient à l'aide de cet instrument, quand on s'en sert pour regarder, chacune avec un œil, deux photographies différant entre elles exactement comme diffèrent les images formées dans chacun de nos yeux par les paysages que l'on considère.

Dans tous ces phénomènes, c'est, comme on voit, le raisonnement qui intervient, et non pas quelque disposition anatomique ou quelque propriété physiologique de l'œil. Aussi quand les éléments d'appréciation nous font défaut, ou qu'une circonstance exceptionnelle égare notre jugement, sommes-nous exposés à voir les choses tout autrement qu'elles ne sont. Ces erreurs, que nous sommes tentés d'attribuer à notre œil, sont nommées *illusions d'optique*.

CHAPITRE XII

LA VOIX

Le larynx. — Le *larynx*, organe producteur de la voix, occupe la région supérieure de la trachée-artère, et l'on peut considérer ses diverses parties comme de simples modifications de celles qui constituent le grand canal aérifère. Il est suspendu, comme on sait, à l'os hyoïde sur lequel viennent également s'attacher divers muscles se rendant à la langue, à la mâchoire inférieure et à la base du crâne, tandis que d'autres relient cet os au sternum et même à l'omoplate. L'os hyoïde peut donc s'élever ou s'abaisser, suivant que se contractent les muscles situés au-dessus ou au-dessous de lui. Il entraîne le larynx dans ses mouvements.

Ce dernier est constitué à sa base par plusieurs cartilages, qui sont : le *cartilage cricoïde* (fig. 109, n° 7), en forme d'anneau plus élevé à sa partie postérieure; le cartilage *thyroïde*, qui constitue la partie antérieure du larynx, et se compose de deux parties latérales se rejoignant à angle obtus, comprenant entre elles le cartilage cricoïde et formant en avant une sorte de carène dont la partie supérieure, plus large, évasée, repousse en avant les téguments du cou, et forme une saillie qui est la *pomme d'Adam;* les *cartilages aryténoïdes*, au nombre de deux, situés symétriquement et supportés par les parties supérieure et postérieure du *cartilage cricoïde*. On peut considérer comme faisant partie du larynx l'*épiglotte* (fig. 109, n° 3), qui se dresse verticalement au-dessus de lui, à sa partie antérieure, derrière la base de la langue, et vient s'engager dans une échancrure que présente la partie saillante du cartilage thyroïde.

A l'intérieur (fig. 109, n° 1), deux replis latéraux symétriques, laissant entre eux une ouverture triangulaire, à sommet dirigé en avant, sont désignés, improprement d'ail-

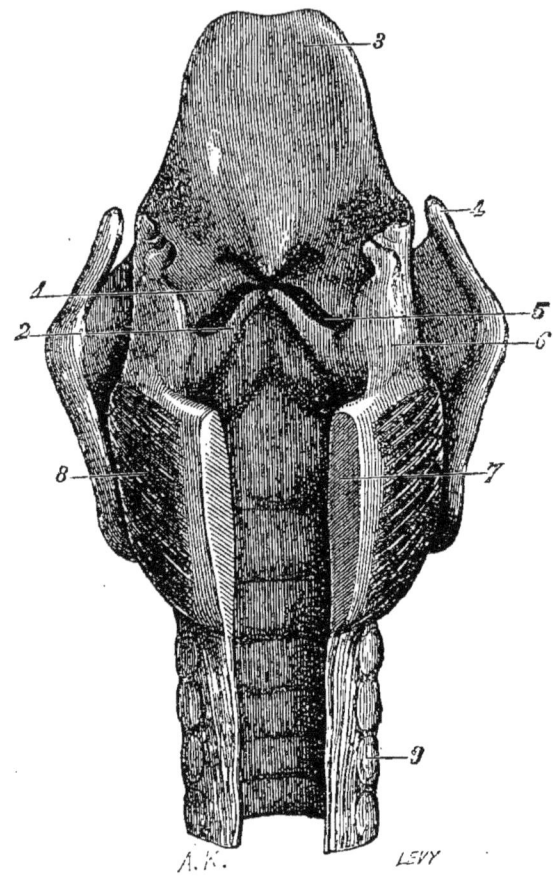

Fig. 109. — Larynx coupé verticalement à sa partie postérieure. — 1, cordes vocales supérieures; 2, cordes vocales inférieures; 3, épiglotte; 4, cartilage thyroïde; 5, ventricules de la glotte; 6, cartilage aryténoïde; 7, coupe du cartilage cricoïde; 8, muscle; 9, anneaux cartilagineux de la trachée-artère.

leurs, sous le nom de *cordes vocales supérieures*. Au-dessous d'eux, ils laissent apercevoir des replis semblables, mais séparés par un intervalle triangulaire beaucoup plus étroit; ce sont les *cordes vocales inférieures*, les véritables organes vibrants qui donnent naissance à la voix. L'intervalle qui les sépare porte le nom de *glotte*. Il y a une glotte supérieure et une glotte inférieure. Les cordes vocales inférieures s'insèrent en arrière sur le chaton du cartilage cricoïde, en avant sur le cartilage thyroïde, tandis que le pied des cartilages aryténoïdes pénètre dans l'épaisseur de leur partie postérieure.

Des muscles nombreux relient entre eux les cartilages du larynx et leur font exécuter divers mouvements grâce auxquels les cordes vocales peuvent être plus ou moins tendues, la glotte plus ou moins resserrée, d'autres muscles peuvent élever ou abaisser en totalité le larynx ; enfin, dans l'intérieur même des cordes vocales inférieures existe un ruban musculaire spécial, le *muscle thyro-aryténoïdien*.

Le rôle de ces diverses parties a été soigneusement étudié et déterminé soit à l'aide de vivisections, soit à l'aide d'un instrument précieux, le laryngoscope, qui permet de projeter dans le larynx la lumière d'une lampe et d'observer dans un petit miroir qu'on introduit dans la bouche tous les mouvements de la glotte.

La production pure et simple de la voix, celle du chant, celle de la parole articulée, sont d'ailleurs des phénomènes qu'il convient d'étudier séparément.

Production de la voix. — Si l'on vient à sectionner la trachée-artère d'un mammifère au-dessous du larynx, la voix disparaît complètement ; l'animal demeure, au contraire, capable d'émettre des sons quand la section est faite au-dessus du larynx, ou même lorsqu'elle porte sur des parties du larynx situées au-dessus des cordes vocales inférieures. Il résulte de là que l'air chassé des poumons ne produit de son qu'en traversant la glotte inférieure. D'ailleurs toute altération de la partie antérieure des cordes vocales inférieures anéantit la voix. Il est donc manifeste que les sons résultent des vibrations imprimées à ces replis membraneux par le passage plus ou moins rapide de l'air à travers l'entrée de la glotte. Pour vibrer, les cordes vocales doivent être rapprochées et tendues au moyen d'une traction opérée sur leurs extrémités. Elles peuvent être tendues, et cette traction pourrait être réalisée par un mouvement de bascule du cartilage thyroïde sur le cartilage cricoïde.

Elles peuvent être rapprochées par un mouvement de rotation du pied des cartilages aryténoïdes. Mais comme les cordes vocales, au moment de l'émission de la voix, s'allongent à peine, quelques physiologistes admettent que leur tension est simplement due à la contraction du muscle thyro-aryténoïdien situé dans leur épaisseur. Le son, une fois produit par ces vibrations, est modifié de diverses façons par les vibrations des cordes vocales, qui sont transmises à l'air contenu dans les cavités avoisinantes et aux parois mêmes de ces cavités.

Les sons se distinguent entre eux par trois qualités : la *hauteur*, l'*intensité*, le *timbre* ; ces trois qualités interviennent simultanément dans le chant. Avant d'expliquer la production du chant, nous avons donc à rechercher comment une même personne peut émettre des sons de hauteur, d'intensité et de timbre différents.

Production de sons de différentes hauteurs. — La hauteur du son résulte du nombre de vibrations que l'organe vibrant exécute en une seconde. Plus ces vibrations sont nombreuses, plus le son est *aigu*, plus il est *haut*. Le nombre des vibrations exécutées par une lame membraneuse est lui-même indépendant de la cause qui met la membrane en mouvement et ne dépend que des dimensions de la membrane et de son degré de tension. De la contraction plus ou moins énergique du muscle thyro-aryténoïdien dépendra donc, en grande partie, la hauteur du son émis. L'énergie de cette contraction est comprise entre certaines limites. On comprend donc que les sons qu'il est possible d'émettre à chaque individu aient un minimum et un maximum de hauteur.

D'ailleurs, pour un même degré de contraction des muscles, les cordes vocales ont des dimensions différentes d'un individu à l'autre, et ces dimensions dépendent des dimensions mêmes du larynx et du degré de mobilité de ses diverses parties. Plus les cordes vocales sont courtes et tendues, plus les sons qu'elles peuvent produire sont aigus. Leur maximum de raccourcissement ne peut se produire que si les parois du larynx cèdent aux tractions qui s'exercent sur elles. On comprend donc que les enfants dont le larynx est à la fois plus petit et plus mobile que celui des grandes personnes soient capables de produire des sons plus aigus, des cris plus perçants que celles-ci. Pour la même raison la voix des femmes est plus aiguë que celle des hommes, dont le larynx fait souvent saillie de manière à former ce qu'on nomme la *pomme d'Adam*.

L'étendue moyenne de la voix humaine n'est guère que de deux octaves; mais ces deux octaves peuvent commencer en des points très différents de l'échelle musicale. Les voix de *basse* vont du mi_1 au mi_3, les voix de *ténor* de l'ut_2 à l'ut_4, les voix de *contralto* du sol_2 au sol_4, les voix de *soprano*, les plus aiguës, de l'ut_3 à l'ut_5. Quelques sujets privilégiés peuvent acquérir une voix s'étendant à plus de trois octaves.

La mobilité des parties constituantes du larynx diminuant avec l'âge, la voix tend à perdre ses notes élevées; mais en même temps elle gagne quelques notes basses, de sorte qu'elle devient en somme plus grave. Les voix dites de soprano deviennent de mezzo soprano ou de contralto. La voix des vieillards des deux sexes se ressemble par la gravité de ses sons comme celle des enfants par leur acuité.

La mobilité des diverses pièces composant le larynx, la faculté pour les muscles qui les font mouvoir de conserver plus longtemps le même degré de contraction, sous l'empire de la volonté, s'accroissent, comme toujours, par l'exercice. Aussi la voix des personnes qui chantent habituellement acquiert-elle peu à peu plus d'étendue et de plénitude : *elle se pose*, comme disent les musiciens.

Voix de poitrine et voix de tête. — La plupart des personnes, après avoir émis un certain nombre de notes graduellement ascendantes, peuvent donner encore un assez grand nombre de notes plus élevées, à la condition de changer le caractère de leur voix, qui devient alors plus grêle, plus cristalline, plus semblable à celle des enfants. Cette voix est ce qu'on appelle la *voix de tête* ou de *fausset*, par opposition à la voix naturelle qui est la *voix de poitrine*. La même personne peut produire un certain nombre de notes moyennes indifféremment avec la voix de poitrine ou la voix de tête, de sorte que la différence entre les deux voix ne peut être cherchée dans le degré plus ou moins grand de tension des cordes vocales. C'est à l'étendue transversale de la surface vibrante qu'il faut attribuer ce changement de registre ; le bord libre des cordes vocales vibre seul dans la voix de tête; toute la surface des cordes vocales entre, au contraire, en vibration dans la voix de poitrine. Ces noms n'impliquent nullement, comme on voit, que le son, dans les deux cas, soit produit par une région distincte du larynx. Seulement il semble, quand on chante de poitrine, que les parois du thorax entrent en vibration pour renforcer le son, tandis que la résonnance semble se produire dans les cavités de la région céphalique, quand on chante de tête. Ceci nous conduit naturellement à parler du timbre de la voix.

Timbre de la voix. — Quand deux personnes chantent successivement le même morceau dans le même ton, on reconnaît en général facilement la voix de chacune d'elles. Les qualités qui font ainsi que deux voix produisant la même note se distinguent l'une de l'autre, constituent ce qu'on appelle le *timbre* de ces voix.

On démontre en physique qu'un son est rarement simple. Le plus souvent, plusieurs notes, de hauteur différente, mais répondant à des nombres de vibrations qui sont entre eux dans un rapport simple, se superposent pour produire un son donné. Ces notes, qu'il est possible d'isoler par des moyens divers, sont ce qu'on appelle des *harmoniques*. Les sons qui n'ont pas le même timbre résultent de la superposition d'harmoniques différents.

Nous avons déjà dit que lorsqu'un son est produit par les vibrations des cordes vocales, ces vibrations se transmettent à l'air contenu dans les cavités en communication avec le larynx et aux parois de ces cavités. Ces cavités sont celles de la trachée-artère, du larynx, des fosses nasales, de la bouche ; elles sont, par conséquent, fort complexes, et il est presque impossible de trouver deux personnes chez qui elles soient identiques. Ces diverses parties vibrent donc en produisant des harmoniques très divers. De là la variété extrême du timbre de la voix humaine. L'altération de la voix quand on se pince le nez et celle qui survient lorsque la muqueuse nasale est hypertrophiée par un rhume de cerveau, suffisent à démontrer la part importante que prennent les parois des divers conduits respiratoires à la production du timbre de la voix.

Intensité de la voix. — Enfin un dernier élément intervient dans la production du chant, c'est l'*intensité* du son produit. L'intensité dépend uniquement de l'amplitude des vibrations qu'exécute un corps sonore. Ainsi au moment où l'on vient de mettre en mouvement les branches d'un diapason, les mouvements de ces branches sont tellement étendus qu'on peut les percevoir à l'œil ; le son s'éteint ensuite doucement, et à mesure qu'il s'affaiblit, les mouvements des branches de métal deviennent de moins en moins apparents; elles semblent avoir complètement cessé lorsque l'oreille perçoit encore, comme dans le lointain, la note propre à l'instrument. Il est évident que l'amplitude des vibrations des cordes vocales, et par conséquent l'intensité du son qu'elles produisent, dépendent uniquement de la vitesse avec laquelle l'air expulsé par les poumons traverse la glotte. Or, la vitesse de cet air dépend à son tour de la rapidité avec laquelle le cavité thoracique diminue de volume pendant l'expiration. C'est donc en ralentissant le relâchement des muscles inspirateurs ou en provoquant la contraction des muscles expirateurs, ordinairement inactifs, que la volonté peut faire varier dans une mesure très étendue l'intensité des sons. Les muscles de la cage thoracique apparaissent ainsi comme jouant un rôle important dans la production des sons. C'est pourquoi les attitudes habituelles des membres et du tronc peuvent intervenir dans la facilité plus ou moins grande avec laquelle seront émis sans fatigue des sons d'une certaine intensité ; elles ne sont pas non plus sans influencer le timbre de la voix et ces raisons s'ajoutent aux autres raisons hygiéniques qui doit faire soigneusement corriger celles de ces attitudes qui sont vicieuses.

Résumé des conditions du chant. — Il est facile maintenant de comprendre comment chacune des parties de l'appareil vocal intervient dans le chant. Les sons produits par les cordes vocales changent de hauteur avec le degré de tension de ces cordes, de timbre avec l'étendue de leur surface vibrante et la forme de l'appareil de renforcement constitué par les diverses parties des voies respiratoires, d'intensité avec la vitesse de l'air chassé des poumons. L'aptitude à manœuvrer les cordes vocales et l'appareil musculaire du thorax s'accroît naturellement par l'exercice ; mais l'étude a moins de prise sur le timbre de la voix, dont les défauts ne peuvent être modifiés que par l'habileté acquise à commander les différents muscles qui sont en rapport avec la production de la voix.

Le langage articulé. — La voix des oiseaux est produite dans un larynx spécial situé à la partie inférieure de la trachée. L'aptitude exclusive qu'ont un grand nombre de ces animaux pour le chant montre combien la faculté de chanter est distincte de celle d'articuler les sons, faculté grâce à laquelle nous pouvons parler. Le langage articulé se compose de sons produits par les cordes vocales et de bruits produits par le passage de l'air au travers des orifices situés au-dessus de la glotte, orifices dont nous pouvons modifier la forme à volonté. Les sons produits par les cordes vocales constituent les *voyelles* ; les bruits produits au-dessus du larynx par l'expulsion de l'air qui traverse la glotte sans la faire vibrer constituent les *consonnes*.

Les voyelles. — Les recherches concordantes de divers expérimentateurs ont nettement établi que les sons qui constituent les voyelles ne diffèrent entre eux que par leur timbre. On est arrivé non seulement à isoler nettement les sons simples qui s'unissent pour constituer une voyelle et à mesurer leur intensité, mais encore à reproduire artificiellement toutes les voyelles en combinant des sons simples de hauteur et d'intensité convenables produits soit à l'aide du diapason, soit à l'aide de tuyaux sonores, soit à l'aide de cordes vibrantes.

On appelle *son fondamental* le plus grave des sons qui s'unissent pour produire un son composé ; les autres sont ses *harmoniques*. L'oreille attribue au son résultant la hauteur de celui des harmoniques qui a la plus grande intensité et qui devient ainsi le *son principal*. Les nombres des vibrations des harmoniques qui se combinent pour produire un son composé, sont, avec le nombre des vibrations du son principal, comme les nombres 1, 2, 3, 4, 5, etc. Les sons harmoniques de ut_1 sont, par exemple, composés des notes suivantes :

$$ut_1,\ ut_2,\ sol_2,\ ut_3,\ mi_3,\ sol_3,\ si\flat_3,\ ut_4,\ ré_4,\ mi_4.$$

Cela posé, si l'on fait chanter une note donnée, un ut, par exemple, successivement sur chacune des voyelles a, e, i, o, u, ou, on reconnaît les relations suivantes entre le son fondamental et ses harmoniques :

Pour l'a, les harmoniques du son fondamental sont, le second faible, le troisième fort, le quatrième faible.

Pour l'e, le son fondamental est faible, son second harmonique assez faible, le troisième très faible, le quatrième très fort, le cinquième faible.

Pour l'i, ce sont les harmoniques supérieurs, le 5ᵉ surtout, qui sont très prononcés.

Pour l'o, le son fondamental est accompagné d'un second harmonique très fort, d'un troisième et quatrième faibles.

Pour l'ou, le son fondamental est très fort ; il est accompagné pour l'u du quatrième harmonique.

La note dominante parmi les harmoniques des voyelles est la *caractéristique* de cette voyelle. Si l'on dispose les voyelles dans l'ordre suivant : ou, o, a, e, i, les caractéristiques respectives de ces voyelles sont exactement à l'intervalle d'une octave. Les sons $ô$, eu, u, $â$, $è$, ont des caractéristiques moins éloignées ; mais aucune raison physiologique ne s'opposerait à ce qu'ils fussent représentés dans l'écriture par des lettres différentes de celles qui désignent les voyelles auxquelles on les rattache habituellement. Les caractéristiques des voyelles e et i étant les plus élevées, ces voyelles sont les seules qui permettent aux chanteurs de donner les notes les plus aiguës de leur voix.

C'est naturellement en faisant varier la forme de la cavité buccale et de ses dépendances que l'homme obtient le renforcement de tel ou tel harmonique du son fondamental et réalise les différents timbres qui correspondent aux voyelles. On ne peut séparer des voyelles les sons *on*, *un*, *an*, *in*, et d'autres sons simples usités dans diverses langues.

Une expérience facile à reproduire permet de constater que les sons correspondant aux diverses voyelles sont bien dus à des combinaisons différentes d'harmoniques. Elle consiste à chanter devant un piano, dont les étouffoirs ont été soulevés, une note quelconque successivement sur toutes les voyelles, le piano rend aussi la série ordinaire *a*, *e*, *i*, *o*, *u*, qui ne peut avoir été produite que par la vibration de ses cordes.

Les consonnes. — Chacun peut aisément reconnaître sur soi-même comment les diverses consonnes sont obtenues. Au moment où l'on prononce le *b* et le *p*, les lèvres, d'abord closes, s'ouvrent instantanément et se referment aussitôt, comme si l'air forçait le passage à travers leur orifice : ce sont les *consonnes labiales explosives;* le *b* est distingué du *p* par une vibration du larynx.

La même différence distingue l'*f* du *v*, qui, résultent de ce que l'air est soufflé entre les dents supérieures et la lèvre inférieure, méritent le nom de *dentolabiales*. Pour le *v*, les lèvres sont un peu plus avancées et leur orifice plus étroit que pour l'*f*. Quand on produit ces deux lettres, les lèvres sont entr'ouvertes et la langue abaissée. Lorsqu'on articule les *linguales antérieures sifflantes*, *s*, *z*, *ch*, *j*, les lèvres s'ouvrent tout à fait et la pointe de la langue se relève vers le palais de manière à diviser le jet d'air qui, s'écoulant entre elle et lui, sort finalement entre les dents rapprochées.

Quand on prononce le *d* et le *t*, qui sont les *dentales*, les lèvres sont ouvertes ; l'air repousse brusquement la pointe de la langue préalablement appliquée contre les incisives supérieures. La pointe de la langue demeure au contraire relevée et l'air s'écoule par les côtés pour *l*. C'est le corps de la langue, rapproché d'abord, puis brusquement écarté du palais, qui articule les lettres *ill*, *g*, *k*, dites *linguales* et plus souvent *gutturales*. L'air s'écoule en partie par le nez en même temps que les lèvres s'écartent pour l'*m*, et que la langue, rapprochée du palais, s'en écarte pour l'*n*, qui sont des **consonnes** *nasales*. Il n'y a pas moins de quatre manières d'articuler l'*r*, suivant que vibrent les lèvres, la langue, le voile du palais ou l'orifice supérieur du larynx.

On conçoit d'ailleurs que le nombre des bruits analogues aux consonnes que l'homme peut produire est pour ainsi dire infini. Chaque race incorpore dans son langage ceux de ces bruits dont la conformation particulière de sa langue, de sa bouche, de ses lèvres, lui rend l'articulation plus facile, ceux qui lui permettent d'imiter quelqu'un des mille bruits de la nature, ceux enfin que lui désigne sa fantaisie. Ce ne sont pas seulement les signes de l'alphabet qui changent d'une race à l'autre; les sons et les bruits qui constituent les langues sont aussi essentiellement variables et il n'est même pas rare de voir une race adoptant une langue étrangère en modifier à sa manière les éléments vocaux.

C'est ainsi que dans la transformation du français en anglais notre son *u* a disparu et que l'*a* a pris trois formes dont deux, rapprochées l'une de l'*è*, l'autre de l'*ô*, manquent dans notre langue.

CHAPITRE XIII

LA LOCOMOTION

Définition de la fonction de locomotion. — Les animaux se meuvent non seulement pour rechercher leur nourriture et se l'approprier, mais encore pour éviter les dangers qui menacent leur existence, pour se soustraire aux impressions désagréables que peut leur faire éprouver le monde extérieur, ou même, sans aucun but déterminé, pour leur plaisir. Ils peuvent se déplacer par rapport aux objets qui les environnent et, de plus, les diverses parties de leur corps ont aussi la faculté de se déplacer les unes par rapport aux autres. Ces mouvements relatifs des parties de l'animal, aussi bien que les mouvements d'ensemble de son corps, relèvent de la première des fonctions de relation, la fonction de *locomotion*, que nous étudierons d'abord. D'après cette définition, une Huître qui ne fait que bâiller et attire à elle ses aliments, sans se déplacer par rapport au rocher auquel elle est fixée, est douée de la fonction de locomotion tout aussi bien que l'Oiseau au vol rapide.

Deux catégories d'organes sont les instruments actifs du mouvement : les *cils vibratiles*, dont le rôle est surtout important chez les organismes inférieurs, et les *muscles*, qui prédominent chez les animaux supérieurs et dont nous avons déjà eu occasion de parler. Ces muscles sont de deux sortes : les uns, à contraction lente, sont composés de *fibres lisses*, les autres, à contraction brusque, ne contiennent que des *fibres striées*. Les fibres musculaires lisses forment souvent des couches étendues dans la paroi des organes, mais sont rarement groupées en organes distincts; on les observe surtout dans les appareils de la vie organique, dont les mouvements n'ont pas besoin de s'effectuer rapidement, mais doivent se répéter longtemps avec régularité. Les fibres musculaires striées se rassemblent le plus souvent en organes nettement définis, les *muscles*, séparés des autres organes par des lames de tissu conjonctif, qui

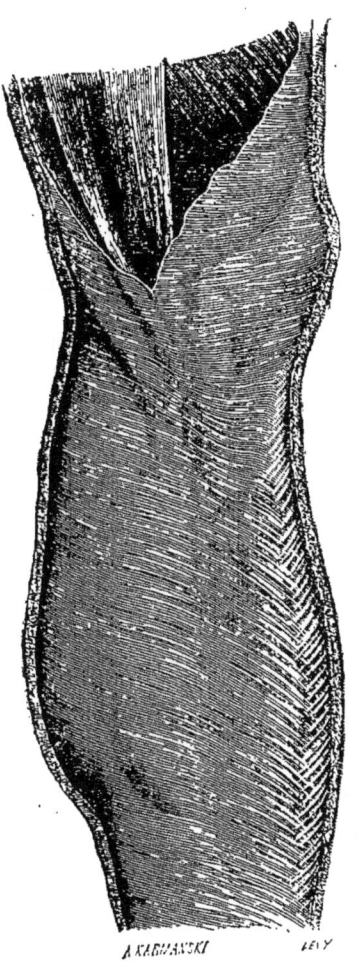 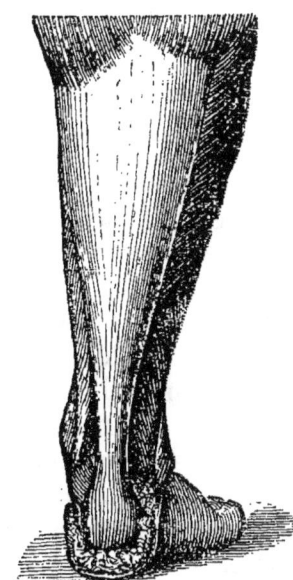

Fig. 127. — Aponévrose des muscles de la jambe.

Fig. 128. — Tendon d'Achille terminant le muscle du mollet et s'insérant sur l'os du talon ou *calcanéum*.

les enveloppent complètement et portent le nom d'*aponévroses* (fig. 127). Les muscles des organes de la vie de relation, les muscles de la vie organique qui doivent exécuter des contractions rapides, comme ceux du cœur, sont composés de fibres striées.

Les os en général. — Chez les Vertébrés, les muscles qui sont en rapport avec les fonctions de relation se terminent, en général, par des organes fibreux résistants, translucides, parfois très volumineux, qu'on appelle les *tendons* (fig. 128). Ces tendons s'attachent à leur tour à des pièces solides, les *os*, reliées entre eux de manière à constituer un ensemble qu'on nomme le *squelette*. Les liens qui unissent les os ne les empêchent pas, bien entendu, de se mouvoir les uns par rapport aux autres, en se servant réciproquement de point d'appui. Ils fonctionnent ainsi comme des leviers, sur lesquels les muscles agissent de manière à développer tantôt une grande force, tantôt une grande vitesse. Les diverses parties du squelette, servant de point d'attache aux muscles et recevant directement leur action, constituant, en un mot, les pièces rigides que les muscles déplacent et qui emportent dans leurs mouvements tous les autres organes, l'étude de la fonction de locomotion doit nécessairement commencer par une description du squelette.

Au point de vue de la forme, on distingue deux sortes d'os, les *os longs* et les *os plats*.

Les *os longs*, tels que la plupart des os des membres, sont formés par un tissu compact; leur axe est généralement creux

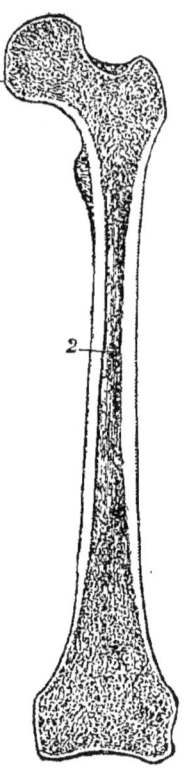

Fig. 129. — Coupe d'un os long (fémur de l'Homme). — 1, tissu spongieux de la tête de l'os; 2, canal médullaire.

(fig. 129), et la cavité qu'ils renferment est remplie par une substance molle, *jaunâtre*, graisseuse, la *moelle* de l'os. Dans les *os plats*, la cavité centrale est remplacée par un tissu osseux, d'apparence spongieuse, dans les mailles duquel se trouve une moelle *rougeâtre*.

Accroissement des os; périoste. — Les os, quelle que soit leur forme, sont enveloppés par une membrane de tissu conjonctif, le *périoste*, dont l'importance est considérable, car c'est au-dessous d'elle que se forme la substance osseuse. Quand on nourrit des animaux avec de la garance, comme l'ont fait Duhamel et Flourens, on voit effectivement au-dessous du périoste, si l'on vient à sacrifier les sujets en expérience, une couche osseuse rougeâtre qui s'est nouvellement formée. On peut s'assurer encore du rôle du périoste en introduisant un fil de platine au-dessous de lui. Au bout de quelque temps, ce fil se trouve engagé dans le tissu osseux, et finalement il tombe dans la cavité médullaire, comme s'il avait traversé l'os. Cette dernière hypothèse n'étant évidemment pas admissible, l'expérience prouve deux choses, à savoir : 1° qu'il s'est formé, au-dessous du périoste, de la substance osseuse qui a graduellement recouvert le fil de platine ; 2° que les couches osseuses, limitant la cavité médullaire, se sont graduellement résorbées, de manière à réduire de plus en plus la distance qui séparait le fil de platine de cette cavité. Ainsi, un os est constamment en voie de régénération : sa paroi intérieure se résorbe sans cesse, tandis que sa paroi extérieure se renouvelle. Cette rénovation perpétuelle des os explique comment ces pièces solides peuvent suivre le développement des organes qu'elles recouvrent, de manière à se mouler sans cesse sur eux, et comment, lorsqu'elles sont soumises à certaines tractions constantes, comme dans les cicatrices vicieuses, elles viennent à se déformer complètement.

La propriété que possède le périoste de produire la substance osseuse a reçu en chirurgie d'importantes applications. On sait aujourd'hui obtenir la régénération d'une partie d'os amputée en faisant l'amputation de manière à respecter le périoste. On peut même réussir à régénérer un os en transplantant, dans la plaie résultant de son ablation, une série de fragments d'os, de 3 millimètres sur 5 millimètres environ, enlevés à un autre individu. Ces fragments, munis de leur périoste et de leur moelle, placés à distance les uns des autres, se nourrissent et s'accroissent sur leur nouveau possesseur; finalement ils se soudent et reconstituent un os parfaitement solide.

Le périoste joue naturellement un rôle important dans l'épaississement des os; mais les os longs s'accroissent en outre par leurs deux extrémités. Dans ces deux régions, une partie terminale plus ou moins considérable demeure pendant longtemps séparée du corps de l'os ou *diaphyse:* c'est ce qu'on nomme l'*épiphyse*. Les épiphyses des os ne se soudent à leur diaphyse que lorsque l'accroissement est terminé, ce qui a lieu, chez l'Homme, vers l'âge de vingt-cinq ans.

Les os ont généralement une forme assez irrégulière; ils doivent s'articuler avec d'autres os, fournir des points d'attache à des muscles, protéger divers organes, soit en les recouvrant, soit en les logeant dans leur épaisseur. En raison de leur plasticité, ils se moulent sur les organes mous qu'ils protègent et dont on peut souvent déterminer ainsi la configuration; en outre, des saillies diverses se développent à leur surface, pour fournir aux muscles des points d'attache, et sont d'autant plus volumineuses que les muscles sont eux-mêmes plus puissants. Lorsque ces saillies sont très développées et bien distinctes du corps de l'os, elles prennent le nom d'*apophyses*.

Squelette du tronc. — Le squelette humain (fig. 130) se décompose, comme le corps lui-même, en trois régions : la *tête*, le *tronc* et les *membres*.

Nous connaissons déjà, en partie, le squelette du tronc, que nous avons dû décrire lorsque nous avons traité des organes de la respiration. Nous savons qu'il est essentiellement constitué par la *colonne vertébrale*, les *côtes* et le *sternum*. Nous ajouterons seulement ici que, dans les diverses régions dans lesquelles se divise la colonne vertébrale: région *cervicale*, région *dorsale*, région *lombaire*, *sacrum* et *coccyx*, les vertèbres présentent des caractères particuliers en rapport avec le degré plus ou moins grand de mobilité de ces régions.

Des sept vertèbres cervicales, la première, l'*atlas*, qui porte la tête, a des apophyses articulaires supérieures très développées, mais elle est dépourvue d'apophyse épineuse et

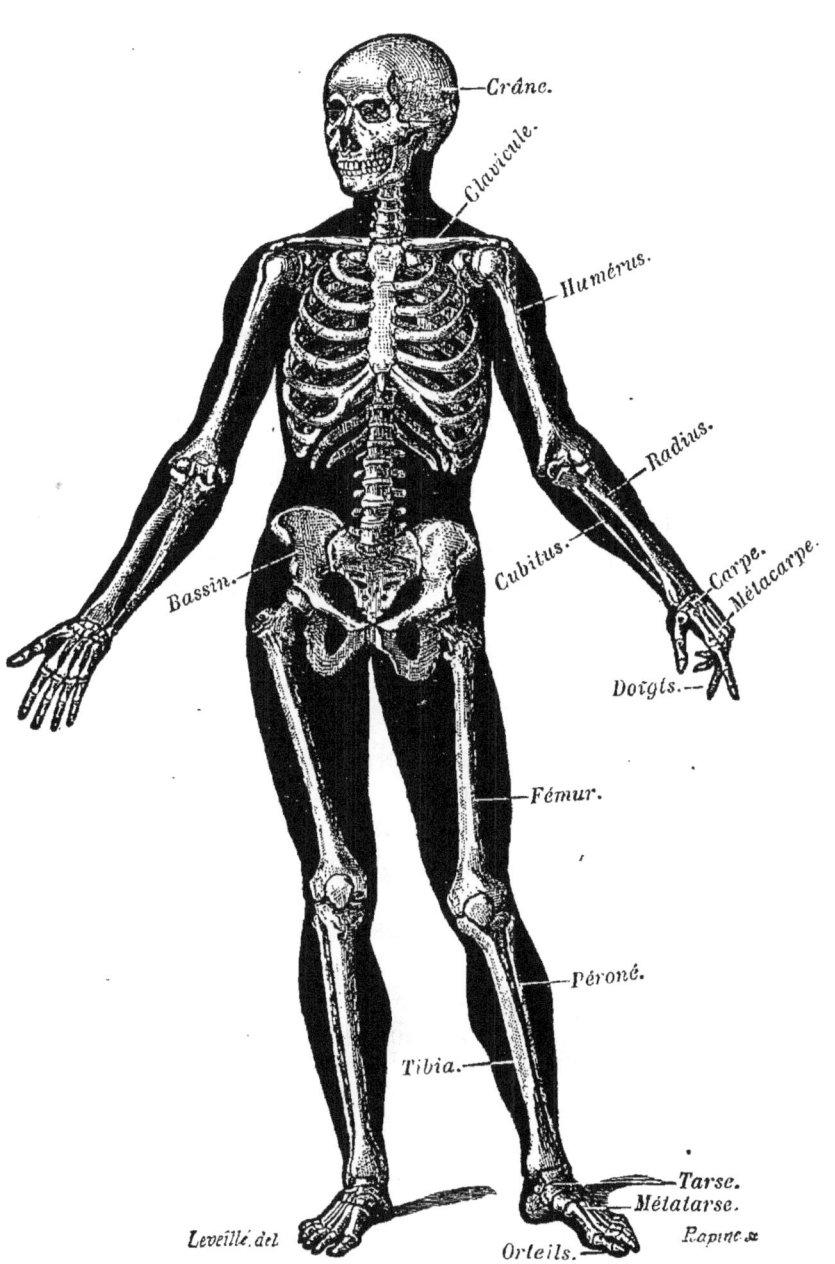

Fig. 130. — Squelette humain.

son corps est très réduit; la seconde, l'*axis*, est remarquable parce que son corps se prolonge vers le haut en une sorte de cylindre vertical, l'*apophyse odontoïde*, qui sert d'axe de rotation à l'atlas. Les cinq autres vertèbres cervicales ont des apophyses transverses peu développées et percées d'un trou pour le passage de l'artère vertébrale; leur apophyse épineuse est bifurquée, peu développée et s'infléchit de plus en plus vers le bas à mesure qu'on se rapproche de la région dorsale. Le peu de développement de ces diverses apophyses permet aux vertèbres cervicales de s'incliner beaucoup les unes sur les autres, sans que rien vienne arrêter leur mouvement; c'est pourquoi le cou peut si facilement se fléchir dans tous les sens. Dans la région dorsale, les apophyses articulaires, très développées, sont solidement enchevêtrées les unes dans les autres et rendent les mouvements latéraux peu étendus, tandis que les apophyses épineuses, longues, fortement inclinées vers le bas, en venant rapidement butter contre les vertèbres inférieures, limitent les mouvements de flexion en arrière; les mouvements de flexion en avant se trouvent limités à la fois par le mode d'articulation des vertèbres et la grande surface de leur disque: dans cette région de la colonne vertébrale, la mobilité est sacrifiée à la solidité. Dans la région lombaire, les apophyses épineuses redeviennent droites, et les mouvements étendus. Enfin, dans la région sacrée et dans la région coccygienne, les vertèbres, profondément modifiées, sont soudées entre elles de manière à former deux os, le sacrum et le coccyx.

Os du crâne et de la face. — La tête comprend deux régions, le *crâne* et la *face*, dont il y a lieu de décrire séparément le squelette.

Le crâne est une boîte osseuse de forme sphéroïde, principalement destinée à loger le cerveau et à le protéger. Les os qui le composent ne peuvent se mouvoir les uns sur les autres; la plupart présentent sur leur bord une multitude de petites dents irrégulières qui viennent s'engrener avec des dents analogues présentées par les os voisins et les unissent ainsi solidement à eux.

Les os du crâne, abstraction faite de quelques petits os accessoires et d'ailleurs peu constants, que l'on nomme les *os wormiens*, sont au nombre de huit. Quatre sont impairs, situés sur la ligne médiane du corps, et quatre sont symétriques deux à deux. Les quatre os impairs sont : en arrière,

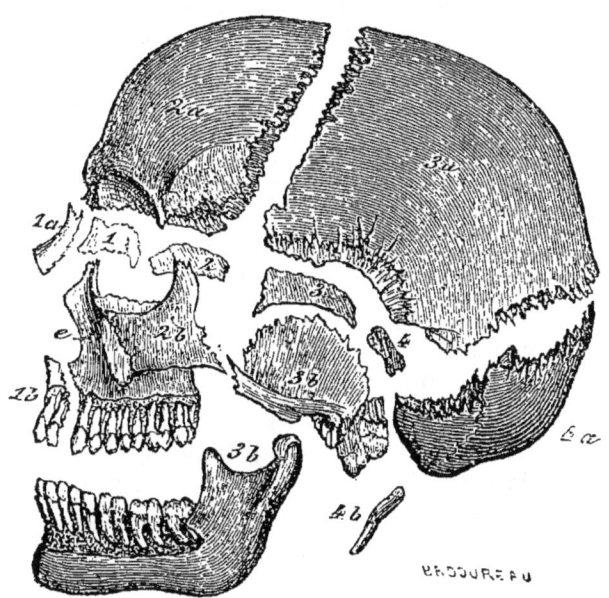

Fig. 151. — Os du crâne et de la face. — Les numéros inscrits sur les os indiquent la façon dont ils se groupent pour constituer les 4 vertèbres crâniennes généralement admises. — 1, coupe de l'ethmoïde ; — 1*a*, os nasal ; — 1*b*, os incisif, détaché théoriquement du maxillaire supérieur, auquel il est soudé chez l'Homme ; — 2, coupe du sphénoïde antérieur soudé chez l'Homme avec le sphénoïde postérieur ; — 2*a*, frontal ; — 2*b*, os malaire ; — 3, coupe du sphénoïde postérieur ; — 3*a*, pariétal ; — 3*b*, temporal et, au-dessous de lui, maxillaire inférieur ; — 4, apophyse basilaire de l'occipital ; — 4*a*, partie latérale de l'occipital ; — 4*b*, indication théorique de l'os hyoïde ; — *e*, maxillaire supérieur.

l'*occipital* (fig. 151, 4 et 4*a*), au-devant de lui, le *sphénoïde* (2 et 3), puis l'*ethmoïde* (1) qui sont tous placés au-dessous du cerveau et constituent la base du crâne ; le *frontal* ou *coronal* (2*a*) forme la partie antérieure de la boîte crânienne, qui est fermée latéralement par les os symétriques, les deux *temporaux* (3*b*) et les deux *pariétaux* (3*a*).

L'*occipital* retient encore quelque chose de la forme des vertèbres; il présente, pour le passage de la moelle épinière, un trou comparable au trou rachidien, au devant duquel le corps vertébral est représenté par un prolongement portant le nom d'*apophyse basilaire*. Deux *condyles*, analogues aux apophyses articulaires inférieures des vertèbres cervicales, articulent l'occipital sur l'atlas.

Le *sphénoïde* présente une forme extrêmement irrégulière, et se divise en une partie centrale assez épaisse, le *corps*, et deux *ailes* latérales larges et minces. Il est représenté chez l'embryon humain, par deux os qui demeurent distincts chez un grand nombre de Mammifères. Le sphénoïde présente quelques apophyses remarquables. Ses *apophyses ptérygoïdes* servent à l'insertion des muscles ptérygoïdiens et péristaphylins; une excavation creusée dans sa face supérieure, et nommée, à cause de sa forme, la *selle turcique*, reçoit un remarquable appendice du cerveau, l'*hypophyse* ou *corps pituitaire*.

L'*ethmoïde* a une forme presque cubique; il est divisé en deux moitiés symétriques par une lame osseuse verticale, ou *lame perpendiculaire;* ses deux *masses latérales* sont remarquables par les anfractuosités dont elles sont creusées et qui rendent leur substance osseuse extrêmement fragile.

Deux de ces anfractuosités portent le nom de *méat supérieur* et *méat moyen*. Les lames osseuses qui les circonscrivent sont elles-mêmes le *cornet supérieur* et le *cornet moyen*. Le méat moyen communique avec des cavités ou *sinus* qui sont creusées, à leur tour, dans les os maxillaires et dans l'os frontal.

Un petit os, le *vomer*, qui appartient plutôt à la face, semble prolonger en bas et en avant la lame perpendiculaire de l'ethmoïde.

Les os symétriques du crâne les plus remarquables sont les *temporaux*, qui présentent une *portion écailleuse* et une partie extrêmement dure et résistante, le *rocher*, dans laquelle est logé l'appareil de l'audition. Leur *apophyse mastoïde* et leur *apophyse styloïde* fournissent des points d'attache à des muscles importants; tandis que leur *apophyse zygomatique* va s'articuler à l'un des os de la face, l'*os malaire* ou *zygoma*.

Les os de la face sont plus nombreux encore que ceux du crâne; ils sont au nombre de quatorze, à savoir : les *maxillaires supérieurs*, les *palatins*, les *malaires*, les *os propres du nez*, les *os unguis* ou *lacrymaux*, les *cornets inférieurs* du nez, le *vomer* et la *mandibule* ou *mâchoire inférieure*. Chez la plupart des Mammifères, il faut ajouter à cette liste deux *os incisifs* portant les incisives supérieures et qui, chez l'Homme, sont soudés avec les maxillaires.

Squelette des membres. — Il existe une grande analogie entre le squelette des membres antérieurs et celui des membres postérieurs. L'un et l'autre présentent une *partie basilaire* et une partie périphérique. La partie basilaire du membre antérieur est constituée, chez l'Homme, par deux os, l'*omoplate* et la *clavicule*, auxquels vient s'ajouter, chez le plus grand nombre des Vertébrés, un os important, l'*os coracoïde*, souvent accompagné d'un *procoracoïde*. Le *bassin*, ou partie basilaire du membre postérieur, présente également trois paires d'os, les *ischion*, les *ilium* et les *pubis*; mais leur comparaison avec les os de l'épaule présente quelques difficultés. Au contraire, l'identité de composition, ou, pour nous servir du terme anatomique, l'homologie des parties périphériques des membres antérieur et postérieur est frappante. Le membre antérieur (fig. 132) est formé de trois parties, le *bras*, l'*avant-bras* et la *main*, correspondant à la *cuisse*, à la *jambe* et au *pied* du membre postérieur (fig. 133). Le bras est soutenu par un seul os, l'*humérus* (fig. 132, *h*), correspondant au *fémur* (fig. 133, *f*), qui soutient la cuisse; l'avant-bras comprend deux os, le *radius* et le *cubitus*, comme la jambe est constituée par le *péroné* et le *tibia*; enfin la main se décompose, comme le pied, en trois régions, qui sont : pour la main, le *carpe*, le *métacarpe* et les *doigts*; pour le pied, le *tarse*, le *métatarse* et les *orteils*. Le carpe ou *poignet* comprend huit os, disposés en deux rangées; le tarse en comprend sept, également disposés sur deux rangs. Le métacarpe et le métatarse, qui forment la *paume* de la main et la *plante* du pied, sont chacun composés de cinq os, portant respectivement les doigts et les

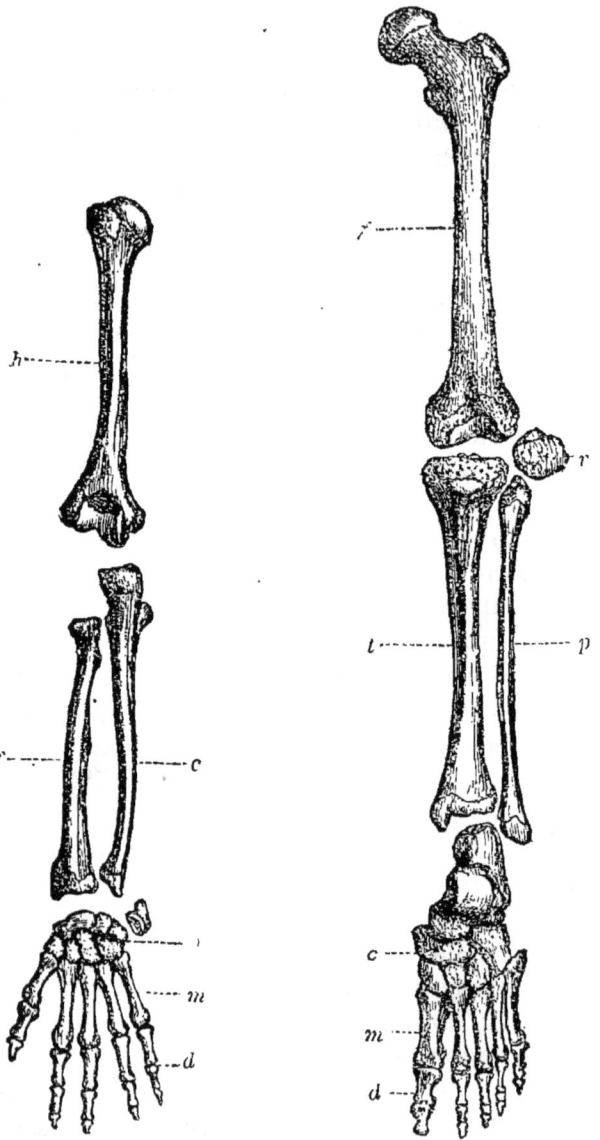

Fig. 132. — Bras gauche de l'Homme vu en arrière. — *h*, humérus; *r*, radius; *c*, cubitus; *p*, os du carpe ou poignet; *m*, métacarpiens; *d*, doigts.

Fig. 133. — Jambe gauche de l'Homme vue en avant. — *f*, fémur; *r*, rotule; *t*, tibia; *p*, péroné; *c*, os du tarse; *m*, os métatarsiens; *d*, doigts.

orteils. Quant à ces derniers, sauf le pouce et le gros orteil, qui se correspondent et ne sont formés que de deux os, ils sont tous composés de trois leviers osseux, auxquels on donne les noms de *phalange*, de *phalangine* et de *phalangette*.

A côté de ces ressemblances fondamentales, les membres antérieurs et postérieurs présentent, dans la constitution de leur squelette, des différences presque toutes en rapport avec les usages différents auxquels ils servent. L'omoplate et la clavicule sont toujours deux os distincts; celle-ci s'articule avec une volumineuse apophyse de l'omoplate qui se prolonge, en une sorte de crête ou d'épine, sur la face postérieure de cet os, et qu'on nomme l'*acromion*. L'humérus vient s'articuler dans une *cavité glénoïde*, située au sommet externe de l'omoplate, et il est retenu dans cette position par des ligaments qui, partant de son extrémité articulaire ou *tête*, vont s'attacher au pourtour de la cavité glénoïde et à une apophyse de l'omoplate qui s'avance en avant, en forme de bec, l'*apophyse coracoïde*, seul reste de l'os coracoïde des autres Vertébrés. L'acromion, l'apophyse coracoïde et un ligament qui réunit ces deux apophyses forment au-dessus de lui une espèce de voûte. A son extrémité inférieure, l'humérus élargi est terminé par une espèce de poulie sur laquelle le cubitus peut tourner d'avant en arrière, tandis que sur son côté externe il porte une petite tête ou condyle sur laquelle s'articule le radius. Les deux os de l'avant-bras s'articulent donc avec l'humérus. Le cubitus présente à son extrémité supérieure une échancrure qui se moule à peu près exactement sur la poulie ou *trochlée* de l'humérus; la partie restante de l'os ainsi entamée forme une apophyse, l'*olécrâne*, qui vient butter, lorsque l'avant-bras se redresse, contre le fond d'une fossette de l'humérus destinée à la recevoir et qui arrête ainsi le mouvement d'extension du bras. Le radius s'articule inférieurement avec la main; en haut, il se termine par une sorte de roue perpendiculaire à son axe, qui lui permet de tourner en s'appuyant sur le cubitus et d'entraîner la main dans ce mouvement de rotation; cette roue est creusée en haut d'une cavité, en forme de calotte sphérique, ou *cavité glénoïde*, qui reçoit le condyle de l'humérus; en bas, il s'élargit beaucoup, devient plus volumineux que le cubitus et s'articule avec deux des os de la première rangée du carpe, le *scaphoïde* et le *semi-lunaire*. Le cubitus ne contracte aucun rapport direct avec la main. Ainsi, des deux os de l'avant-bras, l'un ne s'articule qu'avec l'humérus; l'autre s'articule à la fois avec l'humérus et avec la main, mais conserve une grande mobilité, et peut tourner autour de son voisin comme autour d'un axe solide, disposition admirablement propre à faciliter les mouvements de l'extrémité antérieure.

Toutes les parties du membre inférieur se distinguent par une plus grande solidité et par des dispositions qui les maintiennent plus étroitement unies entre elles. Les trois os du bassin se soudent de bonne heure, et forment une ceinture complète, fixée en arrière au sacrum; les deux pubis sont unis en avant par un solide ligament. Ces trois os concourent à former en dehors, de chaque côté, une cavité articulaire, à peu près hémisphérique, la *cavité cotyloïde;* dans cette cavité pénètre la *tête du fémur :* elle est arrondie et reliée à la partie principale de l'os par une partie plus étroite, oblique par rapport à l'axe de l'os, le *col du fémur*. Au-dessus et au-dessous du point où le col du fémur s'insère sur l'os, on voit deux tubérosités, le *grand* et le *petit trochanter*. A la différence de l'humérus, le fémur ne s'articule à sa partie inférieure qu'avec un seul des os de la jambe, le *tibia*. Au-devant de cette articulation se développe, à partir de la troisième année, dans l'épaisseur du tendon du muscle extenseur de la cuisse qui s'insère alors sur le tibia, un os arrondi, d'ailleurs indépendant du reste du squelette, la *rotule*. Nous n'avons trouvé dans le bras aucun os semblable.

Une différence plus importante encore, entre le membre antérieur et le membre postérieur, consiste en ce que, chez ce dernier, les deux os de la jambe, le tibia et le péroné, s'articulent également avec le pied. L'un et l'autre se terminent inférieurement par une tête qui fait saillie au-dessus de ce dernier. La tête du péroné forme la *malléole* ou *che-*

ville externe; celle du tibia, la *malléole* ou *cheville interne.* Les deux malléoles encastrent entre elles la volumineuse tête articulaire qui fournit l'os moyen de la première rangée du tarse, l'*astragale;* l'os externe de cette rangée est venu se placer en avant de l'astragale, où il forme le *scaphoïde;* l'os interne ou *calcanéum* s'étend considérablement en arrière pour former la saillie du *talon* (fig. 130). Au-devant de lui se trouve le *cuboïde*, qui s'unit aussi latéralement au scaphoïde, lequel porte en avant les trois *cunéiformes*, qui complètent, avec le cuboïde, la seconde rangée des os du tarse. Par le mode d'articulation de l'astragale avec le tibia et le péroné, les mouvements de latéralité, qui sont assez étendus pour la main, deviennent très restreints pour le pied; les mouvements de rotation du pied autour du tibia sont aussi limités de la sorte; le pied est donc beaucoup moins mobile que la main, mais son articulation est aussi plus solidement établie, et la marche se trouve par conséquent plus sûre.

Articulations. — Les pièces du squelette s'unissent entre elles de diverses façons : tantôt elles doivent demeurer immobiles l'une par rapport à l'autre, comme cela arrive pour les os du crâne ou pour ceux du bassin; tantôt elles doivent effectuer des mouvements plus ou moins étendus, comme cela arrive pour les os des membres. Dans ces deux cas, les moyens d'union des os sont extrêmement variés, et l'ensemble des tissus ou des organes qui concourent à maintenir cette union forme ce qu'on appelle une *articulation*.

Les articulations des os destinés à demeurer immobiles ou à n'effectuer que des mouvements peu étendus sont assez simples : on leur donne le nom de *sutures* lorsque les os sont rapprochés, soit qu'ils s'engrènent l'un dans l'autre au moyen d'une multitude de dents, comme plusieurs os du crâne (fig. 131, 2*a*, 3*a*, 4*a*), soit que l'un d'eux recouvre l'autre en s'amincissant, comme dans la *suture écailleuse* du temporal et des pariétaux (fig. 131, 3*a* et 3*b*), soit enfin qu'ils se juxtaposent simplement. Les dents qui viennent s'implanter séparément dans des trous creusés dans les mâchoires présentent un mode d'articulation qu'on nomme *gomphose*.

Lorsque deux os doivent se mouvoir l'un sur l'autre, l'articulation est infiniment plus complexe. Les parties mobiles se recouvrent d'un tissu cartilagineux parfaitement poli qui facilite leur glissement les unes sur les autres ; entre elles prend naissance une bourse séreuse, une *synoviale*, contenant un liquide particulier, la *synovie*, qui supprime d'une façon presque complète les frottements ; enfin des ligaments unissent les deux os, des capsules fibreuses emprisonnent l'articulation tout entière et, tout en permettant des mouvements étendus, s'opposent à ceux qui pourraient compromettre les rapports normaux des pièces osseuses. Lorsque, par un mouvement trop violent, ces rapports sont modifiés, lorsque, par exemple, un condyle est sorti de la cavité qui doit le contenir et n'y peut plus être ramené par le simple jeu des muscles, on dit qu'il y a *luxation* de l'articulation. La réduction de certaines luxations, c'est-à-dire leur guérison, exige souvent de la part du chirurgien beaucoup de force et d'adresse.

Les os ne peuvent se mouvoir les uns sans les autres que par suite de l'action qu'exercent sur eux d'autres organes importants, les *muscles*, dont nous avons maintenant à étudier les propriétés.

Propriétés générales des muscles. — Considérons, par exemple, le gros muscle qui ramène l'avant-bras vers le bras, et qui est bien connu sous le nom de *biceps* (fig. 134 et 135). Ce muscle se divise vers le haut en deux masses ou têtes (d'où son nom de biceps), terminées chacune par un tendon ; ces tendons viennent s'attacher l'un à l'apophyse coracoïde, l'autre au sommet de la cavité glénoïde de l'omoplate ; le tendon inférieur s'insère sur le radius. Le biceps occupe la partie antérieure du bras. Appliquons la main sur le muscle au moment où il entre en action, c'est-à-dire quand l'avant-bras se fléchit sur le bras, nous sentons parfaitement que son épaisseur et sa rigidité augmentent pendant qu'il se raccourcit (fig. 134) ; quand le muscle est dans cet état, on dit qu'il est contracté. Mais comment se produit cette contraction ?

LA LOCOMOTION. 289

Dans l'organisme, c'est sous l'action de la volonté, ou tout au moins à la suite d'irritations parties du système ner-

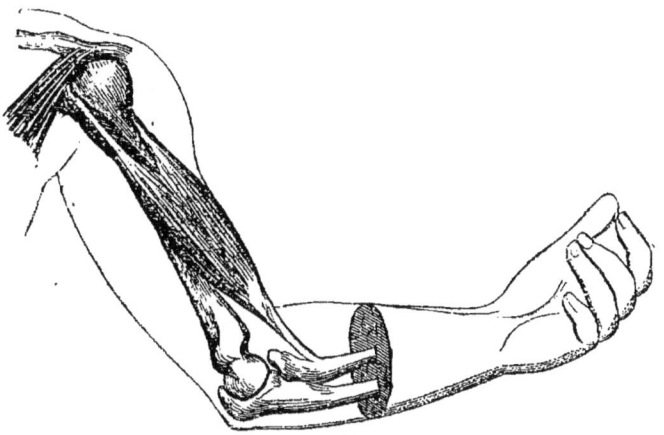

Fig. 154. — Biceps à demi contracté.

veux, que les muscles se contractent; mais on parvient aussi à les faire contracter en agissant sur le nerf qui se rend au

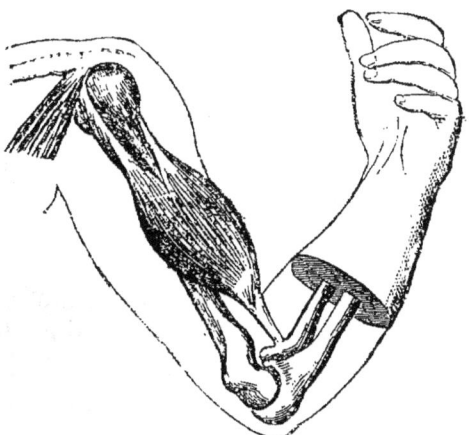

Fig. 155. — Biceps contracté.

muscle soit par des moyens mécaniques, soit par des moyens physiques. Il suffit de pincer un nerf pour faire aussitôt contracter le muscle qu'il anime; l'application sur le nerf

19

de certains réactifs produit le même effet. Mais il est un procédé plus commode et plus régulier que tous les autres, qui consiste à faire passer au travers du nerf une décharge électrique. On voit à chaque décharge le muscle se contracter vivement et revenir aussitôt à son état primitif. On obtient d'ailleurs des effets analogues en agissant directement sur les muscles.

Cette propriété des muscles de se contracter, soit sous l'action des nerfs, soit lorsqu'ils sont directement stimulés par certains agents, est ce que Haller appelait l'*irritabilité musculaire*.

Les muscles ne sont pas seulement *contractiles* et *irritables*, ils sont encore *élastiques*. Lorsqu'on vient à isoler un de ces organes et à suspendre un poids à l'une de ses extrémités, après avoir fixé l'autre extrémité, on constate que le muscle s'allonge. Après l'action du poids, le muscle revient à sa longueur primitive. Lorsqu'un muscle se contracte, il a toujours un poids à soulever, et ce poids tend à déterminer en lui un allongement. Pour une même excitation, l'état que prend alors le muscle dépend donc à la fois de sa contractilité et de son élasticité; celle-ci joue d'ailleurs un rôle important dans le phénomène de la contraction proprement dite.

Origine de la force musculaire. — Un muscle qui se contracte produit du travail, il doit donc consommer de la chaleur; où trouve-t-il la chaleur qui lui est nécessaire? On constate toujours que la nutrition devient plus active dans un muscle qui travaille que dans un muscle au repos. Le fait est nettement établi par l'accumulation rapide dans sa substance de produits de désassimilation, tels que l'acide lactique et la créatine. Or la nutrition est un ensemble de phénomènes chimiques qui produisent de la chaleur. C'est donc à ces phénomènes chimiques que le muscle emprunte la chaleur qu'il transforme en travail. Sa nutrition en produit même à ce moment plus qu'il n'en consomme, et c'est pourquoi l'on constate ce phénomène, en apparence paradoxal, qu'un muscle qui travaille s'échauffe. Cet excès de nutrition, il le met, du reste, à profit; des éléments musculaires nouveaux se forment, et l'on voit constamment se développer les muscles qui sont soumis à un travail habituel.

La description des muscles de l'Homme occuperait à elle seule un volume. On aura une idée de leur nombre et de leur disposition en consultant la figure 136.

Les muscles jouent un rôle important non seulement dans la locomotion, mais même dans la station.

Il est évident que si l'on abandonnait à lui-même un squelette, fût-il muni de toutes les pièces ligamenteuses qui consolident les articulations, ce squelette s'affaisserait aussitôt et tomberait sur le sol. On a pu déterminer assez exactement le centre de gravité de la tête, du tronc et du corps tout entier pourvus de leurs organes. Ces centres de gravité sont respectivement situés au-dessus des condyles occipitaux et de la ligne des deux articulations coxo-fémorales. Il s'ensuit que la tête et le tronc, alors même qu'on arriverait à les dresser sur ces bases de sustentation, seraient en état d'équilibre instable, et fléchiraient en avant ou en arrière au moindre déplacement. C'est grâce à l'action des muscles que la stabilité est réalisée. Au moindre danger de chute, tels ou tels muscles se contractent suivant le cas, et c'est par les contractions alternatives de ces divers ensembles de muscles antagonistes que sont toujours évitées des chutes toujours imminentes. Remarquons d'ailleurs que l'instabilité naturelle des principales parties du corps est une condition qui facilite singulièrement les mouvements relatifs de ces parties, mouvements qui doivent pouvoir s'exécuter avec la même aisance dans toutes les directions.

Différents modes de locomotion. — La connaissance anatomique des organes de locomotion, celle même de la disposition des différents muscles qui les font mouvoir, ne suffit pas pour expliquer comment l'Homme ou l'animal arrive à se mouvoir. Ces muscles étant fort nombreux et fort complexes, la façon dont ils sont mis en jeu séparément ou simultanément modifie singulièrement les mouvements d'ensemble des membres; suivant l'étendue, la rapidité et le mode de succession des contractions de certains groupes de muscles, la *marche* peut être remplacée par la *course* ou par le *saut*. Ce que nous savons sur le mode d'insertion et les rapports réciproques des muscles ne nous dit pas, *a priori*, en quoi ces genres de locomotion diffèrent l'un de l'autre, et pour le savoir, le physiologiste est obligé d'étudier, indépendamment des dispositions anatomiques, les mouvements des membres et du corps, sauf à rechercher ensuite, dans ces dispositions et dans l'emploi que fait l'animal de ses muscles, une explication définitive de ces différentes façons de se mouvoir. Ces recherches ont été longtemps difficiles à cause de la rapidité des mouvements qu'il s'agissait d'étudier et qui, une fois accomplis, ne laissaient aucune trace. A l'aide d'appareils enregistreurs spéciaux et, dans ces dernières années, en employant la photographie instantanée, divers observateurs, en tête desquels il faut placer M. Marey, sont parvenus à faire connaître avec la plus grande précision tous les détails des mouvements qui constituent la marche, le trot, la course, le saut, la natation, le vol, chez les êtres qui présentent un ou plusieurs de ces genres de locomotion.

Le *saut* est un mode de progression dans lequel le centre de gravité du corps peut être projeté à une hauteur plus ou moins considérable, en même temps que les jambes quittent le sol.

Dans la *marche*, le corps avance sans jamais quitter le sol sur lequel appuie successivement chaque pied : pendant un instant très court, les deux pieds touchent même simultanément le sol.

Dans la *course*, les pieds quittent, au contraire, simultanément le sol pendant un certain temps, et précisément au moment où le centre de gravité du corps est le plus bas. On ne peut admettre, d'après cela, que la course soit, comme on le dit souvent, une succession de sauts, puisque le caractère du saut est précisément d'élever le centre de gravité du corps au moment où les jambes quittent le sol. Le *trot* ne diffère de la course que par la durée des pas et par leur étendue.

EXPLICATIONS

1. Extenseur commun des doigts.
2. Tendon du long extenseur du pouce.
3. Premier interosseux dorsal.
4. Adducteur du pouce.
5, 5. Court abducteur, court fléchisseur et opposant du pouce (éminence thénar).
6. Adducteur et court fléchisseur du petit doigt (éminence hypothénar).
7, 7. Court extenseur et long abducteur du pouce.
8, 8. Deuxième radial externe.
9, 9. Premier radial externe.
10, 10. Long supinateur.
11, 11. Long fléchisseur propre du pouce.
12, 12. Grand palmaire.
13. Petit palmaire.
14, 14. Rond pronateur.
15, 15. Brachial antérieur.
16, 16. Triceps.
17, 17. Biceps.
18. Frontal.
19. Temporal.
20. Triangulaire du menton.
21. Masséter (entre ces deux muscles, on aperçoit une partie du buccinateur).
22. Sterno-cléido-mastoïdien.
23. Trapèze.
24. Deltoïde.
25. Grand pectoral.
26. Grand dentelé.
27. Grand dorsal.
28. Grand oblique.
29, 29. Aponévrose *fascia lata* enlevée en partie.
30. Tenseur de cette aponévrose.
31. Moyen fessier.
32. Grand fessier.
33. Droit antérieur.
34. Vaste externe.
35. Biceps fémoral.
36. Demi-tendineux.
37. Demi-membraneux.
38. Troisième adducteur.
39. Premier adducteur.
40. Droit interne.
41. Couturier.
42. Vaste interne.
43, 43. Jumeaux.
44, 44. Soléaire.
44, 44. Tendon d'Achille.
45. Long péronier latéral.
46. Court péronier latéral.
47. Extenseur commun des orteils et péronier antérieur.
47. Tendon du péronier antérieur.
48. Jambier antérieur.
49. Abducteur du petit orteil.
50. Ligament annulaire du tarse.

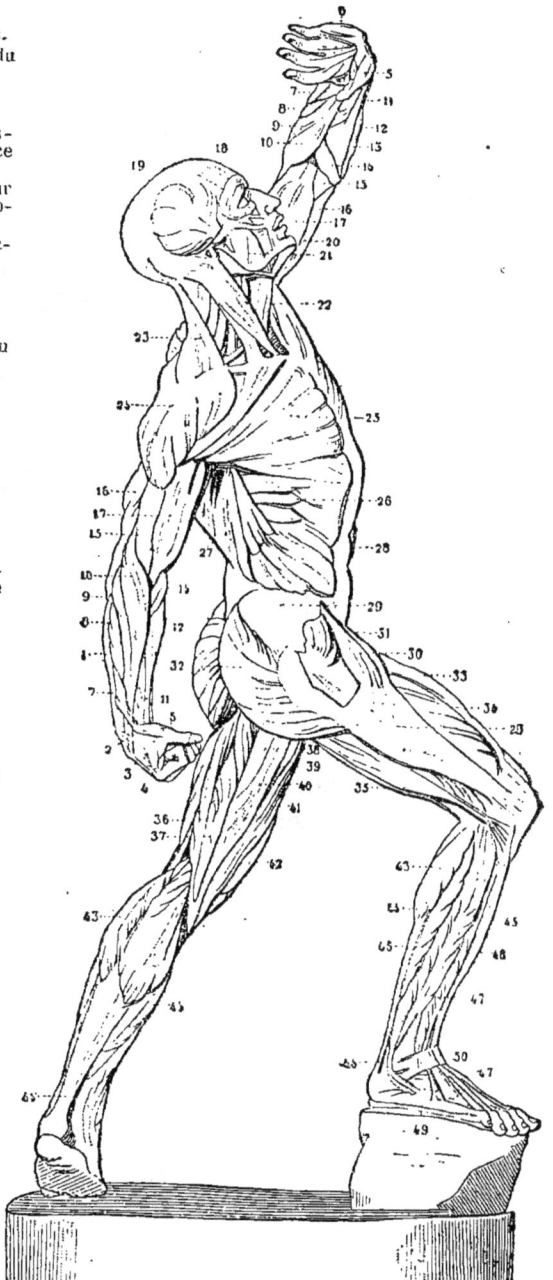

Fig. 156. — Principaux muscles de l'Homme.

Mais il est aussi des Vertébrés capables de se mouvoir dans l'air et dans l'eau; la *natation* et le *vol* leur sont devenus possibles, grâce à des modifications de leur structure, qui conserve cependant d'une manière absolue son cachet primitif. Il est d'autant plus intéressant d'examiner rapidement en quoi consistent ces modifications qu'elles ont fourni des éléments importants pour la division des Vertébrés en *classes*, les Vertébrés composant une même classe de Vertébrés, étant construits pour se mouvoir de la même façon. Effectivement, les Mammifères et les Reptiles sont faits pour la marche à la surface de la terre; toute l'économie de l'Oiseau est dominée par les nécessités de la locomotion dans l'air; les Batraciens sont à demi terrestres et à demi aquatiques; les Poissons sont essentiellement organisés pour vivre dans l'eau.

Cependant, dans chacune de ces classes, un certain nombre d'espèces abandonnent leur milieu normal, pour vivre dans d'autres conditions; alors leurs organes essentiels se modifient de manière à satisfaire aux exigences de ces conditions particulières; ils s'*adaptent* à cette nouvelle sorte d'existence. Tout en conservant la structure caractéristique de leur classe les membres de ces animaux éprouvent des modifications secondaires, et se prêtent à des fonctions pour lesquelles ils ne semblaient pas faits tout d'abord. La locomotion sur la terre ferme s'accomplit d'ailleurs elle-même de façons différentes. Il y a des Mammifères et des Reptiles qui *courent*, d'autres qui *sautent*, d'autres qui *grimpent*, d'autres qui *fouissent*, et leurs membres présentent des *adaptations* correspondant à leur allure habituelle.

Adaptation des membres chez les Mammifères. — Chez le plus grand nombre des Mammifères, les quatre pattes sont exclusivement chargées de soutenir le corps de l'animal à une certaine distance au-dessus du sol et de le transporter plus ou moins rapidement d'un lieu à un autre. Chez la très grande majorité, non seulement des Mammifères, mais encore des Batraciens et des Reptiles, les pattes sont terminées chacune par un pied divisé en cinq doigts (fig. 137) et relié au reste du membre par une double rangée d'os constituant le *carpe* s'il s'agit d'un membre antérieur, le *tarse* s'il s'agit d'un membre postérieur. Cette structure se simplifie singulièrement chez les Mammifères ruminants et solipèdes, qui ne se servent de leurs pattes que pour cou-

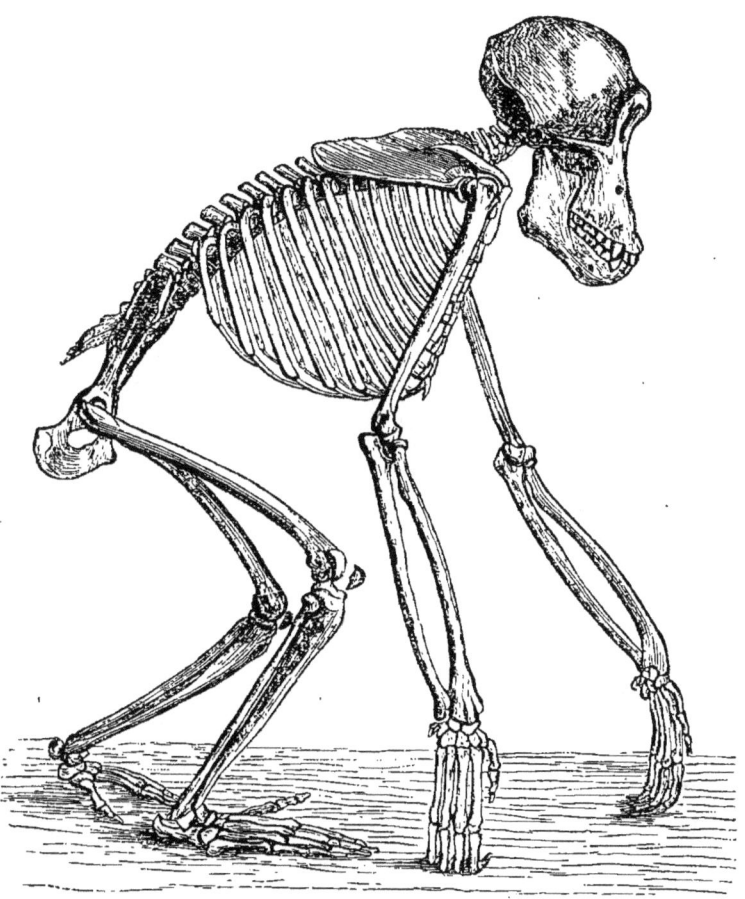

Fig. 157. — Squelette de Chimpanzé.

rir. La rapidité à la course exige une légèreté aussi grande que possible des membres, une précision extrême dans les mouvements, toutes conditions qui s'accordent peu avec l'existence de doigts multiples, mobiles les uns sur les autres, sujets par conséquent aux entorses et exigeant un appareil musculaire compliqué. Chez les Ruminants (fig. 138, n° 2), il n'y a en effet que deux doigts bien développés ; encore sont-ils soudés à leur base de manière à constituer le *canon ;* chez les Solipèdes (fig. 138 et 139), il n'y a plus qu'un seul doigt. Mais, sinon dans la nature actuelle, au moins parmi les animaux fossiles, on trouve un grand nombre de formes intermédiaires conduisant du pied normal à cinq doigts au pied

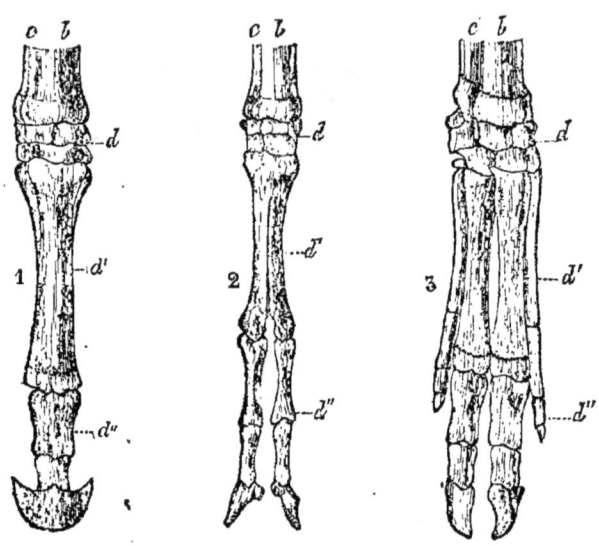

Fig. 138. — 1. Pied de Cheval. — 2. Pied de Chèvre — 3. Pied de Porc.
b, radius ; *c*, cubitus ; *d*, carpe ; *d'*, métacarpe ; *d"*, doigt.

fourchu et au pied unidigité des Herbivores, qui n'en sont que des simplifications et qui présentent encore des traits de structure démontrant qu'ils appartiennent au même type.

Les Mammifères sauteurs présentent une simplification de leurs membres analogue à celle que viennent de nous montrer les Mammifères coureurs. Des quatre doigts qui forment le pied postérieur du Kanguroo, deux sont si grêles qu'ils ne peuvent servir à rien, et des deux autres, étroitement unis, le médius a une épaisseur presque double de celle de son voisin. Chez les Gerboises, le péroné des jambes postérieures est rudimentaire et les métatarsiens sont soudés, disposition que nous retrouvons presque exactement reproduite par d'autres animaux essentiellement sauteurs, les Oiseaux.

Les Carnassiers nous offrent d'autres dispositions ; ils se servent avant tout de leurs pattes pour courir, mais ils emploient aussi leurs membres antérieurs pour saisir et re-

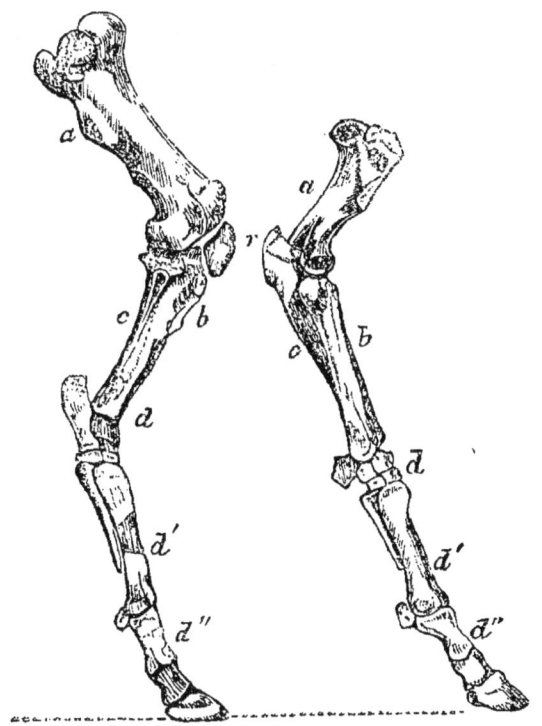

Fig. 139. — Pieds de Cheval. — *a*, humérus et fémur ; *b*, radius et tibia ; *c*, cubitus et péroné ; *d*, carpe et tarse ; *d'*, métacarpien et métatarsien avec les stylets ; *d"*, doigt ; *r*, rotule.

tenir leur proie. Tandis que, chez les Chiens et les Chats, le nombre des doigts postérieurs tombe à quatre, il demeure de cinq, en avant, chez presque tous les Carnassiers, sauf les Hyènes, et en outre leurs ongles s'allongent, s'effilent et se recourbent ; des ongles obtus, robustes et plats, comme ceux des Renards, des Blaireaux et des Ours, permettent à l'animal de se servir de ses pattes antérieures pour fouir,

Mais que les modifications soient plus profondes, qu'après les ongles les doigts se modifient à leur tour, nous allons assister à l'apparition de nouvelles fonctions : les doigts allongés des Rongeurs, de divers Marsupiaux, leur permettent de saisir des objets ; cela suffit pour faire de beaucoup d'entre eux, dont les ongles sont en même temps longs et crochus, des animaux grimpeurs ; mais en même temps ces animaux peuvent prendre les aliments entre leurs deux pattes antérieures et les porter à leur bouche. Un allongement plus grand encore des doigts, la faculté qu'ils acquièrent de s'opposer au pouce, transforment le pied en une main qui n'a plus besoin de s'opposer à une main semblable pour prendre et saisir ; cette main est réalisée chez certains Marsupiaux, chez les Lémuriens et chez les Singes (fig. 157), qui s'en servent à la fois pour grimper sur les arbres, ou pour saisir les objets qu'ils veulent porter à leur bouche et ceux dont ils veulent se faire des armes ou des jouets ; en raison de l'agilité des doigts, des ongles crochus deviennent inutiles, ils sont remplacés par des ongles plats.

De semblables modifications corrélatives peuvent atteindre plus profondément encore l'organisme. Nous avons vu l'allongement et la puissance de leurs ongles permettre au Blaireau et à l'Ours de fouir le sol ; mais l'acte de fouir n'est pas un acte essentiel à l'existence de ces animaux : une fois leur retraite assurée, ils ne fouissent que dans des circonstances accidentelles ou lorsque la nourriture se fait rare. Le Fourmilier d'Amérique est au contraire nécessairement obligé de creuser la terre pour se procurer sa nourriture, qui consiste en fourmis, dont il met à nu les habitations souterraines et qu'il saisit en étendant, au milieu de la population de la fourmilière en émoi, sa langue couverte d'une salive visqueuse. Comme le Fourmilier est de la taille d'un chien, il lui faut démolir beaucoup de fourmilières pour assouvir sa faim et, par conséquent, fouir beaucoup ; aussi ses pattes sont-elles armées d'énormes griffes ; mais, d'autre part, ces griffes longues et robustes gênent la marche : le Fourmilier cesse de poser la paume de la main sur le sol, il marche en appuyant presque sur le dos de la main :

ADAPTATION DES FORMES GÉNÉRALES DU CORPS.

c'était aussi le cas du gigantesque *Megatherium*, qui vivait autrefois en Amérique. Une telle modification dans l'attitude habituelle du membre antérieur entraîne forcément un agencement nouveau des os du poignet et de l'avant-bras, en même temps qu'un nouveau mode d'insertion des muscles, de telle sorte que la structure anatomique du membre se trouve notablement altérée.

Chez la Taupe, dont toute la vie se passe à creuser la terre, les modifications du membre antérieur sont encore plus grandes. Bien entendu, les ongles sont encore fort robustes; mais un os supplémentaire vient s'ajouter à la main, comme le ferait un sixième doigt (fig. 140); la patte tout entière s'élargit; l'animal s'en sert constamment comme d'une pelle pour rejeter la terre à sa droite et à sa gauche; la paume se tourne définitivement en dehors; et le membre se raccourcit, disposition plus favorable au développement d'une grande force qu'à celui

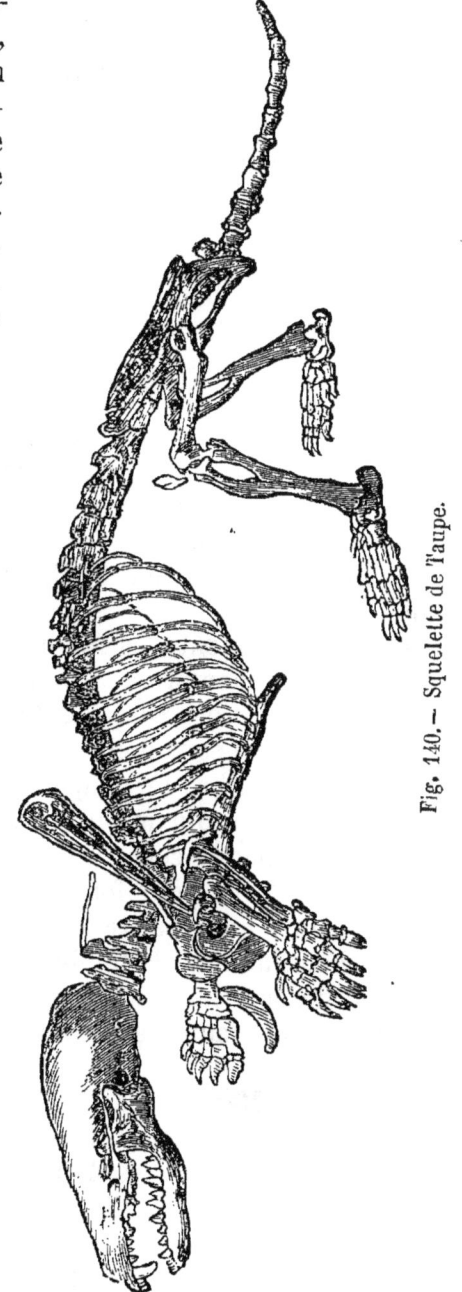

Fig. 140. — Squelette de Taupe.

d'une grande vitesse. Les muscles qui doivent faire mouvoir la patte ainsi construite doivent être très puissants ; ils ont besoin de solides points d'attache : aussi se développe-t-il une crête osseuse à la partie antérieure du sternum, tandis que les omoplates s'allongent d'une manière remarquable. La tête elle-même joue, dans la façon de creuser de l'animal, un rôle important, et ce rôle est indiqué par la présence sur les vertèbres du cou d'une crête très développée qui sert de point d'attache à ses muscles. Voilà donc toute une série de modifications anatomiques qui se trouvent en rapport les unes avec les autres et qui sont toutes dominées par le genre de vie de l'animal ; cependant aucune des pièces qui constituent le squelette normal d'un Mammifère n'a apparu, aucune pièce nouvelle ne s'est montrée ; c'est simplement par une modification dans les proportions relatives de parties déjà existantes chez les Mammifères ordinaires que la Taupe est devenue le Mammifère fouisseur par excellence.

Ce sont également des modifications dans les dimensions des parties du membre antérieur qui ont fait des Chauves-Souris les rivales des Oiseaux. Les os des doigts de la main, sauf le pouce, se sont démesurément allongés, et une membrane, laissant libre le pouce, mais courant sur les flancs et comprenant la queue tout entière, a suffi pour constituer une aile de chaque côté du corps. S'il faut à la patte de la Taupe de la force pour fouir, il en faut aussi à l'aile de la Chauve-Souris pour battre l'air avec une vigueur qui suffise à empêcher l'animal de tomber et à le faire progresser. Le sternum de ces Mammifères volants porte, en conséquence, une crête sur laquelle viennent s'insérer les muscles de l'aile.

La patte de Mammifère, que nous avons vue devenir tantôt une pelle propre à fouir, tantôt une aile, peut aussi bien devenir une nageoire. Les Mammifères aquatiques présentent même à cet égard un intérêt tout particulier, car on peut suivre chez eux toute une série de modifications successives des membres, en rapport avec le milieu nouveau dans lequel ils doivent passer leur existence.

Chez les Hydromys, les Castors, les Visons, les Loutres, les Ornithorynques, une membrane unit les doigts, et chaque membre se trouve ainsi terminé par une rame, grâce à laquelle l'animal peut se pousser dans l'eau. L'eau offrant, aux membres de l'animal qui nage, un point d'appui incomparablement plus résistant que l'air, les nageoires ont besoin, pour déterminer une locomotion rapide, de plus de force que de surface ; elles doivent être solidement construites ; d'ailleurs, se trouvant soutenu par

Fig. 141. — Chauve-Souris.

le liquide qui l'entoure, n'ayant plus, comme l'animal terrestre, à se maintenir en équilibre sur un sol où il n'a qu'un petit nombre de points d'appui, l'animal aquatique peut, à la manière des Poissons, s'aider des ondulations de son corps pour se lancer en avant ; il n'y a donc aucun inconvénient à ce que la taille s'allonge et à ce que la colonne vertébrale soit flexible ; mais alors l'impulsion produite par les pattes postérieures se transmet d'une façon défectueuse ; il y a intérêt à ce que cette impulsion se combine avec les mouvements de la colonne vertébrale, et les pattes postérieures deviennent ainsi subordonnées. On peut s'attendre à les voir se rapprocher de plus en plus du corps à mesure que la vie devient plus complètement aquatique, ou même se réduire et disparaître lorsque la colonne vertébrale s'est suffisamment assouplie et allongée pour suffire aux besoins de la locomotion.

Toute cette série de phénomènes est, en effet, réalisée chez les Mammifères aquatiques. Chez la Loutre marine (*Enhydris*), les pattes, bien palmées, sont extrêmement courtes; le corps, très allongé, semble s'effiler postérieurement; cette Loutre, malgré sa longue queue, a déjà quelque chose de la physionomie des Phoques. Chez les Otaries, le

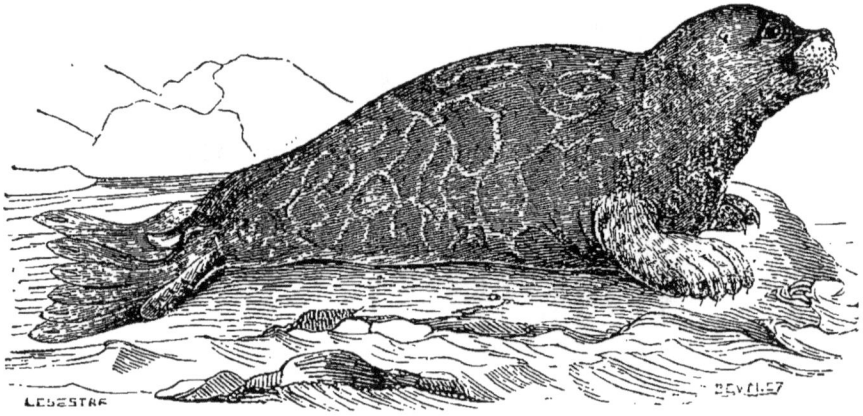

Fig. 142. — Phoque.

corps, renflé en avant, s'amincit en arrière; le bras, l'avant-bras, la cuisse, la jambe, sont raccourcis; les doigts, allongés, unis par une épaisse palmure, forment une large nageoire; les pattes antérieures sont les plus puissants organes de natation, et les quatre membres permettent encore à l'animal de se mouvoir à terre avec une certaine agilité. Les pattes postérieures cessent de servir à la marche chez les Phoques (fig. 142), où elles ont une tendance à se placer longitudinalement de chaque côté de la queue; elles servent de nageoires, et les pattes antérieures de gouvernail; les diverses parties du squelette des membres, quoique modifiées dans leur forme, se retrouvent d'ailleurs sans

ADAPTATION DES FORMES GÉNÉRALES DU CORPS.

altération dans leur nombre ou dans leur rapport. Il n'en est pas ainsi chez les Cétacés : les pattes antérieures se sont exclusivement appropriées à la vie aquatique (fig. 143); le bras, l'avant-bras, sont très courts ; les doigts, au contraire, parfois assez allongés, sont souvent formés de nombreuses phalanges et cessent d'être apparents à l'extérieur. Chez les Dugongs (fig. 144) et les Lamantins, le bras et l'avant-bras sont encore mobiles, mais dans tous les autres groupes le bras conserve seul sa mobilité sur l'épaule ; toutes les autres pièces sont fixes maintenant et ne forment qu'une rame solide et résistante ; le membre se meut désormais tout d'une pièce, en pivotant autour de la seule articulation mobile, celle de l'épaule. Les Cétacés se servent de leurs membres antérieurs soit pour se maintenir en équilibre, soit pour s'aider dans leurs évolutions. Quant aux membres postérieurs, chez eux ils ne sont représentés que par un bassin rudimentaire. Ce sont les mouvements de la partie postérieure du corps qui produisent surtout la locomotion.

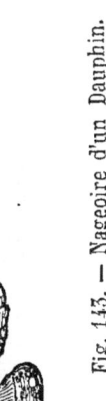

Fig. 143. — Nageoire d'un Dauphin.

Adaptation des membres chez les Reptiles. — On pourrait suivre, parmi les Reptiles, une série de modifications des membres à peu près semblable à celle que nous ont offerte les Mammifères. Bien que leurs ailes ne fussent soutenues chacune que par un seul doigt, les *Ptérodactyles* (fig. 145) de la période secondaire représentent assez bien nos Chauves-Souris; parmi les Reptiles aquatiques, les Crocodiles ont simplement les pieds palmés à la façon des Loutres, mais les *Ichtyo-*

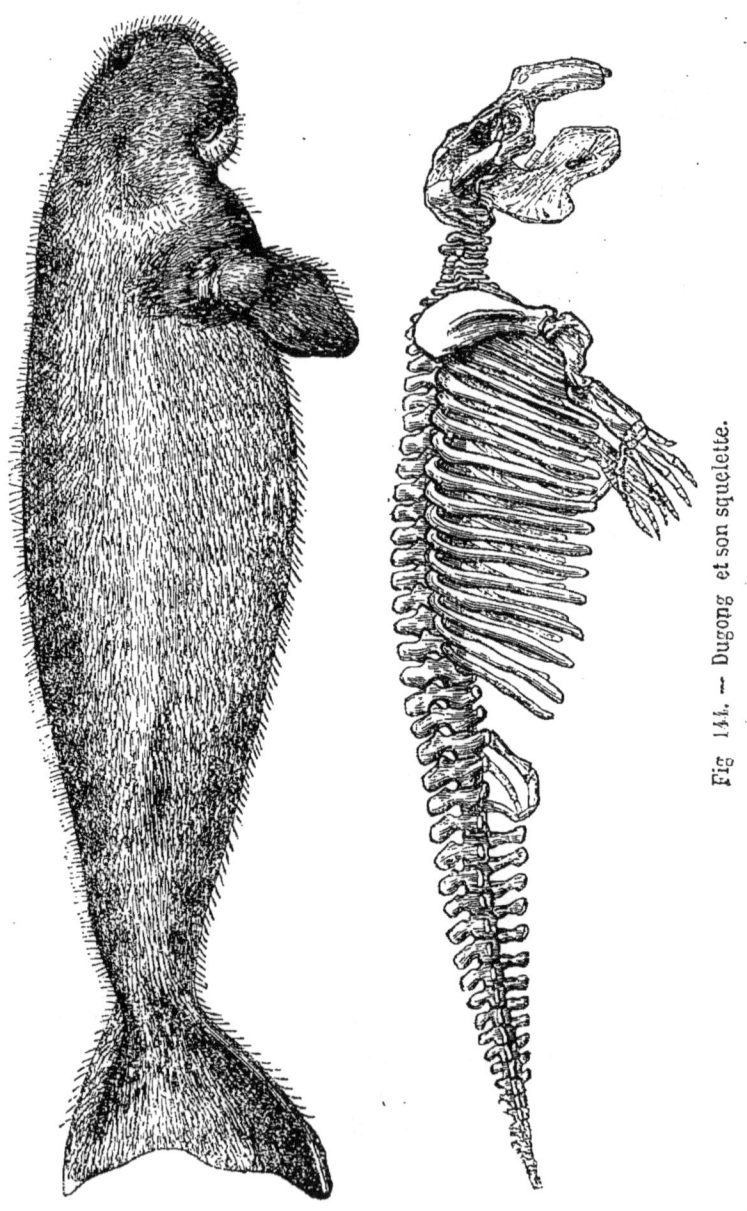

Fig. 144. — Dugong et son squelette.

saures et les *Plésiosaures* (fig. 146), des terrains jurassiques,

ADAPTATION DES FORMES GÉNÉRALES DU CORPS. 305

avaient des membres semblables, à beaucoup d'égards, à ceux des Cétacés; de nos jours encore, on trouve chez les Tortues terrestres, les Tortues d'eau douce et les Tortues marines une série de modifications des membres analogues à celles que nous offrent les Mammifères marins; toutefois ces Reptiles conservent toujours quatre membres et ne cessent jamais complètement de revenir à terre, ne fût-ce que pour déposer leurs œufs.

Les oiseaux. — Les oiseaux actuels ont un ensemble de

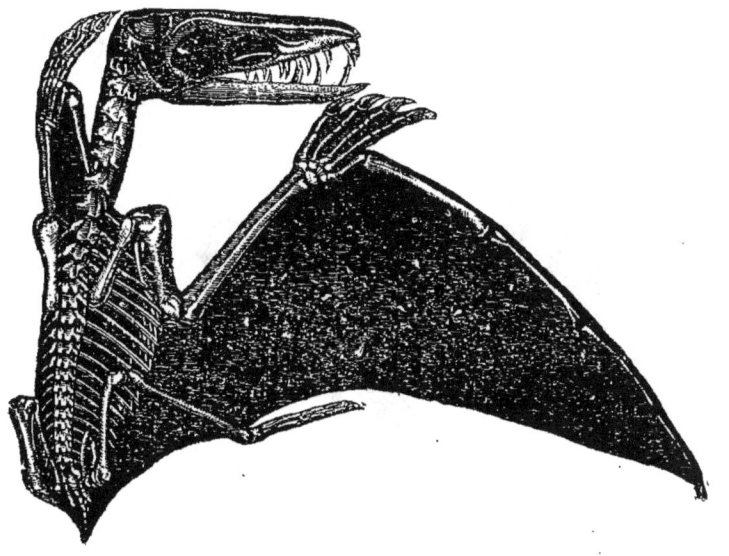

Fig. 145. — Ptérodactyle.

caractères très particuliers, qui paraissent en faire des êtres tout à fait à part. Leurs membres antérieurs (fig. 147) n'ont que des doigts rudimentaires et presque toujours dépourvus d'ongles; ils ne servent jamais qu'au vol et très rarement à la natation; leurs membres postérieurs servent à la marche, mais ont une structure toute spéciale; la jambe n'a qu'un péroné rudimentaire, et son tibia est suivi d'un os unique, le *tarso-métatarse*, qui paraît n'avoir pas d'analogue chez les autres Vertébrés. Les doigts, généralement au nombre de quatre, s'articulent directement à cet os; la queue, formée d'un petit nombre de vertèbres, est rudimentaire et n'apparaît au dehors que comme une protubérance conique bien connue, le *croupion*. Mais il a existé des animaux chez qui ces caractères étaient loin d'être aussi marqués. L'*Archœopteryx* de l'époque jurassique avait à ses ailes des doigts distincts pourvus d'ongles; sa queue était longue comme celle d'un lézard et il paraît avoir eu des dents. Beaucoup de Reptiles fossiles de l'ordre des Dinosauriens marchaient debout sur leurs pattes postérieures, et ces pattes présentaient plus

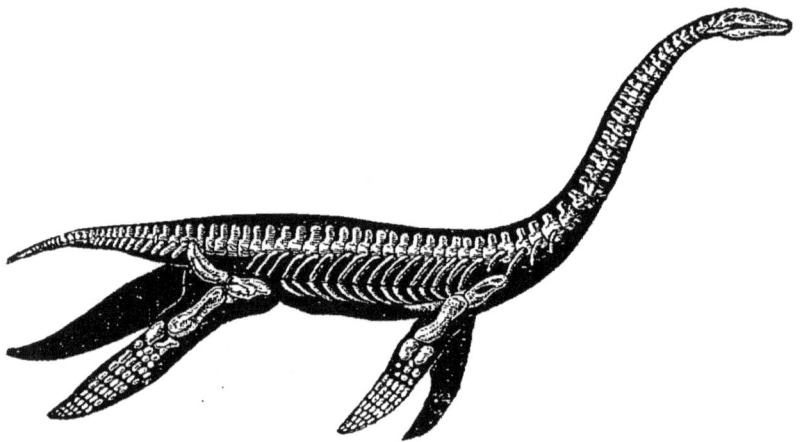

Fig. 146. — Plésiosaure.

d'une analogie avec celles des Oiseaux; d'autre part, chez les Manchots et les Pingouins, oiseaux qui ne se servent de leurs ailes que pour nager et qui ne sautent pas, les métatarsiens bien que soudés sont nettement distincts et témoignent que le *tarso-métatarse* des oiseaux actuels résulte de la soudure de trois métatarsiens distincts. Ce tarso-métatarse rappelle d'ailleurs exactement les métatarses des Gerboises dont le péroné est aussi rudimentaire. Chez les Gerboises cette disposition est manifestement en rapport avec la locomotion par *sauts* de l'animal. On peut donc dire que *les Oiseaux peuvent être considérés comme des Reptiles couverts de plumes, dont les membres inférieurs seraient adaptés au vol et les membres postérieurs au saut.*

Ainsi de simples modifications de détail d'un même type nous ont permis de passer du Reptile à l'Oiseau, d'une classe de Vertébrés à une autre, comme nous avons passé d'un ordre de Mammifères à un autre. Des modifications moins importantes du type caractérisent les familles, les

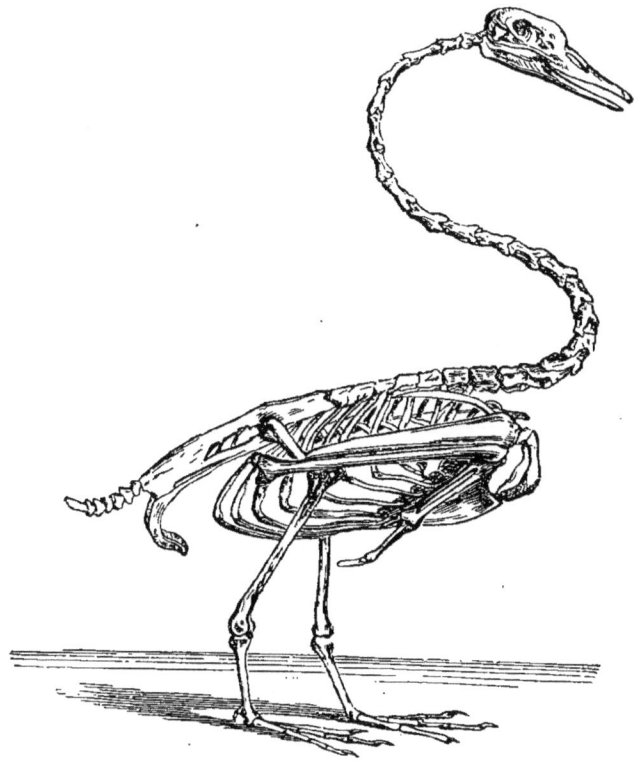

Fig. 147. — Squelette du Cygne.

genres et les espèces. Il est du plus haut intérêt de suivre ces modifications non seulement dans une catégorie d'organes comme les organes locomoteurs, mais dans toutes les catégories d'organes ; d'étudier de quelle façon elles s'accomplissent non seulement dans un type déterminé comme celui des Vertébrés, mais dans tous les types du Règne animal. C'est là l'étude, pleine d'enseignements, qui est réservée à l'année prochaine, et cette étude, qui nous montre l'organisme animal fonctionnant dans les conditions si variées que présente notre globe et se prêtant à toutes les modifications exigées par ces conditions d'existence, cette étude c'est la *Zoologie*, dans le sens le plus large qu'on puisse donner à ce mot.

FIN

TABLE DES MATIÈRES

Chapitre	Ier.	A quoi on reconnaît un être vivant.	1
—	II.	Les plus simples des êtres vivants et leurs facultés.	8
—	III.	Structure des organismes supérieurs	27
—	IV.	La digestion.	45
—	V.	La respiration	93
—	VI.	La circulation.	117
—	VII.	Le sang et les globules. — Les combustions organiques. — La chaleur animale. — L'élimination par le foie, les reins, la peau. — Équilibre des fonctions de nutrition. — Les réserves alimentaires : production de sucre par le foie. — Production de la graisse. — Le lait.	148
—	VIII.	Innervation. L'axe cérébro-spinal chez les vertébrés.	186
—	IX.	Physiologie du système nerveux	200
—	X.	Organes des sens. Le toucher, le goût et l'odorat .	223
—	XI.	L'ouïe et la vue.	232
—	XII.	La voix	263
—	XIII.	La locomotion.	274

FIN DE LA TABLE DES MATIÈRES.

10730. — PARIS, IMPRIMERIE A. LAHURE
9, Rue de Fleurus, 9